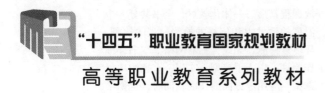
"十四五"职业教育国家规划教材

高等职业教育系列教材

传感器技术及其应用

第3版

陈黎敏 李 晴 朱 俊 编 著

机械工业出版社

本书是高等职业教育在线开放课程新形态一体化教材，全书共分 8 个项目，分别为传感器基础认知、温度检测、力和位移的检测、光的检测、磁性量检测、数字式位置检测、环境量检测、无线传感器网络。本书详细介绍了传感器的结构、特性与工作原理，引入了典型、实用、有趣的项目案例，不仅培养了学生在传感器选型、应用等方面的技能，同时，也使学生更深刻地感受到新技术、新器件在自动检测领域中的应用。

本书可作为高等职业院校、应用技术大学、高等专科学校、成人教育等的电子信息类专业、自动化类专业及相关专业的教学用书，也可作为相关专业技术的培训教材。

本书配有微课视频，扫描书中二维码即可观看。另外，本书配有电子课件和习题答案，需要的教师可登录机械工业出版社教育服务网（www.cmpedu.com）免费注册，审核通过后下载，或联系编辑索取（微信：13261377872，电话：010-88379739）。

图书在版编目（CIP）数据

传感器技术及其应用/陈黎敏，李晴，朱俊编著. —3 版. —北京：机械工业出版社，2021.6（2025.1 重印）
高等职业教育系列教材
ISBN 978-7-111-68179-3

Ⅰ.①传… Ⅱ.①陈… ②李… ③朱… Ⅲ.①传感器-高等职业教育-教材 Ⅳ.①TP212

中国版本图书馆 CIP 数据核字（2021）第 084659 号

机械工业出版社（北京市百万庄大街 22 号   邮政编码 100037）
策划编辑：和庆娣 责任编辑：和庆娣
责任校对：李 杉 责任印制：常天培
北京华宇信诺印刷有限公司印刷
2025 年 1 月第 3 版第 14 次印刷
184mm×260mm · 15 印张 · 385 千字
标准书号：ISBN 978-7-111-68179-3
定价：59.00 元

电话服务   网络服务
客服电话：010-88361066   机 工 官 网：www.cmpbook.com
        010-88379833   机 工 官 博：weibo.com/cmp1952
        010-68326294   金 书 网：www.golden-book.com
封底无防伪标均为盗版   机工教育服务网：www.cmpedu.com

关于"十四五"职业教育
国家规划教材的出版说明

为贯彻落实《中共中央关于认真学习宣传贯彻党的二十大精神的决定》《习近平新时代中国特色社会主义思想进课程教材指南》《职业院校教材管理办法》等文件精神，机械工业出版社与教材编写团队一道，认真执行思政内容进教材、进课堂、进头脑要求，尊重教育规律，遵循学科特点，对教材内容进行了更新，着力落实以下要求：

1. 提升教材铸魂育人功能，培育、践行社会主义核心价值观，教育引导学生树立共产主义远大理想和中国特色社会主义共同理想，坚定"四个自信"，厚植爱国主义情怀，把爱国情、强国志、报国行自觉融入建设社会主义现代化强国、实现中华民族伟大复兴的奋斗之中。同时，弘扬中华优秀传统文化，深入开展宪法法治教育。

2. 注重科学思维方法训练和科学伦理教育，培养学生探索未知、追求真理、勇攀科学高峰的责任感和使命感；强化学生工程伦理教育，培养学生精益求精的大国工匠精神，激发学生科技报国的家国情怀和使命担当。加快构建中国特色哲学社会科学学科体系、学术体系、话语体系。帮助学生了解相关专业和行业领域的国家战略、法律法规和相关政策，引导学生深入社会实践、关注现实问题，培育学生经世济民、诚信服务、德法兼修的职业素养。

3. 教育引导学生深刻理解并自觉实践各行业的职业精神、职业规范，增强职业责任感，培养遵纪守法、爱岗敬业、无私奉献、诚实守信、公道办事、开拓创新的职业品格和行为习惯。

在此基础上，及时更新教材知识内容，体现产业发展的新技术、新工艺、新规范、新标准。加强教材数字化建设，丰富配套资源，形成可听、可视、可练、可互动的融媒体教材。

教材建设需要各方的共同努力，也欢迎相关教材使用院校的师生及时反馈意见和建议，我们将认真组织力量进行研究，在后续重印及再版时吸纳改进，不断推动高质量教材出版。

机械工业出版社

前　言

当今世界，人类探知工程信息的领域和空间不断拓展，要求信息传递的速度更快，信息处理的能力更强。许多产品正变得更加"智能"，党的二十大报告指出，当前，世界百年未有之大变局加速演进，新一轮科技革命和产业变革深入发展，国际力量对比深刻调整，我国发展面临新的战略机遇。专业系统正变得更加"有能力"。这意味着更多的传感器被安装，它们的信号被自动处理。在未来几十年内，传感器的需求将呈螺旋式上升，而新型传感器的发展速度也将呈爆炸式增长。学习传感器的科学、技术和工程——这让我们站在了令人兴奋、充实和安全的职业门槛上。

本书自第 2 版出版至今已使用 4 年。随着传感器技术的不断进步，有必要在第 2 版的基础上对本书进行修订。在修订中，我们广泛听取读者的各种建议，结合学生的学习现状和就业岗位需求，根据高等职业教育培养目标要求，对接职业标准和岗位，引进企业实际工程应用项目和案例，丰富实践教学内容，为学生今后从事生产一线的技术、管理、维护和运行技术工作提供系统性的传感器技术的基本知识和基本技能。

本书共分 8 个项目，分别为传感器基础认知、温度检测、力和位移的检测、光的检测、磁性量检测、数字式位置检测、环境量检测、无线传感器网络，有些项目中还增加了引导案例、知识储备、同步技能训练、拓展阅读等内容。教材内容突出科学性、实用性、操作性、趣味性，精心选取日常生活中容易接触、电子竞赛中常常使用、实际工作中经常遇到的典型传感器，例如温度传感器、力敏传感器、光电传感器等作为教学内容。本书删除了过时或不常用的传感器，在应用案例和拓展阅读中增加近几年来源于国内外专利文献、国家或行业标准、科技论文、公司产品介绍等素材。通过传感器基础知识的介绍，引入传感器实用、典型的应用案例作为训练项目，学做结合，突出应用，加深对各传感器应用技术的理解。在每个教学项目后都有配套的思考与练习题，帮助学生巩固所学知识和技能内容。

本书以"信息的获取、转换、处理"为主线，将各类传感器的原理、结构、测量电路及应用有机结合起来，提炼传感器技术领域的精髓，使读者能在有限的时间内全面掌握"信息采集→信号转换→信息处理及传输"的整个过程。技能训练由易到难，重在传感器的安装、调试和应用，适当加入集成应用内容。同时，紧密跟踪最新智能化、微型化、网络化传感器技术进展，开拓读者的眼界和思维。针对不同的学生群体，可以有针对性地开展个性化的教学活动，为今后学习和研究打下坚实基础。

作为高等职业教育在线开放课程配套的新形态一体化教材，本书电子资源丰富，配有供读者自主学习的资源包，包括微课、教学课件、案例素材、动画、课后练习答案和数字化课程。本书参考教学时数为 60 学时，不同的学校和专业使用时，可根据具体情况对内容进行取舍。

本书由常州信息职业技术学院传感器技术应用课程教学团队编著，具体分工为：项目 1~项目 3、项目 8 由陈黎敏编写；项目 4 和项目 7 由李晴编写；项目 5 和项目 6 由朱俊编写。江苏明及电气股份有限公司孙阳、江苏能电科技有限公司薛宏宽、深圳市慧思通智能有限公司唐灿耿、亚龙智能装备集团股份有限公司王斌等技术人员提供了常用传感器在企业实际工程应用的内容。在本书的编写过程中参阅了多种同类教材、专著和企业的应用实例，在此向其编著者一并表示衷心的感谢。

由于编者水平有限，书中难免存在疏漏和不足之处，恳请广大读者批评指正。

编　者

二维码资源清单

目 录

项目1 传感器基础认知

 引导案例　航天飞行器上的传感器

2020年5月5日，长征五号B运载火箭搭载新一代载人飞船试验船和柔性充气式货物返回舱试验舱在中国海南文昌首飞成功，自2003年以来，中国已经执行了6次载人太空飞行任务。载人飞船上装有数千只传感器，用于监测航天员的呼吸、脉搏、体温等生理参数和飞船升空、运行、返回等多项飞行参数，并及时传回指挥控制中心。所有的航天飞行器均使用了大量传感器，如土星SA525运载火箭上装有2049只传感器，用于检测压力、温度、振动、位置、制导及控制等。俄罗斯的"能源"号运载火箭在发射"暴风雪"号飞船时用了39种类型的传感器，火箭上传感器总用量同样达到了3500只。

多传感器联合系统主要用于航天航空自控系统的检测。如在大气层中飞行的飞机和从轨道飞行后返回大气中飞行的航天飞机上，都需要测量飞行时的气压、高度、真空速度（飞机与空气的相对速度）、大气静温、马赫数（真空速v与声速c之比）等。这些重要参数不能从传感器直接测出，而需要由动态、静压等4个传感器测量之值和静压修正器计算求得。这些传感器对保障飞船的安全飞行起到至关重要的作用。

任务1.1　传感器的认知

 【任务教学要点】

知识点

- 传感器的定义及组成。
- 传感器的分类。

技能点

常用传感器的辨识。

任务1.1传感器的认知

传感器技术广泛应用于工业生产、家电行业、智能产品、交通领域、航天技术、海洋探测、国防军事、环境监测、资源调查、医学诊断、生物工程甚至文物保护等领域。传感器技术主要研究传感器的原理、材料、设计、制作和应用等内容。传感器技术与通信技术、计算机技术一起分别构成信息技术系统的"感官""神经"和"大脑"，是现代信息产业的三大支柱之一。

1.1.1　传感器的定义与组成

传感器是能感受被测量并按照一定的规律转换成可用输出信号的器件或装置，通常由敏感元件和转换元件组成（GB/T 7665—2005《传感器通用术语》）。

由于传感器所检测的信号种类繁多，为方便地对各种各样的信号进行检测及控制，就必须获得尽量简单且易于处理的信号，这样的要求只有电信号能够满足。电信号能够比较容易地进行放大、反馈、滤波、微分、存储、远距离操作等。

因此,传感器也可以狭义地定义为:将外界非电物理量按一定规律转换成电信号输出的器件或装置。传感器有时又被称为变换器、换能器、探测器、检知器等。

传感器的组成主要包括敏感元件、转换元件、测量电路、辅助电源等几部分,如图 1-1 所示。其中敏感元件是指传感器中能直接感受或响应被测量的部分;转换元件是指传感器中能将敏感元件感受或响应的被测量转换成适于传输或测量的电信号部分。应该指出的是,并不是所有的传感器必须包括敏感元件和转换元件。如果敏感元件直接输出的是电量,它就同时兼为转换元件;如果转换元件能直接感受被测量而输出与之成一定关系的电量,此时传感器就无敏感元件。例如压电晶体、热电偶、热敏电阻及光电器件等。敏感元件与转换元件两者合二为一的传感器是很多的。

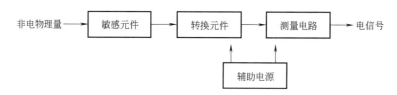

图 1-1 传感器的组成框图

图 1-1 中测量电路的作用是把转换元件输出的电信号变换为便于处理、显示、记录和控制的可用电信号。其电路的类型视转换元件的不同而定,经常采用的有电桥电路和其他特殊电路,例如高阻抗输入电路、脉冲电路、振荡电路等。辅助电源供给转换能量,有的传感器需要外加电源才能工作,例如应变片组成的电桥、差动变压器等;有的传感器则不需要外加电源便能工作,例如压电晶体等。从测量电路输出的信号可用于自动控制系统执行机构,也可直接和计算机系统连接,对测量结果进行信息处理。

图 1-2 为一台测量压力用的电位器式压力传感器结构示意图。当被测压力 p 增大时,弹簧管撑直,通过齿条带动齿轮转动,从而带动电位器的电刷产生角位移。电位器电阻的变化量反映了被测压力 p 值的变化。在这个传感器中,弹簧管为敏感元件,它将压力转换成角位移 α。电位器为转换元件,它将角位移转换为电参量——电阻的变化 (ΔR)。当电位器的两端加上电源后,电位器就

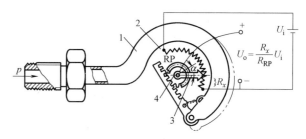

图 1-2 电位器式压力传感器结构示意图

1—弹簧管 (敏感元件) 2—电位器 (传感元件、测量转换电路) 3—电刷 4—传动机构 (齿轮-齿条)

组成分压比电路,它的输出量是与压力成一定关系的电压 U_o。在此例中,电位器又属于分压比式测量转换电路。

结合上述工作原理,可将图 1-2 方框中的内容具体化,如图 1-3 所示。

图 1-3 电位器式压力传感器原理框图

1.1.2　传感器的作用与分类

1. 传感器的作用

在日常生活中，人们通过五官（视、听、嗅、味、触）接受外界的信息，经过大脑的思维（信息处理），做出相应的动作。

在工业生产、自动化检测与控制系统中，通常由传感器来取代人的五官，用计算机取代人的大脑对传感器感知、变换来的信号进行处理，并控制执行机构对外界对象实现自动化控制。人与机器系统对比的结构示意图如图 1-4 所示。

由此可见，传感器是获取自然领域中信息的主要途径与手段。

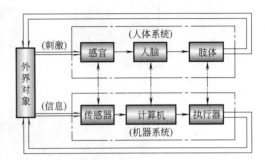

图 1-4　人与机器系统对比的结构示意图

2. 传感器的分类

传感器的种类繁多，可以按被测量、能量种类、工作原理、使用要求、技术水平等分类，常用传感器的分类方法如表 1-1 所示。常用传感器的外形结构如图 1-5 所示。

表 1-1　常用传感器的分类方法

分类方法	主要类型
按被测量	位移、压力、力、速度、温度、流量、气体成分等传感器
按基本效应	物理型、化学型、生物型
按工作原理	电阻、电容、电感、热电、压电、磁电、光电、光纤等传感器
按能量种类	机、电、热、光、声、磁 6 种能量传感器
按能量的关系	有源传感器和无源传感器
按输出信号类型	模拟量和数字量传感器
按防爆等级	普通型、防爆型及本安型传感器

此外，传感器按工作机理可分为结构型（空间型）和物性型（材料型）两大类。结构型传感器是依靠传感器结构参数的变化实现信号变换，从而检测出被测量。物性型传感器利用某些材料本身的物性变化来实现被测量的变换，主要以半导体、电介质、磁性体等作为敏感原件的固态器件。结构型传感器常按能源种类再分类，平分为机械式、磁电式、光电式等。物性型传感器主要按其物性效应再分类，平分为压电式、压磁式、磁电式、热电式、光电式、仿生式等；按所使用的材料可以将传感器分为陶瓷传感器、半导体传感器、复合材料传感器、金属材料传感器、高分子材料传感器等。

本书的传感器主要是按被测量分类编写，同时加以工作原理的分析，重点讲述各种传感器的用途，通过项目实践使读者学会应用传感器，进一步开发新型传感器。

3. 传感器的命名

根据 GB/T 766—2005《传感器命名法及代码》规定，一种传感器的名称应由"主题词加四级修饰语"构成。

主题词——传感器。

第一级修饰语——被测量，包括修饰被测量的定语。

第二级修饰语——转换原理，一般可后续以"式"字。

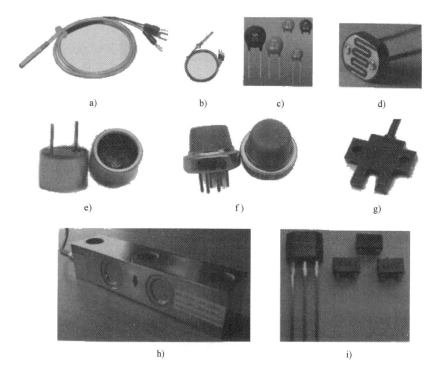

图 1-5　常用传感器的外形结构

a) 热电阻　b) 热电偶　c) 热敏电阻　d) 光敏电阻　e) 超声波探头
f) 气敏传感器　g) 光电开关　h) 电阻应变式传感器　i) 霍尔传感器

　　第三级修饰语——特征描述，指必须强调的传感器结构、性能、材料特征、敏感元件以及其他必要的性能特征，一般可后续以"型"字。

　　第四级修饰语——主要技术指标（如量程、精度、测量范围等）。

　　在有关传感器的统计表格、索引以及计算机汉字处理等特殊场合，传感器名称应采用正序排列，即传感器→第一级修饰语→第二级修饰语→第三级修饰语→第四级修饰语。例如，"传感器，位移，电容式，差动，±20mm"；"传感器，压力，压阻式，［单晶］硅，600kPa"。在技术文件、产品样本、学术论文、教材及书刊的陈述句子中，传感器名称应采用反序排列，即第四级修饰词→第三级修饰语→第二级修饰语→第一级修饰语→传感器。例如，"100~160dB差动电容式声压传感器"。

　　在实际应用中，可根据产品具体情况省略任何一级修饰语，例如"100mm 应变片式位移传感器"。作为商品出售时，传感器的第一级修饰语不得省略。

1.1.3　传感器技术发展趋势

　　传感器技术的发展主要经历了三个阶段，即从早期的结构型传感器（结构参数变化）到物性型传感器（材料性质发生变化），再到近期的智能型传感器（微计算机技术）。

　　传感器未来开发的新趋势主要体现在通过开展新理论研究，采用新技术、新材料、新工艺，实现传感器向智能化、可移动化、微型化、集成化、多样化、网络化等方向发展。随着传感器与微机电技术（Micro-Eletro-Mechanical System，MEMS）的发展，传感器的微型化、智能化、多功能化和可靠性水平提高到新的高度。

随着"工业 4.0"与"互联网+"的持续推进，要实现中国制造 2025，加快推动新一代信息技术与制造技术的融合发展，需要依靠传感器在各个环节的数据采集，而传感器采集的大量数据使得机器学习成为可能。在未来，传感器发展的重点方向主要集中在可穿戴式应用、无人驾驶、医护与健康监测、工业控制等多个方面。

任务 1.2 传感器的性能指标

【任务教学要点】

任务1.2 传感器的性能指标

知识点

传感器的静态特性。

技能点

● 作图求传感器的灵敏度。
● 作图求传感器的线性度。

在科学试验和生产过程中，传感器所测量的非电量处在不断变动之中，传感器能否将这些非电量的变化不失真地转换成相应的电量，取决于传感器的输入-输出特性。传感器这一基本特性可用其静态特性和动态特性来描述。

1.2.1 传感器的静态特性

传感器的静态特性是指传感器在被测量处于稳定状态时的输出与输入的关系。传感器静态特性的主要技术指标有线性度、灵敏度、迟滞和重复性等。

1. 线性度（Linearity）

传感器的线性度是指传感器实际静态特性曲线与拟合直线之间的最大偏差 $\Delta L_{\max}$ 与传感器满量程输出 $y_{\max}$ 减最小输出 $y_{\min}$ 的百分比值，传感器线性度示意图如图 1-6 所示，用 γ_{L} 表示为

$$\gamma_{\mathrm{L}} = \pm \frac{\Delta L_{\max}}{y_{\max} - y_{\min}} \times 100\% \tag{1-1}$$

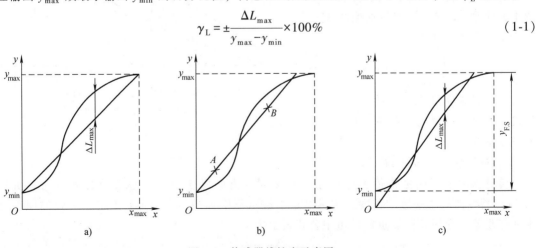

图 1-6 传感器线性度示意图

a）端基拟合线性度 b）平均选点线性度 c）最小二乘法线性度

线性度又称为非线性误差。γ_L 越小，说明实际曲线与理论拟合直线之间的偏差越小。从特性上看，γ_L 越小越好，但考虑到成本，则一般要求 γ_L 适中。

通常总是希望传感器的输入-输出特性曲线为线性的，但实际的输入-输出特性只能接近线性，都应进行线性处理。常用的线性处理方法有理论直线法、端基拟合法、平均选点法、割线法、最小二乘法和计算程序法等（见图 1-6）。

2. 灵敏度（Sensitivity）

传感器的灵敏度是指传感器在稳态下的输出变化量 dy 与输入变化量 dx 之比，用 K 表示。对于线性传感器，其灵敏度就是它的静态特性的斜率，传感器的灵敏度定义示意图如图 1-7 所示。

$$K = \frac{dy}{dx} \tag{1-2}$$

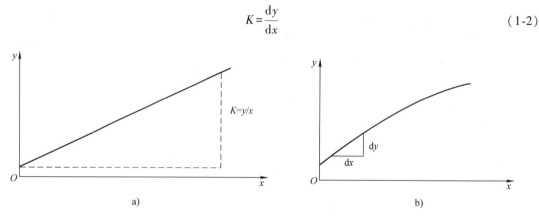

图 1-7 传感器的灵敏度定义示意图

a) 线性测量系统 b) 非线性测量系统

3. 迟滞（Hysteresis）

传感器的迟滞是指传感器在正向行程（输入量增大）和反向行程（输入量减小）期间，输入-输出特性曲线不一致的程度，传感器迟滞特性示意图如图 1-8 所示。迟滞 γ_H 的值通常由实验来决定，可用下式表示：

$$\gamma_H = \pm\frac{1}{2}\frac{\Delta H_{max}}{y_{max}} \times 100\% \tag{1-3}$$

产生迟滞现象的主要原因是传感器的机械部分不可避免地存在着间隙、摩擦及松动等。

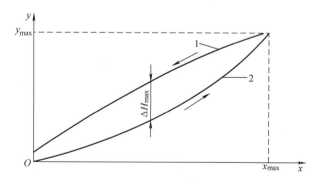

图 1-8 传感器迟滞特性示意图

1—反向特性 2—正向特性

4. 重复性（Repeatability）

传感器的重复性是指传感器在输入量按同一方向做全量程内连续重复测量时，所得输入-输出特性曲线不一致的程度，传感器重复性示意图如图 1-9 所示。产生不一致的原因与产生迟滞现象的原因相同。重复性可用公式表示为

$$\gamma_x = \pm\frac{\Delta m_{max}}{y_{max}} \times 100\% \tag{1-4}$$

式中，$\Delta m_{\max}$ 取 Δm_1、Δm_2、Δm_3…中最大的来计算。传感器重复性越好，使用时误差越小。

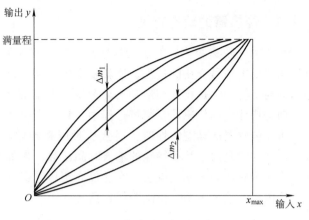

图 1-9　传感器重复性示意图

5. 分辨力（Resolution）

传感器的分辨力是在规定测量范围内所能检测的输入量的最小变化量。有时也可用该值相对于满量程输入值的百分数表示。

6. 稳定性（Stability）

稳定性有短期稳定性和长期稳定性之分。传感器常用长期稳定性，它是指在室温条件下，经过相当长的时间间隔，如一天、一月或一年，传感器的输出与起始标定时的输出之间的差异。通常又用其不稳定度来表征其输出的稳定程度。

7. 漂移（Drifts）

传感器的漂移是指在外界的干扰下，输出量发生与输入量无关的不需要的变化。漂移包括零点漂移和灵敏度漂移等。零点漂移和灵敏度漂移又可分为时间漂移和温度漂移。时间漂移是指在规定的条件下，零点或灵敏度随时间的缓慢变化；温度漂移为环境温度变化而引起的零点或灵敏度的变化。

8. 精度（Accuracy）

与精度有关的指标有精密度、准确度和精确度。

精密度：表示测量传感器输出值的分散性，即对某一稳定的被测量，由同一个测量者用同一个传感器，在相当短的时间内连续重复测量多次，其测量结果的分散程度。精密度是随机误差大小的标志，精密度高，意味着随机误差小。注意：精密度高准确度不一定高。

准确度：表示传感器输出值与真值的偏离程度。例如，某流量传感器的准确度为 $0.3 \mathrm{m}^3/\mathrm{s}$，表示该传感器的输出值与真值偏离 $0.3 \mathrm{m}^3/\mathrm{s}$。准确度是系统误差大小的标志，准确度高意味着系统误差小。同样，准确度高精密度不一定高。

精确度：精确度是精密度与准确度两者的总和，精确度高表示精密度和准确度都比较高。在最简单的情况下，可取两者的代数和。

准确度、精密度与精确度的关系如图 1-10 所示。

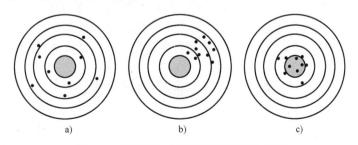

a)　　　　　　　　b)　　　　　　　　c)

图 1-10　准确度、精密度与精确度的关系

a）准确度高而精密度低　b）准确度低而精密度高　c）精确度高

在测量中，人们总是希望得到精确度高的结果。

1.2.2 传感器的动态特性

在动态（快速变化）的输入信号情况下，要求传感器不仅能精确地测量信号的幅值大小，而且能测量出信号变化的过程。这就要求传感器能迅速准确地响应和再现被测信号的变化。传感器的动态特性，是指在测量动态信号时传感器的输出反映被测量的大小和随时间变化的能力。动态特性差的传感器在测量过程中，将会产生较大的动态误差。

研究传感器的动态特性时，通常从时域和频域两方面采用瞬态响应法和频率响应法来分析。最常用的是通过几种特殊的输入时间函数，例如阶跃函数和正弦函数来研究其响应特性，称为阶跃响应法和频率响应法。在此仅介绍传感器的阶跃响应特性。

给传感器输入一个单位阶跃函数信号

$$u(t) \begin{cases} 0 & t \leq 0 \\ 1 & t > 0 \end{cases} \tag{1-5}$$

其输出特性称为阶跃响应特性，如图 1-11 所示，由图可衡量阶跃响应的几项指标。

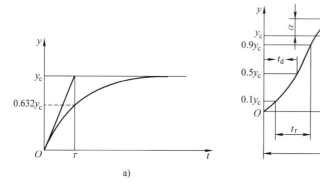

图 1-11 传感器阶跃响应特性

a) 一阶系统 b) 二阶系统

1) 时间常数 τ。传感器输出值上升到稳态值 y_c 的 63.2% 所需的时间。

2) 上升时间 t_r。传感器输出值由稳态值的 10% 上升到 90% 所需要的时间。

3) 响应时间 t_s。输出值达到允许误差范围 $\pm\Delta\%$ 所经历的时间。

4) 超调量 α。输出第一次超过稳值之峰高，即 $\alpha = y_{max} - y_c$，常用 $\alpha/y_c \times 100\%$ 表示。

5) 延迟时间 t_d。响应曲线第一次达到稳定值的一半所需的时间。

6) 衰减度 ψ。指相邻两个波峰（或波谷）高度下降的百分数 $(\alpha - \alpha_1)/\alpha \times 100\%$。

其中，时间常数 τ、上升时间 t_r、响应时间 t_s 表征系统的响应速度性能；超调量 α、衰减度 ψ 则表征传感器的稳定性能。通过这两方面就完整地描述了传感器的动态特性。

任务1.3 传感器的测量误差

【任务教学要点】

任务1.3 传感器的测量误差

知识点

误差的分类。

技能点

有关准确度误差的计算和仪表精度等级的选用。

测量的目的是希望得到被测对象的真值（实际值）。但由于检测系统（仪表）不可能绝对精确、测量原理局限、测量方法不尽完善、环境因素和外界干扰的存在，以及测量过程可能会影响被测对象的原有状态等，使得测量结果不能准确地反映被测量的真值而存在一定的偏差，这个偏差就是测量误差。

1.3.1　误差的类型

1. 按误差的性质分类

1）系统误差。在相同条件下多次重复测量同一物理量时，误差的大小和符号保持不变或按照一定的规律变化，此类误差称为系统误差。系统误差表征测量的准确度。

产生系统误差的原因有检测装置本身性能不完善、测量方法不完善、仪器使用不当以及环境条件变化等。

系统误差可以通过实验或分析的方法，查明其变化规律、产生原因，通过对测量值的修正或采取预防措施，可消除或减少它对测量结果的影响。

2）随机误差。相同条件下多次测量同一物理量时，其误差的大小和符号以不可预见的方式变化，此类误差称为随机误差。通常用精密度表征随机误差的大小。

随机误差产生原因是测量过程中许多独立的、微小的、偶然的因素引起的综合结果。

3）粗大误差。明显歪曲测量结果的误差，又称为过失误差。产生原因主要是人为因素（读数、记录、计算和操作等）测量方法不当、测量条件意外变化等。

含有粗大误差的测量值称坏值或异常值，应剔除，坏值剔除后要分析的就只有系统误差和随机误差。

2. 按被测量与时间的关系分类

1）静态误差。被测量不随时间变化而变化测得的误差称为静态误差。

2）动态误差。在被测量随时间变化过程中测得的误差称为动态误差。动态误差是由于检测系统对输入信号响应滞后，或对输入信号中不同频率成分产生不同的衰减和延迟所造成的。动态误差等于动态测量和静态测量所得误差的差值。

1.3.2　误差的表示方法

测量误差是测量结果与真值的差异，按照表示方法的不同可以把测量误差分为绝对误差和相对误差两种。

1. 绝对误差

绝对误差 Δ 是指测量值 A_x 与真值 A_0 之间的差值，它反映了测量值偏离真值的多少，即

$$\Delta = A_x - A_0 \tag{1-6}$$

由于真值的不可知性，在实际应用时，常用实际真值代替，即用被测量多次测量的平均值或上一级标准仪器测得的示值作为实际真值。

2. 相对误差

相对误差反映了测量值偏离真值的程度。

1）实际相对误差：它等于绝对误差 Δ 与真值 A_0 的百分比，用 γ_A 表示，即

$$\gamma_{\mathrm{A}} = \frac{\Delta}{A_0} \times 100\% \qquad (1\text{-}7)$$

2）示值（标称）相对误差：它等于绝对误差 Δ 与测量值 A_{x} 的百分比，用 γ_{x} 表示，即

$$\gamma_{\mathrm{x}} = \frac{\Delta}{A_{\mathrm{x}}} \times 100\% \qquad (1\text{-}8)$$

相对误差评定测量精度也有局限性，只能说明不同被测量的测量精度，但不适于衡量仪表本身的质量。因为同一仪表在整个测量范围的相对误差不是定值，被测量越小，相对误差越大。

3）满度（引用）相对误差：它等于绝对误差 Δ 与仪表满量程值 A_{m} 的百分比，用 γ_{m} 表示，即

$$\gamma_{\mathrm{m}} = \frac{\Delta}{A_{\mathrm{m}}} \times 100\% \qquad (1\text{-}9)$$

当式（1-9）中的 Δ 取为最大值 Δ_{m} 时，称为最大引用误差。

1.3.3　精度等级

测量仪表的精度等级 S 通常用最大引用误差来定义

$$S = \left| \frac{\Delta_{\mathrm{m}}}{A_{\mathrm{m}}} \right| \times 100 \qquad (1\text{-}10)$$

测量仪表一般采用最大引用误差不能超过的允许值作为划分精度等级的尺度。工业仪表常见的精度等级分为 7 级：0.1、0.2、0.5、1.0、1.5、2.5、5.0 级。例如，5.0 级的仪表表示其最大引用误差不会超出量程±5%的范围。

【例 1-1】　有两只电压表的精度等级及量程分别是 0.5 级 0～500V、1.0 级 0～100V，现要测量 80V 的电压，试问应该选用哪只电压表比较好？

解：用 0.5 级的电压表测量时，可能出现的最大示值相对误差为

$$\gamma_{\mathrm{x1}} = \frac{\Delta_{\mathrm{m1}}}{A_{\mathrm{x}}} \times 100\% = \frac{500 \times 0.5\%}{80} \times 100\% = 3.125\%$$

用 1.0 级的电压表测量时，可能出现的最大示值相对误差为

$$\gamma_{\mathrm{x2}} = \frac{\Delta_{\mathrm{m2}}}{A_{\mathrm{x}}} \times 100\% = \frac{100 \times 1\%}{80} \times 100\% = 1.25\%$$

计算结果表明，用 1.0 级的电压表比 0.5 级的电压表测量时，最大示值相对误差反而小。这说明在选用仪表时要兼顾精度等级和量程，通常希望最大示值落在仪表满度值的 2/3 以上。

拓展阅读　2020 年全球和中国传感器行业现状

1. 全球传感器行业现状

由于世界各国普遍重视和投入开发，近年来全球传感器市场一直保持高速增长，全球从事研制和生产传感器的单位已超过 6500 家。美国、俄罗斯各自从事传感器研究和生产的厂家有 1000 余家，日本有 800 余家。

2019 年，传感器的市场规模近 2265 亿美元。2019 年全球微机电系统 MEMS 市场规模达 169.6 亿美元，接触式图像传感器 CIS 市场规模近 170 亿美元。2019 年索尼继续保持着在 CMOS 图像传感器领域的领先地位，其次是三星、豪威。图 1-12 是 2011—2019 年全球传感器

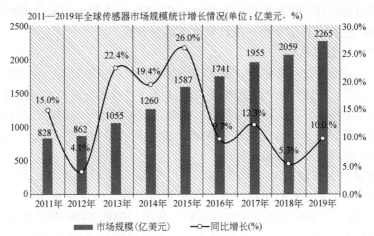

资料来源：前瞻产业研究院整理

图 1-12 2011—2019 年全球传感器行业市场规模统计及增长情况

行业市场规模统计及增长情况。

（1）主要生产企业

表 1-2 是全球主要传感器制造商产品类型及竞争领域分析情况。

表 1-2 全球主要传感器制造商产品类型及竞争领域分析情况

主要厂商	产品类型	竞争领域
霍尼韦尔	压力、温度、湿度红外、超声波、磁阻、霍尔、电流传感器	航空航天、国防、交通运输、医疗及工业领域
意法半导体	压力、加速度传感器、MEMS 射频器件、陀螺仪	汽车电子、工业控制、医疗电子、消费电子、通信、计算机
飞思卡尔	加速度、压力传感器	汽车电子、消费电子等领域
博世	压力、加速度、气体传感器、陀螺仪	汽车电子、消费电子
PCB	加速度、压力、力、扭矩传感器	航空航天、船舶、兵器、核工业、石化、水利、电力、轻工、交通和车辆等
ABB	容性、电流、感性、光电、超声波、电压传感器	电流电压测量，电力、动力机车
Vishay	应变片、称重传感器	工业称重
HBM	力、扭矩、位移、应变式称重传感器	工业生产监控
MEAS	压力、位移、角位移、霍尔、磁阻、加速度、振动、湿度、温度、液体特性、红外、光电、压电薄膜传感器	航空航天、国防、机器设备、工业自动控制、汽车电子、医疗、空调、石油化工、气象监测
飞利浦	称重、温度传感器	工业、汽车

在全球消费类惯性传感器（加速度计+陀螺仪）市场，意法半导体处于市场领导者的地位，占据 40%左右的市场份额。

（2）MEMS 传感器行业市场现状

从全球产业竞争格局来看，2019 年，我国 MEMS 传感器行业销售规模排名全球第一，其次为美国、韩国和日本。此外德国、英国等少数经济发达国家也占据了重要份额，中东、非洲等地区所占份额相对较少。博世是全球最大的 MEMS 传感器制造商。

移动互联网与物联网的快速发展，将对 MEMS 产业产生深远影响，催生出大量创新产品及应用，带动 MEMS 产品在工业生产及日常生活的普及化。

（3）传感器行业发展趋势

生物传感器、可穿戴设备传感器、纳米传感器、微电机系统等新兴传感器发展迅速。汽车传感器、物流传感器、安防传感器等市场潜在规模增速将和各行业的产值增速同步。近年全球传感器技术在温度无线传感器、指纹传感器、新型量子传感器、石墨烯传感器、三维成像传感器、人机协作传感器等技术研发上都有新突破。智能化、微型化、集成化、多样化、可移动化、融合应用是传感器技术的发展趋势。

2. 我国传感器行业现状

我国传感器应用主要分布在机械设备制造、家用电器、科学仪器 仪表、医疗卫生、通信电子以及汽车等领域。随着经济环境的持续好转，我国传感器市场持续快速增长，2019 年，我国传感器市场规模达 2188.8 亿元。预计 2021 年市场规模将保持 17.6% 的快速增长。

我国传感器行业部分重点企业名称与产品类型如表 1-3 所示。

表 1-3　我国传感器行业部分重点企业名称与产品类型

企业名称	产品类型
华工科技	PTC、NTC、汽车电子系列传感器、控制器、加热器的研发与产业化
大立科技	非制冷红外焦平面探测器、红外热成像系统、智能巡检机器人、惯性导航光电产品研制
歌尔声学	声光电精密零组件及精密结构件、智能整机、高端装备的研发、制造和销售
汉威科技	气体传感器及仪表制造商、物联网解决方案
高德红外	红外核心器件、红外热像仪、大型光电系统研发、生产、销售
森霸传感科技	热释电红外传感器、可见光传感器

近日，法国市场研究公司 Yole Développement 发布了最新版《2020 年热像仪和热探测器报告》。Yole 调研报告显示，在 2020 年的全球红外热成像整机出货量上，美国 FLIR 市场占有率 35% 排名第一，位居第二的是中国厂商高德红外，市场占有率 17%，同时也是市场占有率排名第一的中国热成像厂商。Yole 报告中指出：全球热成像市场规模从 2019 年到 2025 年期间，将以 8% 的年均复合增长率（CAGR）增长，至 2025 年该市场价值可达约 75 亿美元。

思考与练习

1. 什么叫传感器？它由哪几部分组成？它在自动测控系统中起什么作用？

2. 传感器分类有哪几种？各有什么优、缺点？

3. 什么是传感器的静态特性？它由哪些技术指标描述？

4. 某传感器的输入、输出特性为 $f(x) = 2x^3 + 3x + 5$，试求出该传感器的灵敏度。

5. 产生测量误差的原因有哪些？测量误差是如何分类的？

6. 有一台测温仪表，测量范围为 $-200 \sim +800℃$，精度等级为 0.5 级。现用它测量 500℃ 的温度，求仪表引起的绝对误差和相对误差。

7. 有两台测温仪表，测量范围分别为 $-200 \sim +300℃$ 和 $0 \sim 800℃$，已知两台仪表的绝对误差最大值为 5℃，试问哪台仪表精度高？

8. 有 3 台测温仪表量程均为 600℃，精度等级分别为 2.5 级、2 级和 1.5 级，现要测量温度为 500℃ 的物体，允许相对误差不超过 2.5%，问选用哪一台最合适？

9. 手机上有加速度传感器、磁力计、气压计、陀螺仪。小米手环的蓝牙芯片和加速度传感器可以实现手机解锁、运动量监测、睡眠质量监测等功能。结合资料，请你对熟悉的电子产品中的传感器功能进行分析。

10. 爱因斯坦提出的光量子假说成功解释了光电效应，获得了诺贝尔物理学奖。贝尔实验室的两位科学家因发明成像半导体电路——电荷耦合器件图像传感器 CCD 获得诺贝尔物理学奖。伴随电子电路技术的飞速发展，越来越多的测量问题集中到了传感器这一环节上。请查找相关资料，了解传感器技术对人类认识和感知世界并推动科技进步所起的重大作用，以及科学家们的探索精神。

11. 无处不在的传感器，大大延伸了人类的感知力。工业测量中经常用到的如力、加速度、压力、温度等传感器比人类感知更准确、感知范围更广。"模拟人的五官"是传感器的一个比较形象的说法。传感器让物体有了触觉、味觉和嗅觉等感官，让物体慢慢变得"活起来"。从传感器的角度来看，视觉、听觉可认为是物理量，相对好处理，触觉就比较差一些，至于嗅觉及味觉，由于涉及生物、化学量的测量，工作机理比较复杂，还未达到技术成熟的阶段。

请你谈谈对这段话的理解。

项目2 温 度 检 测

引导案例 汽车上的温度传感器

汽车上装有很多温度传感器，如发动机的进气温度传感器、冷却液温度传感器、机油温度传感器、自动变速器和无级变速的油温传感器，空调的车内温度传感器、悬架空气泵温度传感器等。

进气温度传感器可以装在空气流量传感器或进气压力传感器内，也可以装在进气道上某个部位。进气温度越高则进入发动机的混合气越浓，如果传感器断路或搭铁不良，则会造成混合气过稀，导致发动机起动困难。

冷却液温度传感器一般装在发动机后侧节温器或散热器出水孔处，负责喷油脉宽、暖机、点火提前角、自动变速器变矩器锁止和超速档的控制以及空调的控制。主要作用有：①负责控制混合气浓度，温度越低，混合气越浓，温度越高，混合气越稀；②负责控制暖机时发动机转速，40℃以下转速为1500r/min，40~70℃转速为1100r/min；③负责控制散热器风扇，85℃以上开始低速旋转，105℃开始高速旋转；④负责控制自动变速器，56℃以上变矩器进入锁止工况，70℃变速器允许进入超速档；⑤负责控制空调，120℃空调退出控制。

自动变速器油温传感器装在控制阀上，对变速器主要进行高温控制。变速器油温高于150℃时变矩器立即进入锁止工况，30s后如果变速器油温仍不下降，变矩器解除锁止工况，变速器退出超速档。

空气悬架在氮气空气压缩机上装有温度传感器，当压缩机温度达到130℃，临时中断压缩机的工作，以防止温度过高发生烧蚀，一旦空气泵烧蚀，车身高度总是停留在最低位置，不再升高。

自动空调系统温度传感器包括发动机冷却液温度传感器、车内温度传感器、环境温度传感器、蒸发器温度传感器、日光辐射传感器、制冷剂温控开关等。控制单元根据这些传感器信号，计算出吹入车内空气所需的温度，选择所需的空气量，然后控制空气混合入口，水阀、进出气口转换板等，在用户设定的温度范围内自动调节车内的温度，使其达到最佳，并自动控制空调的开启和关闭。

温度传感器的工作状态直接影响汽车的行驶，它的性能好坏是评价汽车安全性能的重要条件。

 ## 知识储备 温度测量和温标

项目2 知识储备
温度测量
和温标

1. 温度测量

温度是表征物体冷热程度的物理量，是人类社会的生产、科研和日常生活中需要测量和控制的一种重要物理量。

温度测量方法有接触式测温和非接触式测温两大类，表2-1列出了常用温度传感器的种类及特点。

表 2-1　常用温度传感器的种类及特点

测温方法	传感器的机理和类型		测温范围/℃	特　点
接触式	体积 热膨胀	玻璃水银温度计	−50~350	不需要电源,耐用;但感温部件体积较大
		双金属片温度计	−50~300	
		气体温度计	−250~1000	
		液体压力温度计	−200~350	
	接触热电动势	钨铼热电偶	1000~2100	自发电型,标准化程度高,品种多,可根据需要选择;须进行冷端温度补偿
		铂铑热电偶	50~1800	
		其他热电偶	−200~1200	
	电阻变化	铂热电阻	−200~850	标准化程度高;但需要接入桥路才能得到电压输出
		铜热电阻	−50~150	
		热敏电阻	−50~450	
	PN 结结电压	半导体集成温度计传感器	−50~150	体积小,线性好,灵敏度高;但测温范围小
	温度-颜色	示温涂料	−50~1300	面积大,可得到温度图像;但易衰老,精度等级低
		液晶	0~100	
非接触式	光辐射 热辐射	红外辐射温度计	−80~1500	响应快;但易受环境及被测体表面状态影响,标定困难
		光学高温温度计	500~3000	
		热释电温度计	0~1000	
		光子探测器	0~3500	

　　接触式测量应用的温度传感器具有结构简单、工作稳定可靠及测量精度高等优点,但是,在接触过程中可能破坏被测对象的温度场分布。有的介质有强烈的腐蚀性,特别在高温时对测温元件的影响更大。非接触式测量应用的温度传感器具有测量温度高、不干扰被测物温度等优点,但测量精度较低。

　　常用热温度传感器外形图如图 2-1 所示。

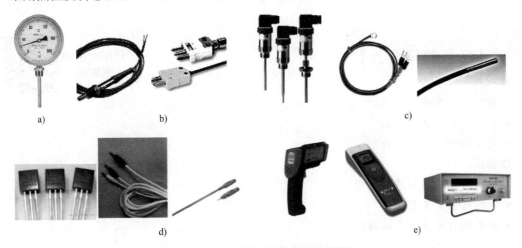

a)　　　　　　　　　b)　　　　　　　　　　　　　　　　c)

d)　　　　　　　　　　　　　　　　　　e)

图 2-1　常用热温度传感器外形图
a) 固体膨胀式温度计　b) 热电偶　c) 热电阻　d) 集成温度传感器　e) 红外辐射温度计

2. 温标

温度标尺简称为温标,它是温度的数值表示方法。国际上规定的温标有摄氏温标、华氏温标和热力学温标等。

摄氏温标（℃）把标准大气压下水的冰点定为 0℃，沸点定为 100℃，其间分为 100 等分，每个等分为 1℃，常用符号为 t。

华氏温标（℉）规定标准大气压下水的冰点及沸点分别为 32℉及 212℉，把这两个温度之间分为 180 等分，每个等分为 1℉，常用符号为 θ。华氏温标和摄氏温标之间的关系为

$$\theta = 1.8t + 32 \tag{2-1}$$

热力学温标（K）又称为开氏温标，常用符号为 T，单位为开尔文（K）。规定分子的运动停止，即没有热存在时的温度为绝对零度，水的三相点温度（即固、液、气三态同时存在的平衡温度）为 273.16K，把从绝对零度到水的三相点温度均分为 273.16 等分，每个等分为 1K。

由于一直沿用水的冰点温度为 273.15K，因此 K 氏和摄氏的换算关系为

$$t = T - 273.15 \tag{2-2}$$

第 18 届国际计量大会决议，从 1990 年 1 月 1 日开始在全世界范围内采用 1990 年国际温标，简称 ITS—90。

ITS—90 定义了一系列温度的固定点，测量和重现这些固定点的标准仪器以及计算公式。例如，规定了氢的三相点为 13.8033K、氖的三相点为 24.5561K、氧的三相点为 54.3584K、氩的三相点为 83.8058K、汞的三相点为 234.3156K、水的三相点为 273.16K（0.01℃）等。

以下的固定点用摄氏温度（℃）来表示：镓的三相点为 29.7646℃，锡的凝固点为 231.928℃，锌的凝固点为 419.527℃，铝的凝固点为 660.323℃，银的凝固点为 961.78℃，金的凝固点为 1064.18℃，铜的凝固点为 1084.629℃，这里就不一一列举了。

ITS—90 规定了不同温度段的标准测量仪器。例如在极低温度范围，用气体体积热膨胀温度计来定义和测量；在氢的三相点和银的凝固点之间，用铂电阻温度计来定义和测量；而在银凝固点以上用光学辐射温度计来定义和测量等。

任务 2.1　热电偶测温

 【任务教学要点】

任务2.1 热电偶测温

知识点

- 热电偶的基本工作原理。
- 热电偶的种类和结构。
- 热电偶的冷端温度补偿方法。

技能点

- 热电偶的选型和质量检测。
- 查热电偶分度表。
- 热电偶与测温仪表的接线方法。

热电偶是一种利用金属的热电效应将温度的变化直接转变为电信号变化的温度传感器。在工业生产和科学试验中，热电偶是应用最广泛的测温元件之一。其主要优点是测量范围广（-200～2800℃）、精度高、性能稳定、结构简单、动态性能好、信号便于处理和远距离传输。

2.1.1 热电偶的工作原理

1. 热电效应

热电偶是由两种不同的导体 A 和 B 构成的一个闭合回路，当两个接点温度不同，即 $T>T_0$ 时，回路中会产生热电动势 $E_{AB}(T,T_0)$，热电偶的原理图如图 2-2 所示。其中，T 称为工作端或热端，T_0 称为冷端（自由端或参比端），A 和 B 称为热电极。热电动势 $E_{AB}(T,T_0)$ 的大小是由两种材料的接触电动势和单一材料的温差电动势所决定的。

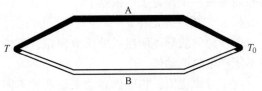

图 2-2 热电偶的原理图

（1）接触电动势

由于不同的金属材料内部的自由电子密度不相同，当两种金属材料 A 和 B 接触时，自由电子就要从自由电子密度大的金属材料扩散到自由电子密度小的金属材料中去，从而产生自由电子的扩散现象。当金属材料 A 的自由电子密度比金属材料 B 的大时，则有自由电子从 A 扩散到 B，当扩散达到平衡时，金属材料 A 失去电子带正电荷，而金属材料 B 得到电子带负电荷。这样，A、B 接触处形成一定的电位差，这就是接触电动势（也称为帕尔帖电动势）$E_{AB}(T)$，热电偶接触电动势如图 2-3 所示。

（2）温差电动势

在同一金属材料 A 中，当金属材料两端的温度不同，即 $T>T_0$ 时，两端电子能量就不同。温度高的一端电子能量大，则电子从高温端向低温端扩散的数量多，最后达到平衡。这样在金属材料 A 的两端形成一定的电位差，即温差电动势（也称为汤姆逊电动势）$E_A(T,T_0)$，热电偶温差电动势如图 2-4 所示。

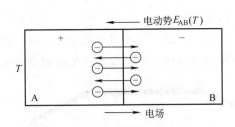

图 2-3 热电偶接触电动势

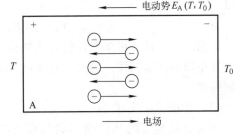

图 2-4 热电偶温差电动势

（3）热电偶回路的总热电动势

由图 2-5 可知，热电偶回路中产生的总热电动势为

$$E_{AB}(T,T_0)=E_{AB}(T)-E_{AB}(T_0)-E_A(T,T_0)+E_B(T,T_0) \tag{2-3}$$

由于单一导体的温差电动势比接触电动势小很多，可忽略不计，则热电偶的总热电动势可表示为

$$E_{AB}(T,T_0)=E_{AB}(T)-E_{AB}(T_0) \tag{2-4}$$

由此可见，热电偶热电动势的大小只与导体 A、B 的材料和冷、热端的温度有关，而与导体的粗细、长短及两导体接触面积无关。判断热电偶正负极的方法：将热端稍加热，在冷端用直流电表辨别正负极。

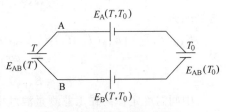

图 2-5 热电偶的热电动势

根据国际温标规定，$T_0 = 0℃$ 时，用实验的方法测出各种不同热电偶在不同工作温度下所产生热电动势的值，列成表格，称为分度表。

2. 热电偶的基本定律

用热电偶测量温度时，需要解决一系列的实际问题，以下由试验验证的几个定律，为解决这些问题提供了理论上的依据。

（1）匀质导体定律

由一种匀质导体所组成的闭合回路，不论导体的截面积如何及导体的各处温度分布如何，都不能产生热电动势。

这一定律说明，热电偶必须采用两种不同材料的导体组成，且热电偶的热电动势仅与两接点的温度有关，而与沿热电极的温度分布无关。如果热电偶的热电极是非匀质导体，在不均匀温度场中测温时将造成测量误差。所以，热电极材料的均匀性是衡量热电偶质量的重要技术指标之一。

（2）中间导体定律

在热电偶回路中接入第三种导体，只要该导体两端温度相同，则热电偶产生的总电动势不变。

具有中间导体的热电偶回路如图 2-6 所示。在电极为 A 和 B 的热电偶回路中接入第三种导体 C，只要保持 C 两端的温度相等，则回路总电动势仍是 $E_{AB}(T, T_0)$ 不变，与 C 的接入无关。回路总的热电动势为

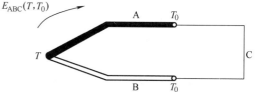

图 2-6 具有中间导体的热电偶回路

$$E_{ABC}(T, T_0) = E_{AB}(T) + E_{CA}(T_0) + E_{BC}(T_0)$$

当 $T = T_0$ 时

$$E_{ABC}(T_0) = E_{AB}(T_0) + E_{CA}(T_0) + E_{BC}(T_0) = 0$$

$$E_{CA}(T_0) + E_{BC}(T_0) = -E_{AB}(T_0)$$

所以

$$E_{ABC}(T, T_0) = E_{AB}(T) - E_{AB}(T_0) = E_{AB}(T, T_0) \tag{2-5}$$

根据这个定律，可采取任何方式焊接导线，可以将热电动势通过导线接至测量仪表进行测量，且不影响测量精度。同时，利用这个定则，还可以使用开路热电偶测量液态金属和金属壁面的温度。

（3）中间温度定律

存在中间温度的热电偶回路如图 2-7 所示。热电偶在结点温度为 T、T_0 时的热电动势 $E_{AB}(T, T_0)$ 等于该热电偶在 (T, T_n) 与 (T_n, T_0) 时的热电动势 $E_{AB}(T, T_n)$ 与 $E_{AB}(T_n, T_0)$ 的代数和，这就是中间温度定律，其中 T_n 称为中间温度。该定律可表示为

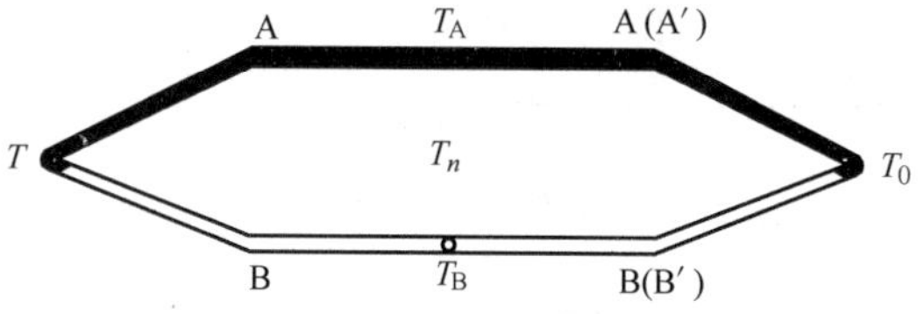

图 2-7 存在中间温度的热电偶回路

$$E_{AB}(T, T_0) = E_{AB}(T, T_n) + E_{AB}(T_n, T_0) \tag{2-6}$$

这是因为

$$\begin{aligned} E_{AB}(T, T_n) + E_{AB}(T_n, T_0) &= [E_{AB}(T) - E_{AB}(T_n)] + [E_{AB}(T_n) - E_{AB}(T_0)] \\ &= E_{AB}(T) - E_{AB}(T_0) \\ &= E_{AB}(T, T_0) \end{aligned}$$

中间温度定律为在工业测量温度中使用补偿导线提供了理论基础。只要选配与热电偶热电特性相同的补偿导线，便可使热电偶的参比端延长，使之远离热源到达一个温度相对稳定的地

方而不会影响测温的准确性。

热电偶分度表是在冷端为 0℃时热端温度与热电动势之间的对应关系，根据这一定则，当热电偶冷端不等于 0℃时，也可以使用分度表。

【例 2-1】 用镍铬-镍硅热电偶测炉温时，其冷端温度 $T_0 = 30$℃，在直流电位计上测得的热电动势 $E(T, T_0) = 30.838\text{mV}$，求炉温 T。

解： 查镍铬-镍硅热电偶分度表得 $E_{AB}(30$℃$, 0$℃$) = 1.203\text{mV}$。

$$E_{AB}(T, 0℃) = E(T, 30℃) + E_{AB}(30℃, 0℃) = 30.838\text{mV} + 1.203\text{mV} = 32.041\text{mV}$$

再查分度表得 $T = 770$℃。

（4）参考电极定律（标准电极定律）

热电偶参考电极回路如图 2-8 所示。已知热电极 A、B 与参考电极 C 组成的热电偶在结点温度为 (T, T_0) 时的热电动势分别为 $E_{AC}(T, T_0)$ 和 $E_{BC}(T, T_0)$，则在相同温度下，由 A、B 两种热电极配对后的热电动势 $E_{AB}(T, T_0)$ 可按下面公式计算：

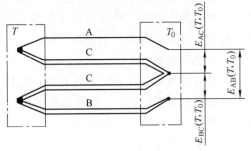

图 2-8　热电偶参考电极回路

$$E_{AB}(T, T_0) = E_{AC}(T, T_0) - E_{BC}(T, T_0) \quad (2\text{-}7)$$

参考电极定律大大简化了热电偶的选配工作。只要获得有关热电极与参考电极配对的热电动势，那么任何两种热电极配对时的热电动势均可利用该定律计算，而不需要逐个进行测定。在实际应用中，由于纯铂丝的物理化学性能稳定、熔点高和易提纯，所以目前常用纯铂丝作为标准电极。

【例 2-2】 已知铬合金-铂热电偶的 $E(100℃, 0℃) = +3.13\text{mV}$，铝合金-铂热电偶的 $E(100℃, 0℃) = -1.02\text{mV}$，求铬合金-铝合金组成热电偶材料的热电动势 $E(100℃, 0℃)$。

解： 设铬合金为 A，铝合金为 B，铂为 C，即

$$E_{AC}(100℃, 0℃) = +3.13\text{mV}$$
$$E_{BC}(100℃, 0℃) = -1.02\text{mV}$$

则

$$E_{AB}(100℃, 0℃) = E_{AC}(100℃, 0℃) - E_{BC}(100℃, 0℃) = 4.15\text{mV}$$

2.1.2　热电偶的结构形式与热电偶材料

1. 热电偶的种类

（1）普通型热电偶

普通型热电偶主要用于测量气体、蒸汽和液体等介质的温度，由热电极、绝缘套管、保护套管和接线盒组成，普通工业用热电偶如图 2-9 所示。贵重金属热电极直径不大于 0.5mm，廉价金属热电极直径一般为 0.5～3.2mm；绝缘套管一般为单孔或双孔瓷管；外保护套管要求气密性好，有足够的机械强度，还要求导热性好和物理化学特性稳定，最常用的材料为铜及铜合金、钢和不锈钢及陶瓷材料等。整支热电偶的长度由

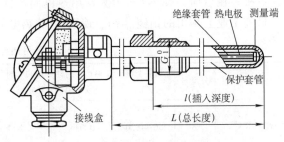

图 2-9　普通工业用热电偶

安装条件和插入深度决定，一般为 350 ~ 2000mm。其安装时的连接形式可分为固定螺纹联接、固定法兰连接、活动法兰连接和无固定装置等多种形式。

（2）铠装热电偶

铠装热电偶是将热电偶丝、绝缘材料（氧化镁粉等）和金属保护套管三者组合装配后，经拉伸加工而成的一种坚实的组合体，铠装热电偶测量端的形式如图 2-10 所示。它的外径一般为 0.5 ~ 8mm，其长度可以根据需要截取，特别适用于复杂结构（如狭小弯曲管道内）的温度测量。

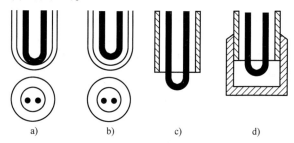

图 2-10　铠装热电偶测量端的形式
a）碰底型　b）不碰底型　c）露头型　d）帽型

（3）薄膜热电偶

薄膜热电偶是用真空镀膜的方法，把热电极材料蒸镀在绝缘基板上而制成的，薄膜热电偶结构示意图如图 2-11 所示。其测温范围为 -200 ~ 500℃，测量端既小又薄，热容小，响应速度快，适用于测量微小面积上的瞬变温度。

（4）表面热电偶

表面热电偶主要用于现场流动的测量，广泛用于纺织、印染、造纸、塑料及橡胶工业。探头有各种形状（弓形、薄片形等），以适用于不同物体表面测温。在其把手上装有动圈式仪表，读数方便。其测量温度范围有 0 ~ 250℃ 和 0 ~ 600℃ 两种。

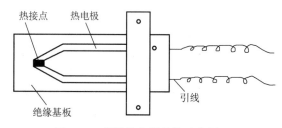

图 2-11　薄膜热电偶结构示意图

（5）防爆热电偶

在石油、化工、制药工业中，生产现场有各种易燃、易爆等化学气体，这时需要采用防爆热电偶。它采用防爆型接线盒，有足够的内部空间、壁厚及机械强度，其橡胶密封圈的热稳定性符合国家的防爆标准。因此，即使接线盒内部爆炸性混合气体发生爆炸时，其压力也不会破坏接线盒，其产生的热能不会向外扩散传爆，可达到可靠的防爆效果。

除上述以外，还有专门测量钢水和其他熔融金属温度的快速热电偶等。

2. 标准化热电偶及热电偶的组成材料

所谓标准化热电偶是指制造工艺比较成熟、应用广泛、能成批生产以及性能优良而稳定，并已列入工业标准化文件中的热电偶。标准化热电偶互换性好，具有统一的分度表，并有与其配套的显示仪表可供选用。

国际电工委员会（IEC）共推荐了 8 种标准化热电偶。组成热电偶的两种材料正极写在前面，负极写在后面，表 2-2 所示为常用热电偶特性表。我国生产的符合 IEC 标准的热电偶有 6 种，目前工业上常用的铂铑$_{10}$-铂、镍铬-镍硅热电偶的分度表如表 2-3 ~ 表 2-4 所示。

表 2-2　常用热电偶特性表

名称	分度号	测温范围 /℃	100℃时的热电势/mV	1000℃时的热电势/mV	允许误差/℃	特　　点
铂铑$_{30}$-铂铑$_6$	B	50 ~ 1820	0.033	4.834	±4	熔点高、测温上限高、性能稳定、精度高；100℃以下时热电动势极小，可不必考虑冷端补偿；价格昂贵，电动势小；只适用于高温域的测量

（续）

名称	分度号	测温范围/℃	100℃时的热电势/mV	1000℃时的热电势/mV	允许误差/℃	特　点
铂铑₁₃-铂	R	-50~1768	0.647	10.506	±1.5	使用上限较高。精度高、性能稳定、复现性好;但热电动势较小,不能在金属蒸气和还原性气氛中使用,价格昂贵;多用于精密测量
铂铑₁₀-铂	S	-50~1768	0.646	9.587	±1.5	优点同 R 型,但性能略差于 R 型;长期以来曾经作为国际温标的法定标准热电偶
镍铬-镍硅	K	-270~1370	4.096	41.276	±2.5	热电动势大、线性好、稳定性好、价廉;但材质较硬,1000℃以上长期使用会引起热电势漂移;大多用于工业测量
镍铬硅-镍硅	N	-270~1300	2.774	36.256	±2.5	是一种新型热电偶,各项性能比 K 型热电偶更好,适用于1000℃以下的温度测量
镍铬-铜镍	E	-270~800	6.319	—	±2.5	热电动势比 K 型热电偶大50%左右,线性好、耐高湿度、价廉;但不能用于还原性气氛;适用于工业测量
铁-铜镍	J	-210~760	5.269	—	±2.5	价廉,在还原性气氛中性能较稳定;但纯铁易被腐蚀和氧化;适用于500℃以下的温度测量
铜-铜镍	T	-270~400	4.279	—	±1	价廉,加工性能好、离散性小、性能稳定、线性好、精度高;铜在高温时易被氧化,测温上限低;大多用于低温测量,可作为-200~0℃温域的计量标准

注:铂铑₁₀ 表示该合金包含90%铂和10%铑,以下类推。

表 2-3　铂铑₁₀-铂热电偶（S 型）分度表（ITS-90）（参考端温度为0℃）

温度/℃	0	10	20	30	40	50	60	70	80	90
	热电动势/mV									
0	0.000	0.055	0.113	0.173	0.235	0.299	0.365	0.432	0.502	0.573
100	0.645	0.719	0.795	0.872	0.950	1.029	1.109	1.190	1.273	1.356
200	1.440	1.525	1.611	1.698	1.785	1.873	1.962	2.051	2.141	2.232
300	2.323	2.414	2.506	2.599	2.692	2.786	2.880	2.974	3.069	3.164
400	3.260	3.356	3.452	3.549	3.645	3.743	3.840	3.938	4.036	4.135
500	4.234	4.333	4.432	4.532	4.632	4.732	4.832	4.933	5.034	5.136
600	5.237	5.339	5.442	5.544	5.648	5.751	5.855	5.960	6.064	6.169
700	6.274	6.380	6.486	6.592	6.699	6.805	6.913	7.020	7.128	7.236
800	7.345	7.454	7.563	7.672	7.782	7.892	8.003	8.114	8.225	8.336
900	8.448	8.560	8.673	8.786	8.899	9.012	9.126	9.240	9.355	9.470
1000	9.585	9.700	9.816	9.932	10.048	10.165	10.282	10.440	10.517	10.635
1100	10.754	10.872	10.991	11.110	11.229	11.348	11.467	11.587	11.707	11.827
1200	11.947	12.067	12.188	12.308	12.429	12.550	12.671	12.792	12.913	13.034
1300	13.155	13.276	13.379	13.519	13.640	13.761	13.883	14.004	14.125	14.247
1400	14.368	14.489	14.610	14.731	14.852	14.793	15.094	15.215	15.336	15.456
1500	15.576	15.697	15.817	15.937	16.057	16.176	16.296	16.415	16.534	16.653
1600	16.771	16.890	17.008	17.125	17.243	17.360	17.477	17.594	17.711	17.826
1700	17.942	18.056	18.170	18.282	18.394	18.504	18.612	—	—	—

表 2-4 镍铬-镍硅热电偶（K 型）分度表（参考端温度为 0℃）

温度/℃	0	10	20	30	40	50	60	70	80	90
	热电动势/mV									
−200	−5.891	−6.035	−6.159	−6.262	−6.344	−6.404	−6.441	−6.458	—	—
−100	−3.554	−3.852	−4.138	−4.411	−4.669	−4.913	−5.141	−5.354	−5.550	−5.730
−0	−0.000	−0.392	−0.777	−1.156	−1.527	−1.889	−2.243	−2.587	−2.920	−3.243
0	0.000	0.397	0.798	1.203	1.612	2.023	2.436	2.851	3.267	3.682
100	4.096	4.509	4.920	5.328	5.735	6.138	6.540	6.941	7.340	7.739
200	8.138	8.539	8.940	9.343	9.747	10.153	10.561	10.971	11.382	11.795
300	12.209	12.624	13.040	13.457	13.874	14.293	14.713	15.133	15.554	15.975
400	16.397	16.820	17.243	17.667	18.091	18.516	18.941	19.366	19.792	20.218
500	20.644	21.071	21.497	21.924	22.350	22.776	23.203	23.629	24.055	24.480
600	24.905	25.330	25.755	26.179	26.602	27.025	27.447	27.869	28.289	28.710
700	29.129	29.548	29.965	30.382	30.798	31.213	31.628	32.041	32.453	32.865
800	33.275	33.685	34.093	34.501	34.908	35.313	35.718	36.121	36.524	36.925
900	37.326	37.725	38.124	38.522	38.918	39.314	39.708	40.101	40.494	40.885
1000	41.276	41.665	42.053	42.440	42.826	43.211	43.595	43.978	44.359	44.740
1100	45.119	45.497	45.873	46.249	46.623	46.995	47.367	47.737	48.105	48.473
1200	48.838	49.202	49.565	49.926	50.286	50.644	51.000	51.355	51.708	52.060
1300	52.410	53.795	53.106	53.451	53.795	54.138	54.479	54.819	—	—

非标准化热电偶发展很快，主要是能满足一些特殊条件下测温的需要，如超高温、极低温、高真空或核辐射环境。非标准化热电偶包括铂铑系、依铑系及钨铼系热电偶等，使用前需个别标定。

3. 热电偶质量检测和安装注意事项

热电偶是由两种不同导体焊接构成的，其一端焊接起来，另一端通过补偿导线连接测量仪表。检测热电偶好坏可按以下两步进行。

第一步：测量热电偶的电阻。万用表拨至 $R×1\Omega$ 档，红、黑表笔分别接热电偶的两根补偿导线，如果热电偶及补偿导线正常，测得的阻值较小（几欧至几十欧），若阻值无穷大，则为热电偶或补偿导线开路。

第二步：测量热电偶的热电转换效果。万用表拨至最小的直流电压档，红、黑表笔分别接热电偶的两根补偿导线，然后将热电偶的热端接触温度高的物体（如烧热的铁锅），如果热电偶正常，万用表表针会指示一定的电压值，随着热端温度上升，表针指示电压值会慢慢增大，用数字万用表测量时，电压值变化较明显，如果电压值为 0，说明热电偶无法进行热电转换，热电偶已损坏或失效。

热电偶主要用于工业生产中集中显示、记录和控制用的温度检测。在现场安装时要注意以下问题。

（1）插入深度要求

安装时，热电偶的测量端应有足够的插入深度，在管道上安装时，应使保护套管的测量端超过管道中心线 5~10mm。

（2）注意保温

为防止传导散热产生测温附加误差，保护套管露在设备外部的长度应尽量短，并加隔热层。

（3）防止变形

为防止高温下保护套管变形，应尽量垂直安装。在有流速的管道中必须倾斜安装，如有条件应尽量在管道的弯管处安装，并且安装的测量端要迎向流速方向。若需水平安装时，则应有支架支撑。

2.1.3 热电偶的冷端补偿

热电偶的分度表及配套的显示仪表都要求冷端温度恒定为0℃，否则将产生测量误差。然而在实际应用中，由于热电偶的冷、热端距离通常很近，冷端受热端及环境温度波动的影响，温度很难保持稳定，因此必须进行冷端温度补偿。常用的冷端补偿方法有以下几种。

1. 补偿导线

补偿导线是指在一定的温度范围内（0~150℃），其热电性能与相应热电偶的热电性能相同的廉价导线。采用补偿导线，可将热电偶的冷端延伸到远离高温区的地方，从而使冷端的温度相对稳定。由此可见，使用补偿导线可以节约大量的贵重金属，减小热电偶回路的电阻，而且补偿导线柔软易弯，便于敷设。但必须指出，使用补偿导线仅能延长热电偶的冷端，对测量电路不起任何温度补偿作用。

使用补偿导线必须注意两个问题：

1）两根补偿导线与热电偶两个热电极的接点必须具有相同的温度。

2）各种补偿导线只能与相应型号的热电偶配用，而且必须在规定的温度范围内使用，极性切勿接反。

常用热电偶补偿导线的特性如表2-5所示。

表 2-5 常用热电偶补偿导线的特性

型号	配用热电偶 正-负	补偿导线 正-负	导线外皮颜色		100℃时的热 电势/mV	20℃时的电阻率 /(Ω·m)
			正	负		
SC	铂铑$_{10}$-铂	铜-铜镍①	红	绿	0.646±0.023	0.05×10^{-6}
KC	镍铬-镍硅	铜-康铜	红	蓝	4.096±0.063	0.52×10^{-6}
WC$_{5/26}$	钨铼$_5$-钨铼$_{26}$	铜-铜镍②	红	橙	1.451±0.051	0.10×10^{-6}

① 9.4%Cu，0.6%Ni。

② 98.2%~98.3% Cu，1.7%~1.8%Ni。

2. 冷端温度补偿

（1）计算修正法

热电偶的分度表和根据分度表刻度的温度仪表，其分度都是指热电偶冷端处在0℃时的电动势，因此在实际测量中已知冷端温度为t_0，根据中间温度定律，则热电偶的电动势为

$$E(t,0) = E(t,t_0) + E(t_0,0)$$

（2）机械零位调整法

当冷端温度比较稳定时，工程上常用仪表机械零位调整法。如动圈式仪表的使用，可在仪表未工作时，直接将仪表机械零值调整至冷端温度处，仪表直接指示出热端温度。使用仪表机械零值调整法简单方便，但冷端温度发生变化时，应及时断电，重新调整仪表机械零位，使之指示到新的冷端温度上。

（3）冰浴法

实验室常采用冰浴法使冷端温度保持为恒定0℃，即将热电偶冷端置于存有冰水混合物的冰点恒温槽内。

（4）电桥补偿法

电桥补偿法是利用不平衡电桥产生的不平衡电压来自动补偿热电偶因冷端温度变化而引起的热电动势变化值。可购买与被补偿热电偶对应型号的补偿电桥（又称冷端补偿器），按使用

说明书进行温度补偿。

（5）利用半导体集成温度传感器测量冷端温度

温度 IC 具有体积小、集成度高、准确度高、线性好、输出信号大、不需要进行温度标定、热容量小和外围电路简单等优点。只要将温度 IC 置于热电偶冷端附近，将温度 IC 的输出电压作简单的换算，就能得到热电偶的冷端温度，从而用计算修正法进行冷端温度补偿。典型的半导体温度传感器有 AD590、AD7414、AD22100、LM35、LM74、LM76、LM77、LM83、LM92、DS1820、MAX6675、TMP03 和 TMP35 等系列，读者可阅读有关资料。

2.1.4　热电偶测温基本电路

图 2-12 为几种热电偶测温电路。

图 2-12a 为基本测温电路。图 2-12b 为热电偶反向串联测量温差电动势的连接示意图。图 2-12c 为两个热电偶并联测量平均温度的连接示意图。图 2-12d 为热电偶正向串联测量多点温度之和的连接示意图，这样可获得较大的热电动势输出，提高了测试灵敏度。

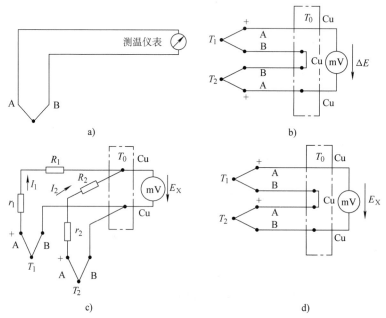

图 2-12　几种热电偶测温电路

带补偿导线的热电偶与西门子 S7-300 PLC 的带隔离的模拟输入模块的连接示意图如图 2-13 所示。

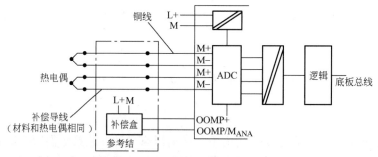

图 2-13　带补偿导线的热电偶与西门子 S7-300 PLC 的带隔离的模拟输入模块的连接示意图

任务 2.2　热电阻测温

【任务教学要点】

知识点

- 热电阻和热敏电阻传感器的测温原理。
- 热电阻的型号，热敏电阻的类型及特性。
- 热电阻、热敏电阻的基本应用电路。

技能点

- 热电阻、热敏电阻与显示仪表的连接。
- 会查热电阻分度表。
- 热敏电阻的质量检测和选型。
- 各种热电阻、热敏电阻的应用。

任务2.2 热电
阻测温

利用导体或半导体材料的电阻值随温度变化的特性制成的传感器叫作热电阻式传感器，其测温范围主要在中、低温区域（−200～850℃）。随着科学技术的发展，在低温方面传感器已成功地应用于−800～−200℃的温度测量，而在高温方面，也出现了多种用于测量1000～1300℃的电阻温度传感器。一般把由金属导体（如铂、铜、银等）制成的测温元件称为热电阻，把由半导体材料制成的测温元件称为热敏电阻。

2.2.1　常用热电阻

对测温用的热电阻材料的要求：电阻值与温度变化具有良好的线性关系；电阻温度系数要大，便于精确测量；电阻率高，热容小，响应速度快；在测温范围内具有稳定的物理和化学性能；材料质量要纯，容易加工复制，价格便宜。目前使用最广泛的热电阻材料是铂和铜。随着低温和超低温测量技术的发展，已开始采用铟、锰、碳等材料。

1. 热电阻的原理

（1）铂热电阻

铂热电阻主要用于高精度的温度测量和标准测温装置，性能非常稳定，测量精度高，其测温范围为−200～850℃。铂的纯度通常用百度电阻比 $W(100) = R_{100}/R_0$ 来表示，其中 R_{100} 和 R_0 分别代表在100℃和0℃时的电阻值。工业上常用的铂电阻其 $W(100) = 1.380～1.387$，标准值为1.385。

铂电阻的电阻值与温度之间的关系可用下式表示：

$$\left.\begin{array}{ll} 0～850℃内 & R_t = R_0(1 + At + Bt^2) \\ -200～0℃内 & R_t = R_0[1 + At + Bt^2 + Ct^3(t - 100)] \end{array}\right\} \tag{2-8}$$

式中，R_t 和 R_0 分别为温度为 t℃ 和 0℃ 时的电阻值；A、B、C 为常数，$A = 3.96847 \times 10^{-3}/℃$，$B = -5.847 \times 10^{-7}/℃^2$，$C = -4.22 \times 10^{-12}/℃^4$。

（2）铜热电阻

铜热电阻价格便宜、易于提纯、复制性较好；在−50～150℃测温范围内，线性较好；电阻温度系数比铂高。但电阻率较铂小、在温度稍高时易于氧化、测温范围较窄、体积较大。所以，铜热电阻适用于对测量精度和敏感元件尺寸要求不是很高的场合。

铜电阻的阻值与温度间的关系为

$$R_t = R_0(1 + \alpha t) \qquad (2-9)$$

式中，α 为铜电阻的温度系数，一般取 $\alpha = (4.25 \sim 4.28) \times 10^{-3}/℃$。

铂和铜热电阻目前都已标准化和系列化，选用较方便。

2. 热电阻传感器的结构形式

（1）普通热电阻

热电阻传感器一般由测温元件（电阻体）、保护套管和接线盒3部分组成，热电阻传感器的结构示意图如图2-14所示。铜热电阻的感温元件通常用 $\phi0.1mm$ 的漆包线或丝包线采用双线并绕在塑料圆柱形骨架上，再浸入酚醛树脂（起保护作用）。铂热电阻的感温元件一般用 $\phi0.03 \sim \phi0.07mm$ 的铂丝绕在云母绝缘片上，云母片边缘有锯齿缺口，铂丝绕在齿缝内以防短路。

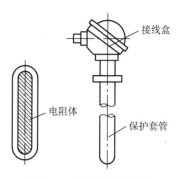

图 2-14 热电阻传感器的结构示意图

（2）铠装热电阻

铠装热电阻由金属保护套管、绝缘材料和感温元件组成，铠装热电阻的结构示意图如图2-15所示。其感温元件用细铂丝绕在陶瓷或玻璃骨架上制成。其热惰性小、响应速度快；具有良好的力学性能，可以耐强烈振动和冲击，适合于高压设备测温以及有振动的场合和恶劣环境中使用。

（3）薄膜及厚膜型铂热电阻

薄膜及厚膜型铂热电阻主要用于平面物体的表面温度和动态温度的检测，也可部分代替线绕型铂热电阻用于测温和控温，其测温范围一般为 $-70 \sim 600℃$。

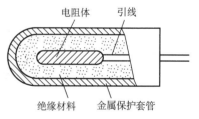

图 2-15 铠装热电阻的结构示意图

2.2.2 热电阻传感器的测量电路

热电阻传感器的测量电路一般使用电桥电路。由于工业用热电阻安装在生产现场，离控制室较远，因此热电阻的引线对测量结果有较大影响。目前，热电阻引线方式有两线制、三线制和四线制3种。

1. 两线制（适于引线不长，精度较低）

两线制的接线方式如图2-16所示，在热电阻感温体的两端各连一根导线。这种引线方式简单、费用低，但是引线电阻以及引线电阻的变化会带来附加误差，因此，两线制适于引线不长、测温精度要求较低的场合，确保引线电阻值远小于热电阻值。

2. 三线制（适于工业测量，一般精度）

由于热电阻的阻值很小，因此导线的电阻值不能忽视。如100Ω的铂电阻，1Ω的导线电阻可能产生3℃左右的误差。为解决导线电阻的影响，工业热电阻大多采用三线制电桥连接法，如图2-17所示。图中 R_t 为热电阻，其三根引出导线相同，阻值都是 r。其中一根与电桥电源相串联，它对电桥的平衡没有影响。另外两根分别与电桥的相邻两臂串联，当电桥平衡时，可得关系式为

$$(R_t + r)R_2 = (R_2 + r)R_1 \qquad (2-10)$$

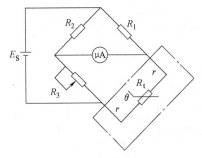

图 2-16 两线制接线方式

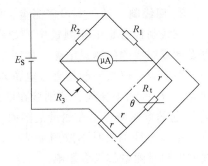

图 2-17 三线制接线方式

所以有

$$R_t = \frac{(R_3+r)R_1 - rR_2}{R_2} \qquad (2-11)$$

如果使 $R_1 = R_2$，则式（2-10）就和 $r = 0$ 时的电桥平衡公式完全相同，即说明此种接法导线电阻 r 对热电阻的测量毫无影响。注意：以上结论只有在 $R_1 = R_2$，且只有在平衡状态下才成立。

为了消除从热电阻感温体到接线端子间的导线对测量结果的影响，一般要求从热电阻感温体的根部引出导线，且要求引出线一致，以保证它们的电阻值相等。

表 2-6 和表 2-7 为铂热电阻和铜热电阻的分度表。

表 2-6 铂热电阻（分度号为 Pt100）分度表

温度/℃	0	10	20	30	40	50	60	70	80	90
	电阻值/Ω									
-200	18.52	—	—	—	—	—	—	—	—	—
-100	60.26	56.19	52.11	48.00	43.87	39.71	35.53	31.32	27.08	22.80
-0	100.00	96.09	92.16	88.22	84.31	80.31	76.33	72.33	68.33	64.30
0	100.00	103.90	107.79	111.67	115.54	119.40	123.24	127.07	130.89	134.70
100	138.50	142.29	146.06	149.82	153.58	157.31	161.04	164.76	168.46	172.16
200	175.84	179.51	184.17	186.82	190.45	194.07	197.69	201.29	204.88	208.45
300	212.02	215.57	219.12	222.65	226.17	229.67	233.17	236.66	240.13	243.59
400	247.04	250.48	253.90	257.32	260.72	264.11	267.49	270.86	274.22	277.56
500	280.90	284.22	287.53	290.83	294.11	297.39	300.65	303.91	307.15	310.38
600	313.59	316.80	319.99	323.18	326.35	329.51	332.66	335.79	338.92	342.03
700	345.13	348.22	351.30	354.37	357.37	360.47	363.50	366.52	369.53	372.52
800	375.51	378.48	381.45	384.34	387.34	390.26	—	—	—	—

注：每一行温度与第一列温度符号相同。

表 2-7 铜热电阻（分度号为 Cu50）分度表

温度/℃	0	10	20	30	40	50	60	70	80	90
	电阻值/Ω									
-0	50.00	47.85	45.71	43.56	41.40	39.24	—	—	—	—
0	50.00	52.14	45.29	56.43	58.57	60.70	62.84	64.98	67.12	69.26
100	71.40	73.54	73.69	77.83	79.98	82.13	—	—	—	—

注：同表 2-6。

3. 四线制（适于实验室测量，精度高）

三线制接法是工业测量中广泛采用的方法。在高精度测量中，可设计成四线制的测量电路，如图 2-18 所示。

图中测量仪表一般用直流电位差计，热电阻上引出各为 R_1、R_4 和 R_2、R_3 的四根导线，分别接在电流和电压回路，电流导线上 R_1、R_4 引起的电压降，不在测量范围内，而电压导线上虽有电阻但无电流（电位差计测量时不取用电流，认为内阻无穷大），所以四根导线的电阻对测量都没有影响。

热电阻与显示仪表或其他装置连接时用三线制或四线制连接。图 2-19 是热电阻三线制接线示意图，图中虚线部分表示仪表内部。图 2-20 和图 2-21 分别为热电阻三线制和四线制与西门子 S7-300 PLC 连接示意图。

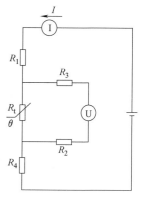

图 2-18　四线制的测量电路

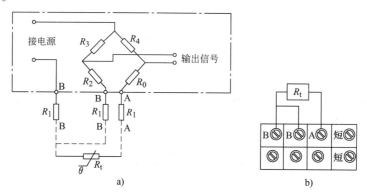

图 2-19　热电阻三线制接线示意图

a）接线原理图　b）仪表背面接线端子图

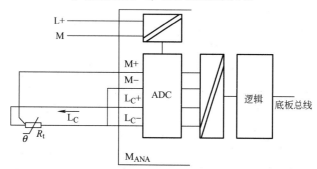

图 2-20　热电阻与西门子 S7-300 PLC 模块的三线制连接示意图

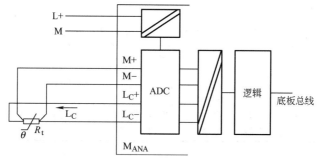

图 2-21　热电阻与西门子 S7-300 PLC 模块的四线制连接示意图

2.2.3　热敏电阻

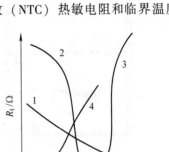

热敏电阻主要用于点温度、小温差温度的测量，远距离、多点测量与控制，温度补偿和电路的自动调节等。

热敏电阻可分为正温度系数（PTC）热敏电阻、负温度系数（NTC）热敏电阻和临界温度热敏电阻（CTR）。图 2-22 为热敏电阻的电阻温度特性曲线，曲线 1 为 NTC 型热敏电阻，曲线 2 为 CTR 型热敏电阻，曲线 3 为突变型 PTC 热敏电阻，曲线 4 为缓变型 PTC 热敏电阻，曲线 5 为铂热电阻。

NTC 型热敏电阻主要用于温度测量和补偿。

突变型 PTC 热敏电阻主要用作温度开关，缓变型 PTC 热敏电阻主要用于在较宽的温度范围内进行温度补偿或温度测量。

CTR 型热敏电阻主要用作温度开关。

热敏电阻可根据使用要求，封装加工成各种形状的探头，如圆片形、柱形、珠形、铠装式、薄膜式和厚膜式等，如图 2-23 所示。

图 2-22　热敏电阻的电阻
温度特性曲线

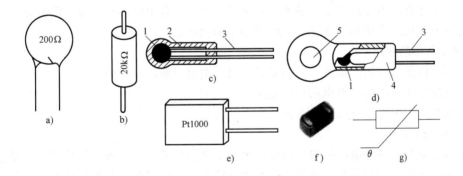

图 2-23　热敏电阻的外形、结构及图形符号

a）圆片形　b）柱形　c）珠形　d）铠装式　e）厚膜式　f）贴片式　g）图形符号

1—热敏电阻　2—玻璃外壳　3—引出线　4—纯铜外壳　5—传热安装孔

2.2.4　热敏电阻的检测和应用

1. 热敏电阻的检测

热敏电阻的检测分两步，只有两步测量均正常才能说明热敏电阻正常，在这两步测量时还可以判断出电阻的类型（NTC 或 PTC）。热敏电阻的检测如图 2-24 所示。

第一步：测量常温下（25℃左右）的标称阻值。根据标称阻值选择合适的欧姆档，图中的热敏电阻的标称阻值为 259Ω，故选择 R×10Ω 档，将红、黑表笔分别接触热敏电阻的一个电极，如图 2-24a 所示，然后在刻度盘上查看测得阻值的大小。若阻值与标称阻值一致或接近，说明热敏电阻正常。

若阻值为 0，说明热敏电阻短路。若阻值为无穷大，说明热敏电阻开路。若阻值与标称阻

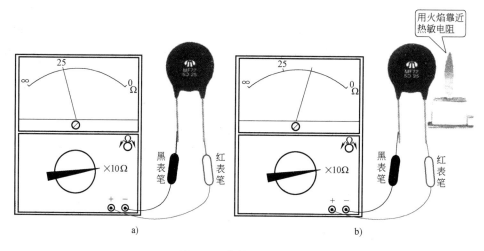

图 2-24 热敏电阻的检测

值偏差过大，说明热敏电阻性能变差或损坏。

第二步：改变温度测量阻值。用火焰靠近热敏电阻（不要让火焰接触电阻，以免烧坏电阻），如图 2-24b 所示，对热敏电阻进行加热，然后将红、黑表笔分别接触热敏电阻的一个电极，再在刻度盘上查看测得阻值的大小。若阻值与标称阻值比较有变化，说明热敏电阻正常。若阻值向大于标称阻值方向变化，说明热敏电阻为 PTC。若阻值向小于标称阻值方向变化，说明热敏电阻为 NTC。若阻值不变化，说明热敏电阻损坏。

2. 热敏电阻的应用

根据不同的使用目的，选择相应的热敏电阻的类型、参数及结构。

热敏电阻的测量电路一般也用桥式电路。

热敏电阻的应用主要分以下几方面。

（1）温度测量

用于测量温度的热敏电阻一般结构较简单、价格较低廉。没有外面保护层的热敏电阻只能应用在干燥的地方；密封的热敏电阻不怕湿气的侵蚀，可以用在较恶劣的环境下。由于热敏电阻的阻值较大，故其连接导线的电阻和接触电阻可以忽略，使用时采用二线制即可。

（2）温度补偿

热敏电阻可在一定的温度范围内对某些元件进行温度补偿。例如，动圈式仪表表头中的动圈由铜线绕成，温度升高，其电阻值增大，引起测量误差，为此可在动圈回路中串入由 NTC 热敏电阻（图 2-25 中 R_t）组成的电阻网络，从而抵消由于温度引起的误差。实际应用时，将 NTC 热敏电阻与锰铜丝电阻并联后再与被补偿元件串联，热敏电阻对 NTC 电阻的补偿如图 2-25 所示。

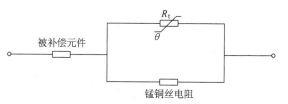

图 2-25 热敏电阻对 NTC 电阻的补偿

（3）温度控制

热敏电阻广泛用于空调、电冰箱、热水器和节能灯等家用电器及国防、科技等领域的测温、控温。

（4）继电保护

将突变型 NTC 热敏电阻埋设在被测物中，并与继电器串联，给电路加上恒定的电压，当周围的温度上升到一定的数值时，电路中的电流可以由十分之几毫安突变为几十毫安，因此继电器动作，从而实现温度控制或过热保护。

图 2-26 为用热敏电阻对电动机进行过热保护的热继电器原理图。将 3 只性能相同的突变型 NTC 热敏电阻分别紧靠 3 个绕组并用万能胶固定，当电动机正常运行时温度较低，晶体管 VT 截止，继电器 K 不动作；当电动机过负荷、断相或一相接地时，电动机温度急剧升高，使热敏电阻阻值急剧减小到一定值时，继电器 K 吸合，使电动机供电电路断开，实现保护作用。

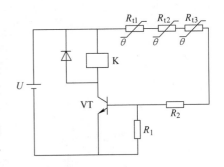

图 2-26　用热敏电阻对电动机进行过热保护的热继电器原理图

（5）温度上下限报警

温度上下限报警电路如图 2-27 所示。R_t 为 NTC 热敏电阻，采用运算放大器构成迟滞电压比较器。当温度 T 等于设定值时，$U_{ab}=0$，VT_1 和 VT_2 都截止，LED_1 和 LED_2 都不发光；当 T 升高时，R_t 减小，$U_{ab}>0$，VT_1 导通，LED_1 发光报警；当 T 下降时，R_t 增加，$U_{ab}<0$，VT_2 导通，LED_2 发光报警。

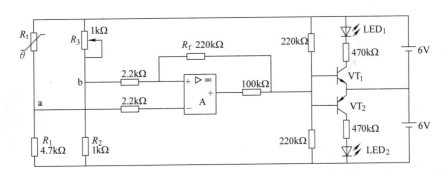

图 2-27　温度上下限报警电路

（6）热敏电阻自动消磁电路

在彩色电视机中，由于彩色显像管的荫罩板、屏蔽罩等由铁磁性物质组成，在使用过程中很容易受电视机周围磁场的作用而被磁化，影响显像管的色纯度和会聚。因此，彩色电视机每次开机时都需要进行自动消磁。

通常的消磁方法是利用逐渐减小的交变磁场来消除铁磁性物质的剩磁。这种逐渐减小的交变磁场可以通过一个逐渐减小的交流电流流过线圈得到。

电视机中常用的自动消磁电路由消磁线圈、正温度系数热敏电阻等组成，其电路结构及工作原理如图 2-28 所示。

接通电源时，由于热敏电阻阻值很小（一般为 18Ω），消磁线圈中流过的电流很大，该电流同时流过热敏电阻，使热敏电阻的阻值迅速增大，进而使流过消磁线圈中的电流迅速减小，达到自动消磁的目的。

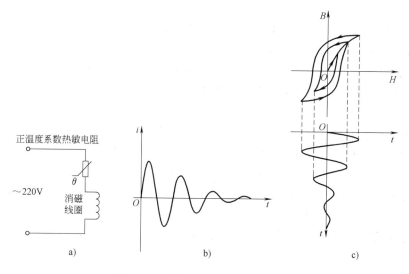

图 2-28　自动消磁电路及工作原理

a）自动消磁电路　b）消磁电流　c）自动消磁原理

任务 2.3　集成温度传感器测温

【任务教学要点】

知识点

- 集成温度传感器的工作原理。
- 常用集成温度传感器的特性。

技能点

- 根据不同的应用场合选择集成温度传感器。
- 集成温度传感器的接线。

任务2.3 集成温度传感器测温

2.3.1　工作原理及特点

集成温度传感器是把温敏元件、偏置电路、放大电路及线性化电路集成在同一芯片上的温度传感器。目前大量生产的集成温度传感器有电流输出型、电压输出型和数字（或频率）信号输出型。其工作温度范围为 $-50 \sim 150℃$。

电流输出型集成温度传感器具有输出阻抗高的优点，因此，可以配合使用双绞线进行数百米的精密遥测与遥感，而不必考虑长金属线引起的损失和噪声问题；也可用于多点温度测量系统中，而不必考虑选择开关或多路转换器引入的接触电阻造成的误差。

电压输出型集成温度传感器的优点是直接输出电压，且输出阻抗低，易于读取或与控制电路接口。

数字输出型集成温度传感器除有与电流输出型相似的优点外，还具有抗干扰能力强、可直接与计算机测控系统接口的独特优点。

总的来讲，集成温度传感器的特点是使用方便、外围电路简单、性能稳定可靠；不足之处是测温范围小，使用环境有一定的局限性。

图 2-29 为集成温度传感器的基本原理示意图。其中 VT_1、VT_2 为差分对管，由恒流源提供的 I_1、I_2 分别为 VT_1、VT_2 的集电极电流，则 ΔU_{be} 为

$$\Delta U_{be} = \frac{kT}{q}\ln\left(\frac{I_1}{I_2}\gamma\right) \qquad (2\text{-}12)$$

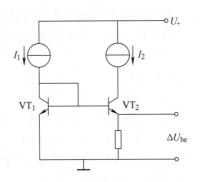

图 2-29 集成温度传感器的基本原理示意图

式中，k 为玻耳兹曼常数；q 为电子电荷量；T 为绝对温度；γ 为 VT_1 和 VT_2 发射极面积之比。

由式（2-12）可知，只要 I_1/I_2 为一恒定值，则 ΔU_{be} 与温度 T 为单值线性函数关系。这就是集成温度传感器的基本工作原理。

2.3.2 常用集成温度传感器

1. 电流输出型集成温度传感器

AD590 是电流输出型集成温度传感器，其输出电流与环境绝对温度成正比。它在出厂前经过校正，不需要外围温度补偿和线性化处理电路。AD590 的工作直流电压为 4～30V，输出阻抗约为 10MΩ，具有良好的互换性，在−55～150℃ 范围内精度为 ±1℃。此外，AD590 抗干扰能力强，不受长距离传输线压降的影响，信号的传输距离可达 100m 以上。AD590 的灵敏度为 1μA/K，0℃ 时输出电流为 273μA。

图 2-30 为 AD590 的外形、电路符号及输出特性，图 2-31 为 AD590 构成的数字式温度计。

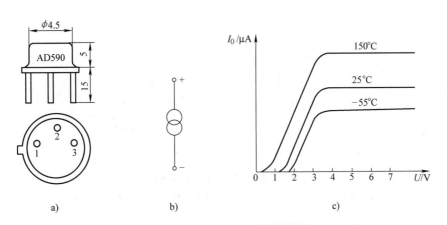

图 2-30 AD590 的外形、电路符号及输出特性

a）外形 b）电路符号 c）输出特性

2. 电压输出型集成温度传感器

图 2-32 所示的 LM35/45 系列集成温度传感器为电压输出型，常温下测温精度在 ±0.5℃ 以内，最大消耗电流只有 70μA，自身发热对测量精度影响在 0.1℃ 以内。采用 4V 以上的单电源供电时，不需要外接任何元件，无须调整，即可构成摄氏温度计，测量温度范围为 2～150℃。采用双电源供电时，测量温度范围为 −55～150℃（金属壳封装）和 −40～110℃（TO-92 封装）。

3. 数字输出型集成温度传感器

（1）DS18B20 集成温度传感器的简介

Dallas 半导体公司生产的数字温度计 DS18B20 将传感器和各种数字转换电路集成在一起，是以 9 位数字量的形式反映器件的温度值。

DS18B20 通过一个单线接口发送或接收信息，因此在中央微处理器和 DS18B20 之间仅需一条连接线（加上地线）。用于读写和温度转换的电源可以从数据线本身获得，无须外部电源。

因为每个 DS18B20 都有一个独特的片序列号，所以多只 DS18B20 可以同时连在一根总线上，这样就可以把温度传感器放在许多不同的地方。这一特性在空气调节系统（Heating, Ventilation and Air Conditioning, HVAC）环境控制、探测建筑物、仪器或机器的温度以及过程监测和控制等方面非常有用。

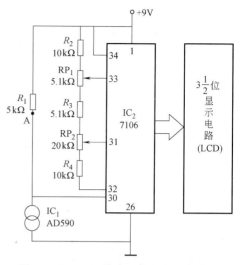

图 2-31　AD590 构成的数字式温度计

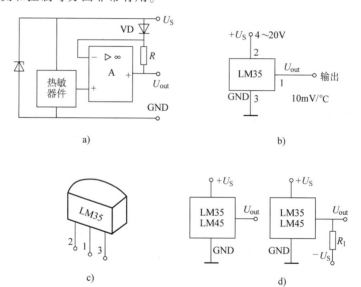

a)　　　　　　　　　　b)

c)　　　　　　　　　　d)

图 2-32　LM35/45 系列集成温度传感器

a）内部原理图　b）引脚功能　c）外形封装　d）摄氏温度计电路

（2）DS18B20 集成温度传感器的特性

- 独特的单线接口仅需一个端口引脚进行通信。
- 简单的多点分布应用。
- 无须外部器件。
- 可通过数据线供电。
- 零待机功耗。
- 测温范围 -55~125℃，在 -10~85℃时，精度为 ±0.5℃。
- 温度以 9 位数字量读出。
- 温度数字量转换时间 200ms（典型值）。

- 用户可定义的非易失性温度报警设置。
- 报警搜索命令识别并标志超过程序限定温度（温度报警条件）的器件。
- 应用包括温度控制、工业系统、消费品、温度计或任何热感测系统。

（3）DS18B20 集成温度传感器的封装形式及引脚功能

DS18B20 集成温度传感器的封装形式及引脚功能如图 2-33 所示，包含 3 引脚 TO-92（3-pinTO-92）封装、8 引脚小外形塑封集成电路 ［8-pinSO（Small-Outline Package）］封装等多种封装形式。

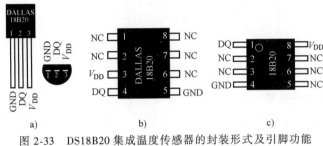

图 2-33　DS18B20 集成温度传感器的封装形式及引脚功能

a）TO-92 塑料封装　b）SO-8 贴片封装　c）μSO-8 小型贴片封装

（4）DS18B20 集成温度传感器的应用实例

1）采用寄生电容供电的温度检测系统。

由于单线数字温度传感器 DS18B20 有在一条总线上可同时挂接多片的特点，可同时测量多点温度，而且 DS18B20 的连接线可以很长，抗干扰能力强，便于远距离测量，因而得到了广泛应用。

温度检测系统原理图如图 2-34 所示，采用寄生电源供电方式。为保证在有效的 DS18B20 时钟周期内，提供足够的电流，用一个 MOSFET 管和 MCU 的一个 I/O 口（P1.0）来完成对 DS18B20 总线的上拉。当 DS18B20 处于写存储器操作和温度 A-D 变换操作时，总线上必须有强的上拉，上拉开启时间最大为 $10\mu s$。采用寄生电源供电方式时 V_{DD} 必须接地。由于单线制只有一根线，因此发送接收口必须是三态的，为了操作方便，可用 MCU 的 P1.1 口作发送口 Tx，P1.2 口作接收口 Rx。通过试验发现此种方法可挂接 DS18B20 数十片，距离可达 50m，而用一个口时仅能挂接 10 片 DS18B20，距离仅为 20m，同时，由于读写在操作上是分开的，故不存在信号竞争问题。

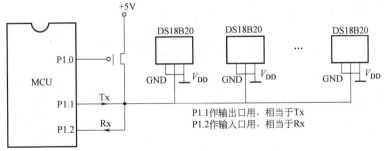

图 2-34　采用寄生电容供电的温度检测系统原理图

2）外部供电方式的多点测温电路。

外部供电方式的多点测温电路如图 2-35 所示，外部电源供电方式是 DS18B20 最佳的工作方式，工作稳定可靠，抗干扰能力强，而且电路也比较简单，可以开发出稳定可靠的多点温度监控系统。使用外部电源供电方式，比寄生电源方式只多接一根 V_{CC} 引线。在外接电源方式下，可以充分发挥 DS18B20 宽电源电压范围的优点，即使电源电压 V_{CC} 降到 3V 时，依然能够保证温度量精度。

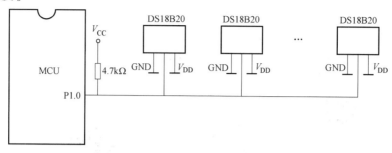

图 2-35　外部供电方式的多点测温电路

4. 逻辑输出型温度传感器

在许多应用中，我们并不需要严格测量温度值，只关心温度是否超出了一个设定范围，一旦温度超出所规定的范围，则发出报警信号，启动或关闭风扇、空调、加热器或其他控制设备，此时可选用逻辑输出式温度传感器。LM56、MAX6501~MAX6504 是其典型代表。

（1）LM56 温度开关

LM56 是 NS 公司生产的高精度低压温度开关，内置 1.25V 参考电压输出端。最大只能带 50μA 的负载。电源电压为 2.7~10V，工作电流最大为 230μA，内置传感器的灵敏度为 6.20mV/℃，传感器输出电压为（6.20mV/℃）×T+395mV。

（2）MAX6501~MAX6504 温度监控开关

MAX6501~MAX6504 是具有逻辑输出和 SOT-23 封装的温度监视器件开关，它的设计非常简单：用户选择一种接近于自己需要的控制的温度门限（由厂方预设在-45~115℃，预设值间隔为 10℃），直接将其接入电路即可使用，无须任何外部元件。其中 MAX6501/MAX6503 为漏极开路低电平报警输出，MAX6502/MAX6504 为推挽式高电平报警输出，MAX6501/MAX6502 提供热温度预置门限（35~115℃），当温度高于预置门限时报警；MAX6503/MAX6504 提供冷温度预置门限（-45~15℃），当温度低于预置门限时报警。对于需要一个简单的温度超限报警而又空间有限的应用如笔记本计算机、移动电话等应用来说是非常理想的，该器件的精度为 ±4℃，滞回温度可通过引脚选择为 2℃或 10℃，以避免温度接近门限值时输出不稳定。这类器件的工作电压范围为 2.7~5.5V，典型工作电流为 30μA。

2.4　同步技能训练

2.4.1 电冰箱温度超标指示电路的制作

2.4.1　电冰箱温度超标指示电路的制作

1. 项目描述

电冰箱冷藏室的温度一般都保持在 5℃以下，利用负温度系数热敏电阻制成的电冰箱温度超标指示器，可在温度超过 5℃时，提醒用户及时采取措施。

2. 项目方案设计

电冰箱温度超标指示器电路如图 2-36a 所示。电路由热敏电阻 R_{10} 和电压比较器 LM393 元器件组成。电压比较器的反相输入端加有 R_{11} 和热敏电阻 R_{10} 的分压电压。该电压随电冰箱冷藏室温度的变化而变化。在电压比较器的同相输入端加有基准电压，此基准电压的数值对应于电冰箱冷藏室最高温度的预定值，可通过调节 R_8 和 R_9 的比例来设定电冰箱冷藏室最高温度的预定值。在实际应用中，通常会在 R_8 和 R_9 之间串接一个电位器，电位器的抽头连接电压比较器的同相输入端，这样通过调节电位器可方便改变预定温度值。当电冰箱冷藏室的温度上升，负温度系数热敏电阻 R_{10} 的阻值变小，加于电压比较器反相输入端的分压电压随之增大。当分压电压超过设定的基准电压时，电压比较器输出低电平，使 VD 指示灯点亮报警，表示电冰箱冷藏室温度已超过 5℃。

3. 项目实施

制作印制电路板或利用面包板装配如图 2-36a 所示电路，过程如下。

（1）准备电路板和元器件，认识元器件

MF11 热敏电阻用于一般精度的温度测量和在计量设备、晶体管电路中的温度补偿。其特点是：B 值误差范围小，对于阻值误差范围在 ±5% 以内的产品，其一致性、互换性良好。阻值范围宽，最大标称电阻值可达 2MΩ，稳定性好。

LM393 是双电压比较器集成电路。该比较器输出端为 OC 结构，外接上拉电阻才能输出高电平。OC 结构使输出高电平电压值不受元器件供电电压的限制。元器件输出端低电平负载能力达 20mA，高电平负载能力要低于低电平负载能力，它由上拉电阻阻值决定。

（2）电路装配调试

1）按照电路连接实物图如图 2-36b 所示。

2）绘制 PCB 如图 2-36c 所示，检查电路是否连接完整，确认无误后接通电源进行测试。这里用不同阻值的电阻模拟热敏电阻阻值的变化，从而反映温度的变化。

（3）测量电路各点电压

分别测量测试点 1、2 温度变化前后的电压值。

（4）记录实验过程和结果

热敏电阻阻值分别为 220kΩ、180kΩ、140kΩ、100kΩ 时，模拟温度逐渐升高，将实验结果记录（灯灭、灯亮）在自制表格中。

（5）调整 R_9 可以改变 R_8 与 R_9 的比例

使 R_9 阻值依次为 680kΩ、820kΩ，观察和记录报警温度，进行电路参数和实验结果分析。

改变 R_9 后测试点 2 的电压也随之变化，从本质上讲改变的是报警温度值，因此当想设一个报警温度时，只需要改变 R_8 与 R_9 的比例即可。

（6）思考该电路的扩展用途

可以应用在厨房温度报警系统、工厂中一些特殊机器的报警器、测温枪温度超标报警指示灯、一些特殊地区的勘测报警指示等。

2.4.2　空调温控电路的调试

1. 项目描述

项目要求选择集成温度传感器设计空调机的温度控制电路。从功能上实现温度控制就是先检测环境温度，再将测量到的温度与设定的温度进行比较，根据比较结果确定开机加（降）温或者停机。由于空调机采用了微处理器，所以控制方案可以是数字式和模拟式两种。本项目选择模拟控制方式，将设定的数字温度通过 D-A 转换器转变成模拟信号，与检测到的环境温

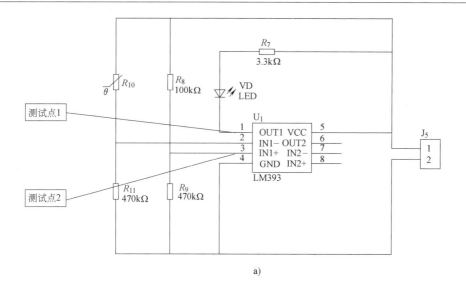

a)

b)

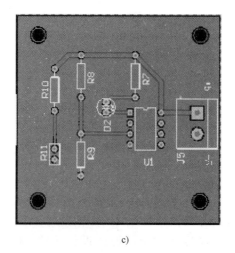

c)

图 2-36　电冰箱温度超标指示电路及实物图

a）电路图　b）实物图　c）PCB

度信号进行比较，由比较结果控制开关电路。模拟控制方式的电路结构如图 2-37 所示。

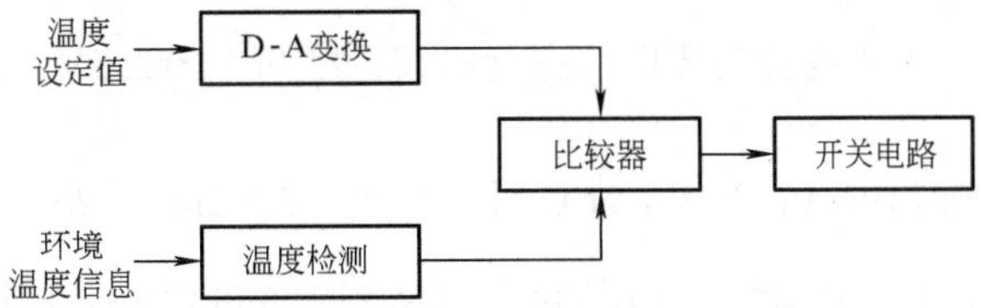

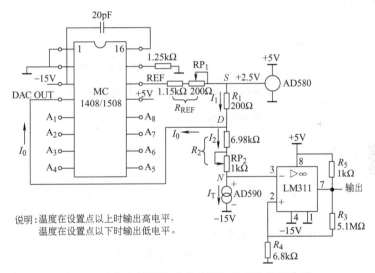

图 2-37　模拟控制方式的电路结构

2. 项目要求

1）自行查找项目电路中关键器件的特性和应用电路。

2）完成温度控制电路设计、制作、调试及必要的技术文档。

3. 项目方案设计

（1）项目整体设计

模拟控制方式的空调温控部分主要电路如图 2-38 所示。MC1408/1508 是 8 位 D-A 转换器，AD580 是精密基准源器件，LM311 是电压比较器，AD590 是集成温度传感器，两个电位器采用多圈精密电位器。温度传感器将温度转换为电流 I_T，设定的温度值经 D-A 转换器转换为电流 I_0，二者在节点 D 处进行比较，通过 R_1、R_2 转换为电压（电位）V_N 送入比较器，当环境温度在设置点以上时输出高电平，当环境温度低于设置点时输出低电平。在比较器输出高电平时，通过电阻 R_3 构成正反馈产生一个回差电压，设置了约 1℃ 的滞后温度。

图 2-38　模拟控制方式的空调温控部分主要电路

（2）电路设计

温度设定范围为 0~51℃，输入数字信号 $(A_1 A_2 A_3 A_4 A_5 A_6 A_7 A_8)_2 = 11111111B$ 对应的温度为 $t=0℃$，输入数字信号 $(A_1 A_2 A_3 A_4 A_5 A_6 A_7 A_8)_2 = 00000000B$ 对应的温度为 $t=51℃$，电路能以 0.2℃ 每步进行温度设置。在图 2-38 中，各电流实际方向与图示参考方向是相同的，相对于集成温度传感器 AD590 产生的电流（273.2μA 以上），比较器输入端电流（极限 300nA）可以忽略，所以 R_1 中流过的电流为

$$I_1 = I_0 + I_2 = I_0 + I_T \tag{2-13}$$

N 点电位为

$$V_N = V_S - R_1 I_1 - R_2 I_2 = V_S - R_1(I_0 + I_T) - R_2 I_T = V_S - I_0 R_1 - I_T(R_1 + R_2) \tag{2-14}$$

可见随着环境温度上升，温度传感器电流 I_T 跟随上升，N 点电位下降。

N 点电位与零电位进行比较，已知 $V_S = 2.5V$，当 $t = 0℃$ 时，$I_T = 0.2732mA$、$I_T = 2 \times \frac{255}{256} mA =$

1.99219mA；当 $t = 51℃$ 时，$I_T = 0.3242mA$、$I_T = 2 \times \frac{0}{256} mA = 0mA$。可得 $R_1 \approx 200\Omega$，$R_2 \approx$

7500Ω。由式（2-14）知，当参考温度设定后，环境温度相对参考温度每下降（或上升）1℃，N 点电位上升（或下降）7.7mV。

比较器 LM311 通过 R_3、R_4 引入正反馈，当比较器输出低电平（为 0V）时，反馈不起作用；当比较器输出高电平（为 5V）时，同相输入端电位为

$$V_P = V_H \frac{R_4}{R_3 + R_4} = 5V \times \frac{6.8}{5100 + 6.8} = 0.0066V = 6.6mV \tag{2-15}$$

此时近似有1℃的滞后温度。

4. 项目实施

1）安装电路，为方便，输出接逻辑电平显示器。

2）调节 D-A 转换器参考电流：接通电源，调节电位器 RP_1，使 R_{REF} 上流过的电流为 2.00mA，调好后断开电源。

3）调节比较电路：先置 RP_2 为最小零值，并设置温度为 10℃（$A_1A_2A_3A_4A_5A_6A_7A_8$）$_2$ = 11001101B，将 AD590 置于盛冰水混合物的恒温容器中，然后接通电源，调节 RP_2 使其值增大，用数字万用表测量 N 点电位，直到电压为 77mV，同时观察输出应为低电平；重设参考温度为 1℃，观察输出仍为低电平，调整参考温度为 0℃，输出立即变为高电平。

拓展阅读 超声波测温技术和热成像技术

1. 超声波测温技术

（1）简介

声学测温技术具有测温原理简单、非接触、测温范围宽（0～1900℃）、可在线测量等优点，故可用于超低温测量和高温高压气体的测温，在火箭发射、等离子体室、惰性气体高温测量、发电厂工业过程的温度测量和控制等领域得到了应用。

超声波测温是声学测温法的一个分支，其物理基础是基于气、液、固三态媒质中温度与声速的关系。在许多固体与液体中声速一般随温度的变换而变化，在高温时固体中的声速变化率最大，而在低温时气体中的声速变化率最大。当把超声波温度传感器放入需要测量的环境中，或温度传感器管体内部温度与环境温度达到热平衡时，便可以利用超声波传播速度与温度的关系进行温度测量。

超声测温的方法有很多种，按照其原理可以分为共振法、穿透法和脉冲反射法。

1）共振法：将频率连续变化的超声波加载到第三方介质中，通过调整超声波频率，使介质中产生驻波，达到共振的现象。在测温应用中，常用石英晶体作为共振器，通过信号发生器产生频率连续改变的正弦波信号，使超声探头产生共振。在已知波长的情况，通过共振频率求得声速，并通过声速与温度的关系，测得温度值。

2）穿透法：是将超声波发射探头 A 和超声波接收探头 B 分别放置在待测温场的两个端面，二者之间的传播介质一般为气体，通过测量超声探头 A 发出超声波到超声探头 B 接收到超声波的时间，推算出超声波在待测温场中的传播速度，然后通过声速与温度的关系，测得温

度值。

3）脉冲反射法：采用的是自发自收的超声探头，激励超声探头向刻有缺陷的杆状介质发射超声波，当超声波在介质中传播遇到缺陷时，超声波会发生反射，还会产生透射，探头同样会接收到回波。通过测量缺陷处回波和端面回波之间的时延差，达到测量温度的目的。

随着对超声测温技术的研究，发现其测温环境、介质，超声波发射、接收形式、超声探头选择等因素的不同，造成了超声测温方法的多样性。

（2）一种高精度的声波温度测量系统的实现

超声波测温的机理是声速会随着温度的变化而变化，声速的变化反映了温度的变化，所以建立声速和温度的关系曲线是超声波测温的关键。声波在空气中传播的速度是

$$v = \sqrt{rRT/M} \qquad (2\text{-}16)$$

式中，r 是空气的绝热数，J/（mol·K）；R 是摩尔气体常数；M 是气体的摩尔质量，kg/mol；T 是热力学温度，K。

令 $Z = \sqrt{rR/M}$，则声速和温度的关系为

$$v = Z\sqrt{T} \qquad (2\text{-}17)$$

式中，在确定的介质中 Z 是固定常数，空气中 Z 的值一般取 20.03。

因此，通过测量固定距离声波传输时间得出声波的传输速度，即可确定出该声波路径上空气的温度。

对于传播速度的测量其本质是超声波传播时间的测量问题。而超声波温度测量要到达比较好的准确度和分辨率，该时间信号测量误差必须达到纳秒级。例如，20℃时超声波在空气中的传播速度是 344m/s，21℃时超声波的速度是 344.6m/s，如果超声波的传输距离是 0.3s，21℃时与 20℃时超声波的传输时间差为 1.52×10^{-6} s。如要保证测量达到 0.001℃的测量分辨率，则要求超声波传输时间的测量精度达到纳秒级。这是超声波测温技术在实际运用中更解决的关键问题。

超声温度测量系统由控制模块、电源模块、时间测量单元（TDC7200）、控制收发单元及数据处理单元组成，其结构如图 2-39 所示。

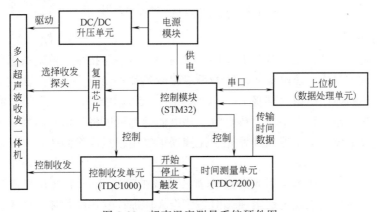

图 2-39　超声温度测量系统硬件图

控制模块由 STM32 构成，控制各个芯片和与上位机通信。TDC7200 和 TDC1000 组合用以测量超声波的飞行时间。通过 TDC1000 完成超声波探头收发配置（放大、整形等），采用 TDC7200 进行时间测量（1ns 精度）。以 TDC1000 为核心配合复用芯片和升压电路组成控制收

发单元选择驱动超声波收发器。采用串口将收到的时间数据传送到上位机即数据处理单元，通过上位机完成测量数据的筛选处理与温度场重建。该测量系统声波传播时间测量达到纳秒级的精度。

（3）应用实例：架空线路温度在线监测系统

架空线路的安全运行状态主要是取决于导线的弧垂，而弧垂与导线的运行温度密切相关，因此，通过对导线温度的监测，我们就能够掌握导线的运行状态。一般说来，金属材料会随着温度变化而出现热胀冷缩的现象，反应在架空线路的情况就是：温度升高，导线膨胀，线路弧垂就会增大，对地距离近，发生接地等故障的概率就高，甚至不能满足对地安全距离要求；反之，温度减低，导线收缩，应力增大，线路弧垂就会减小，保证了导线的对地安全距离要求。图 2-40 为户外电力设备测温示意图。

为了测量架空输电线路的导线温度，可以在导线上安装一个能感应导线温度的声表面波温度传感器。传感器完全无源，可以抗高压导线周围的电磁干扰，还可以不受高电压环境影响。传感器和温度采集器间属于无线连接，温度采集器天线距离传感器最远可达 10m 以上，收集到传感器温度信息后，可通过 GPRS、ZigBee、RS-485 总线等通信方式，将信息传到变电站监控机房。

图 2-40　户外电力设备测温示意图

2. 热成像技术

热成像技术是在红外检测的基础上发展起来的图像传感器技术。热电成像传感器主要由热电元件和扫描机构等组成。热电成像传感器可以检测到常规光电传感器无法响应的中、远红外信号，并得到发热物体的图像（热像）。热成像技术广泛应用于军事、医学、输变电、化工等许多领域。热电探测器的种类很多，热电阻、热电偶等都可以将热信号转换成电信号，但较难形成热像，而热释电成像传感器或红外光子探测器可以用于热成像测温。

（1）红外热成像基本知识

在可见光照射下，物体的反射光通过透镜，可以在照相机中的 CCD 上留下影像。在完全黑暗的环境里，普通照相机就无法实现。但是，像人体那样发热的物体，由于能主动发出红外线，经过透镜系统，也可以在特殊的屏幕上看到其影像，这种影像称为热像。

红外线的波长为 $0.75 \sim 1000\mu m$，在电磁波连续频谱中的位置是处于微波与可见光之间的区域。任何物体只要温度高于绝对零度，就不断地辐射出热红外能量，原子的运动越剧烈，辐射的能量越大，辐射的波长就越短。红外探测器可将物体辐射的红外信号转换成电信号，并成像为二维信号，得到与物体表面热分布相对应的热像图。运用这一方法能实现对目标进行远距离热状态图像成像和分析判断各点温度。

（2）热成像传感器

图 2-41 所示为热释电非制冷成像探测器，由成像光学系统、红外焦平面阵列、成像处理电路、显示器等构成，不需要冷源。

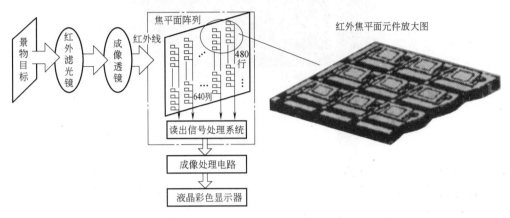

图 2-41　热释电非制冷成像探测器

光学系统将景物目标发射的红外辐射收集起来，经过光谱滤波之后，将景物的辐射通量汇聚成像到采用微机械加工技术制作的热释电阵列焦平面元件上，热释电元件将接收到的景物红外辐射转换成电信号，由读出信号处理系统逐行输出到放大器，再由成像处理电路转换成标准的视频信号，最后在彩色液晶显示器上显示出被测物体的红外热像图。热像图中，温度高的部位用红色表示，温度低的部位用蓝色表示。

（3）红外热像仪的应用

热像仪是依靠接收目标自身发射的红外线成像的，能透过烟尘、云雾、小雨及树丛等许多自然或人为的伪装来看清目标。目前，最先进的红外热像仪的温度分辨力可达 0.05℃，手持式及安装于轻武器上的热像仪可以让使用者看清 800m 或更远的人体大小的目标。

热像仪不仅可对目标进行实时观测，还可以通过"热痕迹"进行动态分析。有些物体的热发散需要很长时间，例如部队点燃过的行军灶、被车辆烤热过的地面等都可以留下"热影"，从而可以发现军事人员与车辆活动后又撤离的地区，判断其行踪。

红外热像仪在汽车工业方面可用于诊断汽缸和冷却系统的故障；在电气设备中可用于诊断集成电路、电气接头的过热；在食品加工、贮藏方面，可用于检查加工或贮存温度是否均匀；在发电行业，应用远红外热像仪进行扫描的范围主要包括锅炉热保温部分、蒸气管道、热风道、发电机、电动机、电气控制盘、变压器、升压设备、电路板、电缆接头等。在一些要求快速测量的场合采用红外光子型探测器。例如，我国列车轮轴温度测量用红外光子型探测器，可以在轨道侧面快速测量火车轮轴的温度。

在医学方面，医用红外热像诊断仪是继 X 光、B 超、CT、核磁共振等结构影像之后的一个崭新分支——功能影像学。其原理是检测人体表面散发出的红外线，通过计算机整理、量化后，在屏幕上形成彩色温度图像，表示人体各部位的温度，测量温度差，并结合临床经验，可判断疾病的性质和症状，可用于诊断乳腺癌、皮肤癌、血管瘤等。图 2-42 为人体红外热像图。

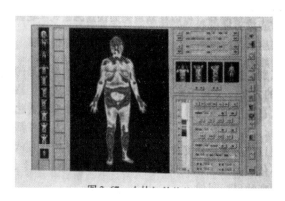

图 2-42 人体红外热像图

思考与练习

1. 什么是热电效应？简述热电偶测温的基本原理。

2. 标准电极定律与中间导体定律的内在联系如何？标准电极定律的实用价值如何？

3. 试述热电偶冷端温度补偿的几种主要方法和补偿原理。

4. 已知分度号为 S 的热电偶冷端温度为 $t_0 = 20℃$，现测得热电动势为 11.710mV，求热端温度为多少℃。

5. 已知分度号为 K 的热电偶热端温度为 $t = 800℃$，冷端温度为 $t_0 = 30℃$，求回路实际总电动势。

6. 现用一只铜-康铜热电偶测温，其冷端温度为 $t_0 = 30℃$，未调机械零位的动圈仪表指示 320℃。若认为热端温度为 350℃，对不对？为什么？若不对，正确温度应为多少？

7. 利用分度号为 Pt100 的铂电阻测温，求测量温度分别为 $t_1 = -100℃$ 和 $t_2 = 650℃$ 的铂电阻 R_{t1}、R_{t2} 的值。

8. 为什么用热电阻测温时经常采用三线制接法？应怎样连接才能保证实现三线制连接？若在导线连接至控制室后再分三线接入仪表，是否实现三线制连接？

9. 热敏电阻有哪些类型？各有什么特点？

10. 试比较热电偶、热电阻和热敏电阻测温的异同（可从原理、系统组成和应用场合三方面来考虑）。

11. 集成温度传感器有哪些特点？其内部由哪几部分构成？它是怎样进行温度测量的？

12. 集成温度传感器的输出形式有哪几种类型？各有什么特点？

13. 图 2-43 所示的测温回路中，热电偶的分度号为 K，仪表的示值应为多少摄氏度？

14. 已知一个 AD590 两端集成温度传感器的灵敏度为 1μA/℃。当温度为 25℃ 时，输出电流为 298.2μA。若将该传感器按图 2-44 接入电路，问：当温度分别为 -30℃ 和 +120℃ 时，电压表的读数各为多少？（注：不考虑非线性误差。）

15. 热电偶标定。将 5 根热电偶引线的两端分别与直流电位差计的"未知端 1~5"相连

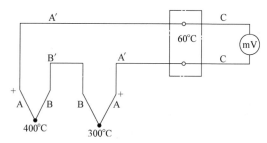

图 2-43 题 13 图

接，冷热端分别置于冰水混合剂（0℃）和瓷杯中，水银温度计置于瓷杯中，瓷杯用小电炉逐渐加热。在 0℃~100℃ 之间每隔 10℃ 时，测出 5 对热电偶在同一温度时对应于电位差计上的电势读数，同时记下水银温度计读出的温度，填入"温度-热电势实测记录表"，计算取 5 个测试点电势的平均值，并绘出温度与热电势之间的关系曲线。

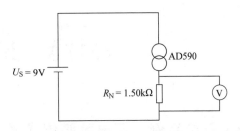

图 2-44 用 AD590 测温原理简图

16. 了解点温计的测量原理及方法。点温计是根据半导体的电阻值随温度变化而变化的性质，通过点温计表头的读数测定温度，其测量线路是由热敏电阻 R_T 与其他电阻所组成的不平衡电桥。点温计校正后将开关转动至测量温度范围档次，测量时将探头插入被测物体（插入深度不得小于 40mm）当仪表指针稳定时，在电表上读取温度值，并记入实验报告中。

17. 热敏电阻在汽车上的应用非常广泛，主要用于油温、水温的检测。请查阅资料分析热敏电阻类型及其在汽车油温、水温检测中是如何进行温度检测的。

18. 按图 2-31 所示电路，设计制作测量范围为 0~100℃ 的简易数字温度计一台。要求其输出电压灵敏度为 100mV/℃，即被测温度为 0℃ 时 $U_o = 0V$，100℃ 时 $U_o = 10V$。请自己查找 AD581、AD590 和 OP07 引脚功能，计算电路中各电阻和电位器的取值，然后在万能电路板上搭接该电路。图中的数字电压表也可用数字万用表替代。图中电位器应选用 3296 型多圈精密电位器，以保证调试精度。

如何用 3 只 AD590 测量 3 个被测点的平均温度和最低温度？可应用上述电路对思考结果进行试验验证。

项目3　力和位移的检测

引导案例　压电薄膜传感器、ADX1320 双轴加速度传感器和 TMD 2635 数字接近传感器模块

1. 压电薄膜传感器

聚偏氟乙烯（PVDF）压电薄膜是一种具有独特的介电效应、压电效应和热电效应的高分子压电材料。在监测生命特征方面，压电薄膜拥有独一无二的特性，非常适合应用于人体皮肤表面或植入人体内部的生命信号监测。

类似的传感器已在睡眠紊乱研究中用于探测胸部、腿部、眼部肌肉和皮肤的运动。另外，压电薄膜传感器可以通过探测肌肉（例如拇指和食指之间的肌肉）对电击的反应作为检验麻醉效果的指示器（神经肌肉传导）。

压电薄膜或压电电缆传感器还可以安装在床垫上探测患者的心跳、呼吸和身体运动。患者坐或躺在监护床上时，传感器可以隔着衣服准确测量并收集患者的生命特征信息。柔性开关用于采集静态信号，患者所有的动态信号都由压电薄膜采集并转换成相应的电信号，在显示器上进行显示。患者的心率和呼吸速率不正常，或患者擅自下床时，系统可以提前报警。

利用压电薄膜开发的婴儿呼吸监控仪，把传感器夹在纸尿片贴近婴儿腰部的位置，监控婴儿心跳，在设定的时间内如果没有探测到婴儿的活动，振动蜂鸣器将被启动，轻轻地拨动婴儿，刺激其呼吸。如果在此后的一段时间内婴儿仍没有反应，报警器将报警。

2. ADX1320 双轴加速度传感器

ADX1320 双轴加速度传感器可用于手机或平板电脑屏幕，使其横、竖显示方向自动转换，即具有重力感应（G-Sensor）功能，其电路如图 3-1 所示。

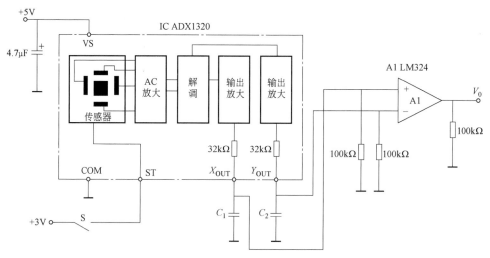

图 3-1　手机或平板电脑屏幕的横、竖显示方向自动转换电路

当人纵向（X 方向）拿着手机时，X_{OUT} 端口和 Y_{OUT} 端口的输出电压分别为 $X_{\text{OUT}} = 1.500\text{V}$ 和 $Y_{\text{OUT}} = 1.326\text{V}$，分别接比较器 A 的同相输入端和反相输入端，比较器 A 输出高电平，送入微处理器中，以控制扫描电路进行 X 方向扫描和信号显示。

当将手机转为横向（Y 方向）时，X_{OUT} 端口和 Y_{OUT} 端口的输出电压变为 $X_{\text{OUT}} = 1.326\text{V}$ 和 $Y_{\text{OUT}} = 1.500\text{V}$，比较器 A 输出变为低电平，送入微处理器中，微处理器控制扫描电路改为 Y 方向扫描和信号显示。

说明：平板电脑的侧面的屏幕旋转锁开启后，重力感应功能不起作用，横、竖方向旋转将不改变屏幕显示方式。

3. TMD2635 数字接近传感器模块

TMD2635 是体积最小的数字接近传感器模块，封装体积仅为 1mm^3，使无线立体声（TWS）耳塞产品生产商可以开发更小、更轻的工业设计耳塞，如图 3-2 所示。

TMD2635 模块是一个完整的光-数字传感器模块，集成了低功率红外垂直腔面发射激光器（VCSEL）发射器、两个用于近场和远场传感的传感器像素，以及数字快速模式 I^2C 接口，全部纳入微型连接网格阵列（LGA）封装中。

红外接近传感器可以实现无线耳机入耳/出耳检测，帮助延长电池单次充电后的使用时间，且可以与另一个 TMD2635 一起使用，实现基本的无触摸手势控制，无须采用按钮。

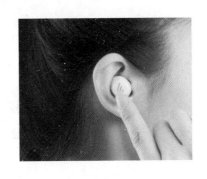

图 3-2　TMD2635 用于耳塞

通过将 TMD2635 模块集成到新 TWS 耳塞设计中，可穿戴设备可以满足消费者对更小、更舒适的佩戴产品的需求，由于耳塞入耳/出耳时能够可靠检测，这些产品一次充电可以使用更长时间。

TMD2635 模块的节能优势至关重要，尤其是对于电池容量和尺寸都很小的无线耳塞产品。在工作模式下，它的平均功耗为 $70\mu\text{A}$，在睡眠模式下的平均功耗为 $0.7\mu\text{A}$。

知识储备　弹性敏感元件

力是物理基本量之一，因此测量各种动态、静态力的大小是十分重要的。力的测量需要通过力传感器间接完成，力传感器是将各种力学量转换为电信号的器件。图 3-3 为力传感器的测量示意图。

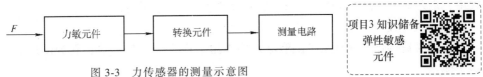

项目3 知识储备
弹性敏感
元件

图 3-3　力传感器的测量示意图

力传感器有许多种，从力-电转换原理来看有电阻式（电位器式和应变片式）、电感式（自感、互感和涡流）、电容式、压电式、压磁式和压阻式等，其中大多需要弹性敏感元件或其他敏感元件的转换。力传感器在生产、生活和科学实验中广泛用于测力和称重。

常见力传感器外形图如图 3-4 所示。

弹性敏感元件是一种在力的作用下产生变形，当力消失后能够恢复原来状态的元件。弹性

图 3-4 常见力传感器外形图

a) 电阻式传感器 b) 压电式传感器 c) 电容式传感器 d) 电感式传感器

敏感元件是一种非常重要的传感器部件,应具有良好的弹性、足够的精度,且具有良好的稳定性和抗腐蚀性。常用的材料有弹性钢、合金等。

1. 弹性敏感元件的特性

(1) 刚度

刚度是弹性元件在外力作用下变形大小的量度,一般用 k 表示,即

$$k = \frac{\mathrm{d}F}{\mathrm{d}x}$$ (3-1)

式中,F 为作用在弹性元件上的外力;x 为弹性元件的变形量。

(2) 灵敏度

灵敏度是指弹性敏感元件在单位力的作用下产生变形的大小,它为刚度的倒数,用 K 表示,即

$$K = \frac{\mathrm{d}x}{\mathrm{d}F}$$ (3-2)

(3) 弹性滞后和弹性后效

由于弹性敏感元件中的分子间存在内摩擦,因此实际的弹性元件存在弹性滞后和弹性后效现象。弹性元件的加载与卸载特性曲线的不重合程度称为弹性滞后。弹性滞后会造成静态和动

态测量误差。当载荷从某一数值变化到另一数值时，弹性元件的变形不是立即完成的，而是经过一定的时间间隔后逐渐完成的，这种现象称为弹性后效。由于弹性后效的存在，弹性敏感元件的变形始终不能迅速地跟上力的变化，它将引起动态测量误差。

（4）固有频率

弹性敏感元件都有自己的固有振荡频率，它将影响传感器的动态特性。传感器的工作频率应避开弹性敏感元件的固有振荡频率。往往希望固有振荡频率越高越好。

实际选用或设计弹性敏感元件时，若遇到上述特性矛盾的情况，则应根据测量的对象和要求综合考虑。

2. 弹性敏感元件的分类

弹性敏感元件在形式上可分为两大类：力转换为应变或位移的变换力的弹性敏感元件、压力转换为应变或位移的变换压力的弹性敏感元件。

（1）变换力的弹性敏感元件

这类弹性敏感元件大多采用等截面柱式、等截面薄板、悬臂梁及轴状等结构。图 3-5 为几种常见的变换力的弹性敏感元件。

1）等截面柱式。等截面柱式弹性敏感元件，根据截面形状可分为实心圆截面形状及空心圆截面形状等，如图 3-5a 和图 3-5b 所示。它们结构简单，可承受较大的载荷，便于加工。实心圆柱形弹性敏感元件可测量大于 10kN 的力，而空心圆柱形弹性敏感元件只能测量 10kN 以下的力。

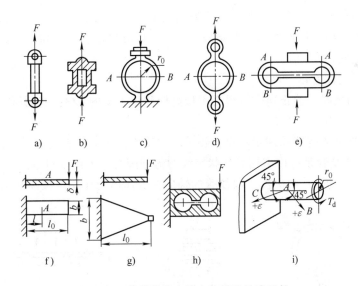

图 3-5 几种常见的变换力的弹性敏感元件

a）实心轴 b）空心轴 c）、d）等截面圆环 e）变形的圆环
f）等截面悬臂梁 g）等强度悬臂梁 h）变形的悬臂梁 i）扭转轴

2）圆环式。圆环式弹性敏感元件比圆柱式弹性敏感元件输出的位移量大，因而具有较高的灵敏度，适用于测量较小的力。但它的工艺性较差，加工时不易得到较高的精度。由于圆环式弹性敏感元件各变形部位应力不均匀，采用应变片测力时，应将应变片贴在其应变最大的位置上。其形状如图 3-5c、图 3-5d 和图 3-5e 所示。

3）悬臂梁式。悬臂梁式弹性敏感元件一端固定，另一端自由，结构简单，加工方便，应变和位移较大，适用于测量 1~5kN 的力。悬臂梁分为图 3-5f、图 3-5g、图 3-5h 所示的等截面悬臂梁、等强度悬臂梁和变形的悬臂梁。

等截面悬臂梁在受力时，其上表面受拉，下表面受压，由于表面各部位的应变不同，所以应变片要贴在合适的部位，否则将影响测量的精度。由于等强度悬臂梁厚度相同，但横截面不相等，因而沿梁长度方向任一点的应变能力都相等，这给贴放应变片带来了方便，也提高了测量精度。

4）扭转轴。扭转轴是一种专门用来测量扭矩的弹性元件，如图 3-5i 所示。扭矩是一种力矩，其大小用转轴与作用点的距离和力的乘积来表示。扭转轴弹性敏感元件主要用来制作扭矩传感器，它利用扭转轴弹性体把扭矩变换为角位移，再把角位移转换为电信号输出。

（2）变换压力的弹性敏感元件

这类弹性敏感元件常见的有弹簧管、波纹管和薄壁圆筒等，它可以把流体产生的压力转换成位移量输出。

1）弹簧管。弹簧管又称为布尔登管，如图 3-6a 所示，它是弯成各种形状的空心管，使用最多的是 C 形薄壁空心管，管子的截面形状有许多种。C 形弹簧管的一端封闭但不固定，成为自由端，另一端连接在管接头上且被固定。当液体压力通过管接头进入弹簧管后，在压力的作用下，弹簧管的横截面力图变成圆形截面，截面的短轴力图伸长。这种截面形状的改变导致弹簧管趋向伸直，一直伸展到管弹力与压力的作用相平衡为止。这样弹簧管自由端便产生了位移。

弹簧管的灵敏度取决于管的几何尺寸和其材料的弹性模量。与其他压力弹性元件相比，弹簧管的灵敏度要低一些，因此常用于测量较大压力。C 形弹簧管往往和其他弹性元件组成压力弹性敏感元件一起使用。

使用弹簧管时应注意以下两点。

① 静止压力测量时，静止压力不得高于最高标称压力值的 2/3；变动压力测量时，变动压力要低于最高标称压力值的 1/2。

② 对于腐蚀性流体等特殊测量对象，要了解弹簧管使用的材料能否满足使用要求。

2）波纹管。波纹管是有许多同心环状皱纹的薄壁圆管，如图 3-6b 所示，直径一般为 12~160mm，测量范围约为 $10^2 \sim 10^7$Pa。波纹管的轴向在流体压力作用下极易变形，有较高的灵敏

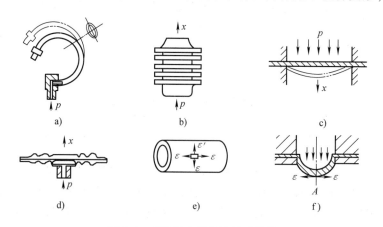

图 3-6 变换压力的弹性敏感元件

a）弹簧管 b）波纹管 c）等截面薄板 d）膜盒 e）薄壁圆筒 f）薄壁半球

度。在形变允许范围内，管内压力与波纹管的伸缩力呈正比关系，利用这一特性，可以将压力转换成位移量。

波纹管主要用作测量和控制压力的弹性敏感元件，由于其灵敏度高，在小压力和压差测量中使用较多。

3）薄壁圆筒和薄壁半球。薄壁圆筒弹性敏感元件的壁厚一般小于圆筒直径的1/20，当筒内腔受压后筒壁均匀受力，并均匀地向外扩张，所以在筒壁的轴线方向产生位移和应变。薄壁圆筒弹性敏感元件的灵敏度取决于圆筒的半径和壁厚，与圆筒长度无关。

薄壁圆筒和薄壁半球灵敏度较低，但较坚固，常用于特殊环境，其结构如图 3-6e 和图 3-6f 所示。

4）等截面薄板和膜盒。等截面薄板又称为平膜片，在压力或力作用下位移量小，因而常把平膜片加工制成具有环状同心波纹的圆形薄膜，即波纹膜片。其波纹形状有正弦形、梯形和锯齿形，波纹膜片波纹的形状如图 3-7 所示。膜片的厚度为 $0.05 \sim 0.3\mathrm{mm}$，波纹的高度为 $0.7 \sim 1\mathrm{mm}$。波纹膜片中心部分留有一个平面，可焊上一块金属片，便于同其他部件连接。当膜片两面受到不同的压力作用时，膜片将弯向压力低的一面，其中心部分产生位移。

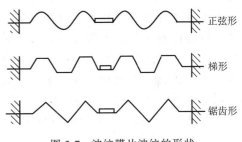

图 3-7　波纹膜片波纹的形状

为了增加位移量，可以把两个波纹膜片焊接在一起组成膜盒，它的挠度位移量是单个波纹膜片的两倍。

波纹膜片和膜盒多用作动态压力测量的弹性敏感元件。

任务 3.1　电阻应变式传感器测力

【任务教学要点】

知识点

● 应变效应和直流电桥的工作原理。

● 商用电子秤的原理。

技能点

● 应变计组桥及零位调整。

● 电子秤的应用。

电阻应变式传感器主要包括弹性元件、电阻应变片及测量电路。它借助于弹性元件，将力的变化转换为形变，然后利用导体的应变效应，将力转变成电阻的变化，最终利用测量电路得到被测量（力）的电信号，电阻应变式传感器原理框图如图 3-8 所示。

图 3-8　电阻应变式传感器原理框图

3.1.1 电阻应变片的结构及工作原理

1. 结构

电阻应变片的结构如图3-9所示。合金电阻丝以曲折形状（栅形）用黏结剂粘贴在绝缘基片上，两端通过引线引出，丝栅上面再粘贴一层绝缘保护膜。把应变片贴于被测变形物体上，敏感栅随被测物体表面的变形而使电阻值改变，只要测出电阻的变化就可得知变形量的大小。电阻应变片主要分为金属应变片和半导体应变片，常见的金属应变片有丝式、箔式和薄膜式3种，电阻应变片的种类如图3-10所示。半导体应变片是利用半导体材料的压阻效应制成的一种电阻性元件。

由于应变片具有体积小、灵敏度高、使用简便、可进行静态和动态测量等优点，因此广泛用于力、压力、位移和加速度等的测量。随着新工艺、新材料的使用，高灵敏度、高精度的电阻应变片不断出现，测量范围不断扩大，已成为非电量电测技术中十分重要的手段。

3.1.1 电阻应变片的结构及工作原理

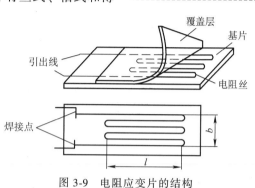

图3-9 电阻应变片的结构

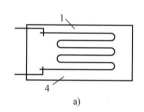
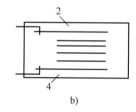
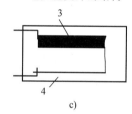

图3-10 电阻应变片的种类

a) 金属丝式应变片 b) 金属箔式应变片 c) 半导体应变片

1—电阻丝 2—金属箔 3—半导体 4—基片

2. 应变效应

导体或半导体受外力作用变形时，其电阻值也将随之变化，这种现象称为应变效应。

设有一金属导体，长度为 l，截面积为 S，电阻率为 ρ，则该导体的电阻 R 为

$$R = \rho \frac{l}{S}$$

金属丝的应变效应如图3-11所示。当金属导体受到拉力作用时，长度将增加 Δl，截面积将缩小 ΔS，从而导致电阻增加 ΔR，这样，导体的电阻变为 $R+\Delta R$。通过推导，可以得出导体电阻的相对变化量为

$$\frac{\Delta R}{R} \approx K \frac{\Delta l}{l} \approx K\varepsilon \qquad (3\text{-}3)$$

式中，$\varepsilon = \Delta l/l$ 称为纵向应变；K 为金属导体的应变灵敏度。

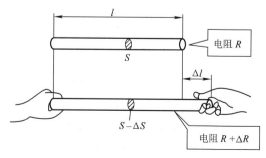

图3-11 金属丝的应变效应

金属应变片的灵敏度主要与导体的几何尺寸有关，近似等于 2，如果没有特别说明，一般取 $K = 2$。半导体应变片的灵敏度主要与半导体材料有关，并且远远大于金属应变片的灵敏度。

3. 测量电路

为了检测应变片电阻的微小变化，需通过测量电路把电阻的变化转换为电压或电流后由仪表读出。在电阻应变式传感器中最常用的转换电路是桥式电路。按输入电源性质的不同，桥式电路可分为交流电桥和直流电桥两类。在大多数情况下采用的是直流电桥电路。下面以直流电桥为例分析其工作原理及特性。

图 3-12 是直流电桥的基本电路示意图。在未施加作用力时，应变为 0，此时桥路输出电压 U_o 也为 0，即桥路平衡。由桥路平衡的条件可知，应使 4 个桥臂的初始电阻满足 $R_1 R_3 = R_2 R_4$ 或 $R_1/R_2 = R_4/R_3$，通常取 $R_1 = R_2 = R_3 = R_4$，即全等臂形式。

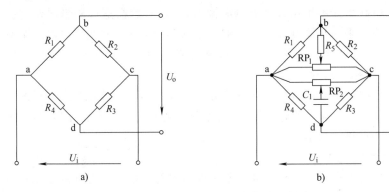

图 3-12 直流电桥的基本电路示意图

桥路工作时输入电压 U_i 保持恒定不变。当 4 个桥臂电阻的变化值 ΔR 远小于初始电阻，且电桥负载电阻为无穷大时，电桥的输出电压 U_o 可近似用下式表示：

$$U_o = \frac{R_1 R_2}{(R_1 + R_2)^2}\left(\frac{\Delta R_1}{R_1} - \frac{\Delta R_2}{R_2} + \frac{\Delta R_3}{R_3} - \frac{\Delta R_4}{R_4}\right)U_i \tag{3-4}$$

由于 $R_1 = R_2 = R_3 = R_4$，故式（3-4）可变为

$$U_o = \frac{U_i}{4}\left(\frac{\Delta R_1}{R_1} - \frac{\Delta R_2}{R_2} + \frac{\Delta R_3}{R_3} - \frac{\Delta R_4}{R_4}\right) \tag{3-5}$$

由式（3-3）可知，$\Delta R/R = K\varepsilon$，则式（3-5）可写成

$$U_o = \frac{U_i}{4}K(\varepsilon_1 - \varepsilon_2 + \varepsilon_3 - \varepsilon_4) \tag{3-6}$$

根据应用要求的不同，可接入不同数目的电阻应变片，一般分为下面几种形式的电桥。

（1）单臂工作形式

R_1 为应变片，其余各桥臂为普通电阻，则式（3-6）变为

$$U_o = \frac{U_i}{4}\frac{\Delta R_1}{R_1} = \frac{U_i}{4}K\varepsilon_1 \tag{3-7}$$

（2）双臂工作形式

R_1、R_2 为应变片，R_3、R_4 为普通电阻（其阻值不变化，即 $\Delta R_3 = \Delta R_4 = 0$），则式（3-6）

变为

$$U_o = \frac{U_i}{4}\left(\frac{\Delta R_1}{R_1} - \frac{\Delta R_2}{R_2}\right) = \frac{U_i}{4}K(\varepsilon_1 - \varepsilon_2) \tag{3-8}$$

（3）全桥形式

电桥的4个桥臂都为应变片，则其输出电压公式就是式（3-6）。

实际应用中，往往使相邻两应变片处于差动工作状态，即一片感受拉应变，另一片感受压应变，这样一方面可以提高灵敏度，同时也可以减小非线性误差。

以上3种电桥形式中，全桥形式的灵敏度最高，也是最常用的一种形式。

4. 电阻应变式传感器使用注意事项

（1）实际应用中电桥电路的调零

即使是相同型号的电阻应变片，其阻值也有细小的差别，图3-12a所示电桥的4个桥臂电阻也不完全相等，桥路可能不平衡（即有电压输出），这必然会造成测量误差。在电阻应变式传感器的实际应用中，采用在原基本电路基础上加图3-12b所示的调零电路。调节电位器 RP_1 最终可以使电桥趋于平衡，U_o 被预调到0，这个过程称为电阻平衡调节或直流平衡调节。图中 R_5 是用于减小调节范围的限流电阻。

当采用交流电桥时，由于应变片引线电缆分布电容的不一致性将导致电桥的容抗及相位的不平衡，这时，即使电阻已调节平衡了，U_o 仍然会有输出。RP_2 及 C_1 用来调节容抗，从而使电路达到平衡。这个过程称为电容平衡调节或交流平衡调节。

（2）传感器的温度补偿

在电阻应变式传感器实际应用中，如果不采取一些补偿措施，温度的变化对传感器输出值的影响是比较大的，必将产生较大的测量误差。在电阻应变式传感器中常采用桥路自补偿法。

当桥路是双臂半桥或全桥形式时，电桥相邻两臂的电阻随温度变化的幅度和方向均相同，可以相互抵消，从而达到桥路温度自补偿的目的。

在双臂半桥电路中，设温度变化前，应变片由应变引起的电阻变化量为 $\Delta R_{1\varepsilon}$、$\Delta R_{2\varepsilon}$，则电桥输出为

$$U_o = \frac{U_i}{4}\left(\frac{\Delta R_{1\varepsilon}}{R_1} - \frac{\Delta R_{2\varepsilon}}{R_2}\right)$$

假设温度变化后，应变片所受应变不变，由温度引起的电阻变化量为 ΔR_{1t}、ΔR_{2t}，则此时桥路输出电压 U_o' 为

$$U_o' = \frac{U_i}{4}\left(\frac{\Delta R_{1\varepsilon} + \Delta R_{1t}}{R_1} - \frac{\Delta R_{2\varepsilon} + \Delta R_{2t}}{R_2}\right)$$

由于两应变片的规格完全相同，又处于同一个温度场，因此 $R_1 = R_2$，$\Delta R_{1t} = \Delta R_{2t}$。代入上式，$\Delta R_{1t}$、$\Delta R_{2t}$ 项相互抵消，因此，$U_o' = U_o$，即表示温度变化对电桥输出没有影响。

另外两个桥臂上的普通电阻受温度变化影响产生的电阻变化值也可以相互抵消。

同样可以证明，当温度变化时，全桥形式的电路上各电阻变化值也相互抵消，因而不会造成影响。

3.1.2　电阻应变式传感器的应用

电阻应变式传感器具有体积小、价格便宜、精度高、线性好、测

3.1.2 电阻应变式传感器的应用

量范围大、数据便于记录、处理和远距离传输等优点，因而广泛应用于工程测量及科学实验中。

1. 电阻应变式荷重传感器

电阻应变式荷重传感器是一种应用于测力和称重等方面的电阻应变式传感器。图 3-13 为 BHR-4 型电阻应变式荷重传感器，它主要由电阻应变片、钢制圆筒（等截面轴）和测量转换电路组成，以钢制圆筒为弹性敏感元件。

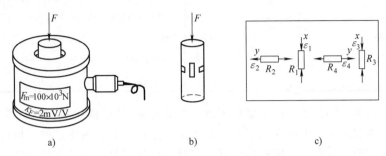

图 3-13 BHR-4 型电阻应变式荷重传感器

钢制圆筒在受到沿轴向压力时，会产生轴向压应变和径向拉应变。设钢制圆筒的有效截面积为 A，泊松比为 μ，弹性模量为 E，4 片特性相同的应变片贴在圆筒外表面并接成全桥形式，如果外加荷重为 F，则传感器的输出为

$$U_{o} = \frac{U_{i}}{4}K(\varepsilon_1 - \varepsilon_2 + \varepsilon_3 - \varepsilon_4)$$

图中，应变片 1、3 感受的是圆筒的轴向应变，即 $\varepsilon_1 = \varepsilon_3 = \varepsilon_x$；应变片 2、4 感受的是圆筒的径向应变，即 $\varepsilon_2 = \varepsilon_4 = \varepsilon_y = -\mu\varepsilon_x$，$\mu$ 为泊松比，代入上式可得

$$U_{o} = \frac{U_{i}}{2}K(1+\mu)\varepsilon_x = \frac{U_{i}}{2}K(1+\mu)\frac{F}{AE} \tag{3-9}$$

从式 (3-9) 可知，输出 U_{o} 正比于荷重 F，即 $U_{o} = K'F$，其中 $K' = \frac{U_{i}}{2AE}K(1+\mu)$。实际应用中，荷重传感器的铭牌上均标出灵敏度 K_{F}，以及满量程 F_{m}（如图 3-13a 所示），并把荷重传感器的灵敏度 K_{F} 定义为

$$K_{F} = \frac{U_{om}}{U_{i}} \tag{3-10}$$

式中，U_{i} 为传感器中电桥的输入电压，单位为 V；U_{om} 为传感器满量程时的输出，单位为 mV。因此，荷重传感器的灵敏度以 mV/V 为单位。

由于在荷重传感器的额定工作范围内，输出电压 U_{o} 与被测荷重 F 成正比，所以有

$$\frac{U_{o}}{U_{om}} = \frac{F}{F_{m}} \tag{3-11}$$

综合式 (3-10) 和式 (3-11)，可得到在被测荷重为 F 时传感器的输出电压 U_{o} 为

$$U_{o} = \frac{F}{F_{m}}U_{om} = \frac{K_{F}U_{i}}{F_{m}}F \tag{3-12}$$

BHR-4 型电阻应变式荷重传感器具有结构简单、测量可靠等特点，有一定的抗冲击能力，结构简单，精度高，并具有良好的静态、动态特性，广泛应用于称重系统中。表 3-1 所示为 BHR-4 型电阻应变式荷重传感器的特性参数值。

表 3-1 BHR-4 型电阻应变式荷重传感器的特性参数值

特性参数	指标值
测量范围	可达 100t
非线性、滞后、重复性误差	均≤0.5%
输出灵敏度	>2mV/V
分辨能力	额定载荷的 0.01%
温度对零点的影响	0.01%
输出阻抗与供桥电压	480Ω、16V
适应环境温度	-10~50℃

电阻应变式荷重传感器还有许多结构形式，例如 QS-1 型桥式和 BK-2S 型等。QS-1 型桥式称重传感器采用两端支撑、中间受力形式，传力组件采用压头、钢球结构，可自动复位。抗侧向力、冲击性好，密封可靠，长期稳定性好，安装、调试方便，并具有良好的互换性。其额定载荷可达 50t，灵敏度为（2.0±0.01）mV/V，滞后、重复性与非线性误差均为±0.02%满量程，适用温度范围为-20~60℃，允许过负荷满量程。

2. 电阻应变式传感器在商用电子秤中的应用

电阻应变式电子秤精度高、反应速度快、结构紧凑、抗振抗冲击性强，能广泛应用于商业计价秤、邮包秤、医疗秤、计数秤、港口秤、人体秤及家用厨房秤。

电子计价秤在秤台结构上的一个显著特点是：一个相当大的秤台，只在中间装置一只专门设计的传感器来承担物料的全部重量。这与传统的用 4 个传感器作支承的秤台在结构上截然不同。尽管单只传感器支承了一个大面积的秤台，但能保证四角误差小于 1/3000~1/2000，因为通过对传感器贴片部位的锉磨，可以综合削除被称量物体在秤台坐标面上任意位置时的 x 向和 y 向的应变输出误差。

单只传感器支承秤台的设计方案，不仅大大降低了秤台和传感器的造价，而且使激励电源、仪表的数据处理及秤的调试大为简化，大大降低了系统的成本。

图 3-14 为常用电子计价秤用传感器的结构图，其中图 3-14a 和图 3-14b 为双复梁式传感器的结构示意图。图 3-14a 是双连椭圆孔构成的力学结构，秤盘用悬臂梁端部上平面的两个螺孔坚固。图 3-14b 为梅花形四连孔的力学结构，秤盘用悬臂梁端部侧面的两个螺孔坚固，中间圆孔安插过载保险支杆。图 3-14c 为三梁式传感器的结构示意图，它有上下两根局部削弱的柔性辅助梁，使传感器对侧向力、横向力和扭转力矩具有很强的抵抗能力，其中间敏感梁采样弯曲应力，对重量反应敏感，宜用作小称量计价秤的转换部件。

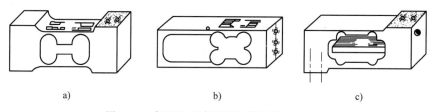

a)   b)   c)

图 3-14 常用电子计价秤用传感器的结构图

图 3-15 为家庭用便携式电子零售秤的传感器结构图，实质上这是一种单 S 梁式传感器，国内外传感器生产厂均用这种设计方案制造小量程称重传感器，其中有整体加工的，也有采用

组装式结构的。零售电子计价秤弹性外形小巧，为使工艺方便且精确，上面粘贴的应变片是专门设计的，它的应变全桥和补偿网络用光刻工艺制作在同一酚醛环氧基片上，并在上面覆盖保护面胶。这种家庭零售秤的精度可做到3000～5000分度。

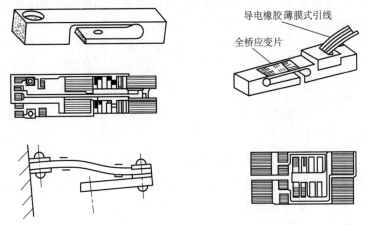

图3-15　家庭用便携式电子零售秤的传感器结构图

3. 电阻应变式加速度传感器

由牛顿第二定律可知，物体的加速度 a 与其质量 m 的乘积就是作用在物体上的力 F。因此，要检测物体的加速度，可以通过测量其所受的力来获得。电阻应变式加速度传感器就是利用这个原理来测量物体的加速度的。

图3-16a为电阻应变式加速度传感器，它由基座（用来固定在被测物体上）、等截面悬臂梁、质量块和4个电阻应变片组成，以等截面悬臂梁为弹性敏感元件。4个电阻应变片粘贴位置如图3-16b所示，它们组成全桥电路。

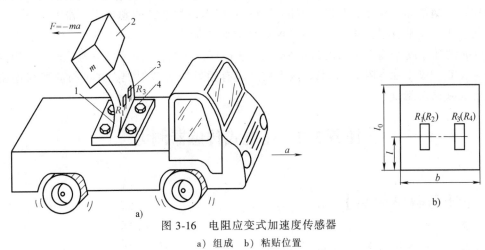

图3-16　电阻应变式加速度传感器

a）组成　b）粘贴位置

1—基座　2—质量块　3—应变片　4—悬臂梁

当被测物体以加速度 a 运动时，传感器上的质量块产生的力为 $F=ma$，其中 m 为质量块的质量。该力在悬臂梁上产生的应变为

$$\varepsilon = \frac{6(l_0-l)}{Eb\delta^2}|F| = \frac{6(l_0-l)m}{Eb\delta^2}|a| \tag{3-13}$$

式中，l_0 为等截面悬臂梁的总长；l 为应变片粘贴位置中心距固定端（基座）的距离；E 为悬臂梁材料的弹性模量；b 为悬臂梁宽度；δ 为悬臂梁厚度。

根据应变片的粘贴位置，可知应变片 R_1 与 R_3 所受应变 ε_1 和 ε_3 的大小、方向均相同，而与应变片 R_2 与 R_4 所受应变 ε_2 和 ε_4 大小相同、方向相反。如果不考虑应变片传递变形失真和应变片横向效应的影响，则有

$$\varepsilon_1 = \varepsilon_3 = -\varepsilon_2 = -\varepsilon_4 = \varepsilon = \frac{6(l_0-l)m}{Eb\delta^2}|a| = K'|a|$$

式中，K' 为常数，其值为 $\dfrac{6(l_0-l)m}{Eb\delta^2}$。

因此，电桥输出电压为

$$U_o = U_i K \varepsilon = U_i K K'|a| = K_a|a| \tag{3-14}$$

式中，U_i 为电桥输入电压；K 为电阻应变片的灵敏度；$K_a = U_i K K'$，K_a 为传感器的灵敏度且为常数，单位为 mV/g，g 是重力加速度。

当测量振动加速度时，加速度的大小和方向是随时间的变化而改变的，因此电桥输出随之改变。往往把振动加速度 a 表示为

$$|a| = a_{\max}\sin\omega t \tag{3-15}$$

式中，$a_{\max}$ 为加速度的最大值；ω 为振动的角频率。

当振动的频率小于传感器的固有频率时，传感器的输出为

$$u_o = U_{\max}\sin(\omega t + \varphi_1) \tag{3-16}$$

式中，φ_1 为输出电压的初相，由传感器的滞后系数决定；$U_{\max}$ 为输出电压的最大值，由式（3-14）可知，$U_{\max} = K_a a_{\max}$。

电阻应变式加速度传感器具有灵敏度高、静态和动态特性好等优点，广泛应用于汽车安全气囊的控制、油箱和电梯疲劳强度的测试以及计算机游戏控制杆的倾角感应器中。

如朗斯测试技术有限公司生产的 LC08 系列应变式加速度传感器具有很好的静态频响，可测达 $1000g$ 的加速度，输出灵敏度为 0.5mV/V 满量程，非线性误差为 3% 满量程，适用温度范围为 $10 \sim 50℃$，应变片电阻为 120Ω。该系列产品有很好的过载保护，并可与应变仪连用，特别适用于低频振动测量。

任务 3.2　压电式传感器测力

【任务教学要点】

知识点

● 压电效应及压电元件。

● 电荷放大器的工作原理。

技能点

压电压传感器的应用。

压电式传感器具有灵敏度高、频带宽、质量轻、体积小以及工作可靠等优点，随着电子技

术的发展，与之配套的二次仪表以及低噪声、小电容和高绝缘电阻电缆的出现，使压电式传感器获得了十分广泛的应用。

某些晶体受一定方向外力作用而发生机械变形时，相应地在一定的晶体表面产生符号相反的电荷，外力去掉后，电荷消失，力的方向改变时，电荷的符号也随之改变，这种现象称作压电效应。具有压电效应的晶体称作压电晶体、压电材料或压电元件。

压电效应是可逆的，即当晶体带电或处于电场中时，晶体的体积将产生伸长或缩短的变化，这种现象称作电致伸缩效应或逆压电效应。超声波传感器就是利用这种效应制作的。

3.2.1 压电式传感器原理与压电材料

3.2.1 压电式传感器的原理与压电材料

1. 石英晶体的压电效应

石英晶体成正六边形棱柱体，石英晶体结构及压电效应如图 3-17 所示。棱柱为基本组织，有三个互相垂直的晶轴，光轴（z 轴）与晶体的纵轴线方向一致，电轴（x 轴）通过六面体相对的两个棱线并垂直于光轴，机械轴（y 轴）垂直于两个相对的晶柱棱面，如图 3-17a 所示。

在正常情况下，晶格上的正、负电荷中心重合，表面呈电中性。当在 x 轴向施加压力时，如图 3-17b 所示，各晶格上的带电粒子均产生相对位移，正电荷中心向 B 面移动，负电荷中心向 A 面移动，因而 B 面呈现正电荷，A 面呈现负电荷。当在 x 轴向施加拉力时，如图 3-17c 所示，晶格上的粒子均沿 x 轴向外产生位移，但硅离子和氧离子向外位移大，正负电荷中心拉开，B 面呈现负电荷，A 面呈现正电荷。在 y 方向施加压力时，如图 3-17d 所示，晶格离子沿 y 轴被向内压缩，A 面呈现正电荷，B 面呈现负电荷。沿 y 轴施加拉伸力时，如图 3-17e 所示，晶格离子在 y 向被拉长，x 向缩短，B 面呈现正电荷，A 面呈现负电荷。

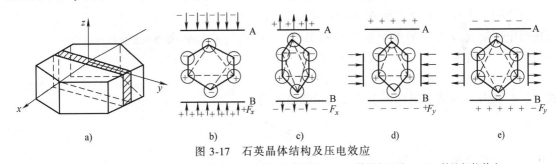

图 3-17 石英晶体结构及压电效应

a）石英晶体结构 b）x 轴施加压力 c）x 轴施加拉伸力 d）y 轴施加压力 e）y 轴施加拉伸力

通常把沿电轴 x 方向作用产生电荷的现象称为纵向压电效应，而把沿机械轴 y 方向作用产生电荷的现象称为横向压电效应。在光轴 z 方向加力时不产生压电效应。

从晶体上沿轴线切下的薄片称为晶体切片。图 3-18 为垂直于电轴 x 切割的石英晶体切片，长为 a，宽为 b，高为 c。在与 x 轴垂直的两面覆以金属。沿 x 方向施加作用力 F_x 时，在与电轴垂直的表面上产生的电荷 Q_{xx} 为

$$Q_{xx} = d_{11}F_x \tag{3-17}$$

式中，d_{11} 为石英晶体的纵向压电系数，$d_{11} = 2.3 \times 10^{-12} \, \text{C/N}$。

在覆以金属的极面间产生的电压为

$$u_{xx} = \frac{Q_{xx}}{C_x} = \frac{d_{11}F_x}{C_x} \tag{3-18}$$

式中，C_x 为晶体上覆以金属的极面间的电容。

如果在同一切片上，沿机械轴 y 方向施加作用力 F_y 时，则在与 x 轴垂直的平面上产生的电荷为

$$Q_{xy} = \frac{ad_{12}F_y}{b} \qquad (3-19)$$

式中，d_{12} 为石英晶体的横向压电系数。

根据石英晶体的轴对称条件可得 $d_{12} = -d_{11}$，所以

$$Q_{xy} = \frac{-ad_{11}F_y}{b} \qquad (3-20)$$

产生的电压为

$$u_{xy} = \frac{Q_{xy}}{C_x} = \frac{-ad_{11}F_y}{bC_x} \qquad (3-21)$$

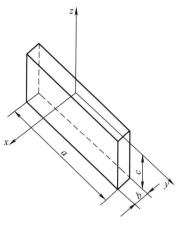

图 3-18　垂直于电轴 x 切割的石英晶体切片

2. 压电陶瓷的压电效应

压电陶瓷具有与铁磁材料磁畴结构类似的电畴结构。当压电陶瓷经极化处理后，陶瓷材料内部存有很强的剩余场极化。当陶瓷材料受到外力作用时，电畴的界限发生移动，引起极化强度变化，产生了压电效应。经极化处理的压电陶瓷具有非常高的压电系数，约为石英的几百倍，但机械强度比石英差。

当压电陶瓷在极化面上受到沿极化方向（z 向）的作用力 F_z 时（即作用力垂直于极化面），压电陶瓷的压电效应如图 3-19a 所示，则在两个镀银（或金）的极化面上分别出现正负电荷，电荷量 Q_{zz} 与力 F_z 成比例，即

$$Q_{zz} = d_{zz}F_z \qquad (3-22)$$

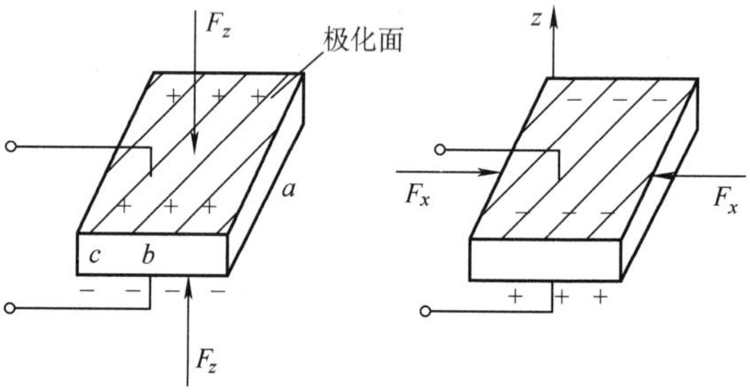

式中，d_{zz} 为压电陶瓷的纵向压电系数。输出电压为

图 3-19　压电陶瓷的压电效应

a）z 向施力　b）x 向施力

$$u_{zz} = \frac{d_{zz}F_z}{C_z} \qquad (3-23)$$

式中，C_z 为压电陶瓷片电容。

当沿 x 轴方向施加作用力 F_x 时，如图 3-19b 所示，在镀银极化面上产生的电荷 Q_{zz} 为

$$Q_{zz} = \frac{S_z d_{z1} F_x}{S_x} \qquad (3-24)$$

同理

$$Q_{zy} = \frac{S_z d_{z2} F_y}{S_y} \qquad (3-25)$$

式（3-24）和式（3-25）中，d_{z1}、d_{z2} 是压电陶瓷在横向力作用时的压电系数，且均为负值，由于极化压电陶瓷平面各向同性，所以 $d_{z1} = d_{z2}$；S_z、S_x、S_y 是分别垂直于 z 轴、x 轴、y 轴的晶片面积。

另外，用电量除以晶片的电容 C_z 可得输出电压。

3. 压电材料

常见的压电材料可分为 3 大类：压电晶体、压电陶瓷与高分子压电材料。

（1）压电晶体

石英晶体是一种性能良好的压电晶体。其突出的优点是性能非常稳定，介电常数与压电系数的温度稳定性特别好，且居里点高，可以达到 575℃。此外，石英晶体还具有机械强度高、绝缘性能好、动态响应快、线性范围宽和迟滞小等优点。但石英晶体压电系数较小，灵敏度较低，且价格较贵，所以只在标准传感器、高精度传感器或高温环境下工作的传感器中作为压电元件使用。石英晶体分为天然与人造两种，天然石英晶体的性能优于人造石英晶体，但天然石英晶体价格较高。

（2）压电陶瓷

压电陶瓷是人工制造的多晶体压电材料。与石英晶体相比，压电陶瓷的压电系数很高，制造成本很低，因此，在实际中使用的压电传感器大多采用压电陶瓷材料。压电陶瓷的弱点是居里点较石英晶体为低，且性能没有石英晶体稳定。但随着材料科学的发展，压电陶瓷的性能正在逐步提高。

3.2.2　压电式传感器的测量电路

由于外力作用在压电元件上产生的电荷只有在无泄漏的情况下才能保存，即需要测量回路具有无限大的输入阻抗，这实际上是不可能的，因此压电式传感器不能用于静态测量。

压电元件在交变力的作用下，电荷可以不断补充，可以供给测量回路一定的电流，因此只适用于动态测量。

由于压电元件上产生的电荷量很小，要想测量出该电荷量，选择一种合适的放大器显得非常重要。考虑到压电元件本身的特性，以及传感器与放大器之间的连接导线，常见的压电传感器的测量电路有以下两种。

1. 电压放大器

图 3-20 为电压放大器的等效电路。C_a、C_c、C_i 分别为压电元件的固有电容、导线的分布电容以及放大器的输入电容。R_a、R_i 分别为压电元件的内阻和放大器的输入电阻。

假设有一交变的力 $F = F_m \sin\omega t$ 作用到压电元件上，在压电元件上产生的电荷 $Q = dF_m \sin\omega t$（d 为压电系数，F_m 为交变力的最大值），则放大器输入端的电压为

$$U_i = \frac{dF_m}{C_a + C_c + C_i} \qquad (3-26)$$

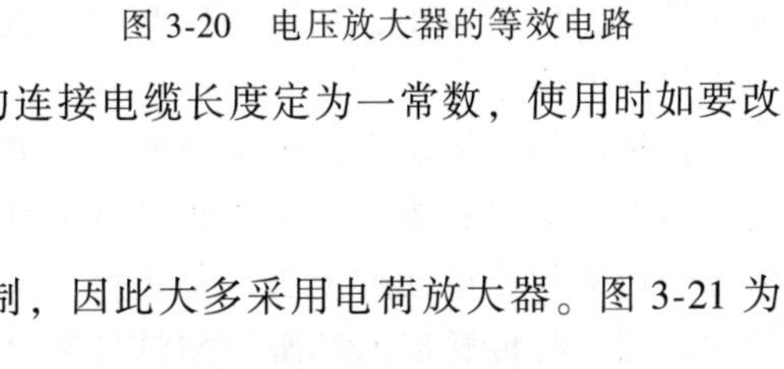

因此，放大器的输出与 C_a、C_c、C_i 有关，而与输

图 3-20　电压放大器的等效电路

入信号的频率无关。在设计时通常把传感器出厂时的连接电缆长度定为一常数，使用时如要改变电缆长度，则必须重新校正电压灵敏度值。

2. 电荷放大器

由于电压放大器在实际使用时受连接导线的限制，因此大多采用电荷放大器。图 3-21 为电荷放大器的等效电路。

放大器的输出电压为

$$U_o = -AU_i = \frac{-AQ}{C_a + C_c + C_i + (1+A)C_f} \qquad (3-27)$$

由于放大器的增益 A 很大，所以 $C_a + C_c + C_i$ 可以忽略，则放大器的输出电压为

$$U_o \approx \frac{-AQ}{(1+A)C_f} \approx -\frac{Q}{C_f} \qquad (3\text{-}28)$$

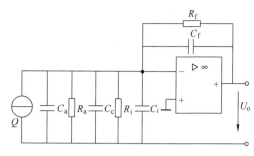

图 3-21　电荷放大器的等效电路

由式（3-28）可以看出，电荷放大器的输出电压只与反馈电容有关，而与连接电缆无关。放大器的输出灵敏度取决于 C_f。在实际电路中，采用切换运算放大器负反馈电容 C_f 的办法来调节灵敏度，C_f 越小则放大器的灵敏度越高。

为了使放大器工作稳定，并减小零漂，在反馈电容 C_f 两端并联了一反馈电阻，形成直流负反馈，用以稳定放大器的静态工作点。

3.2.3　压电式传感器的应用

1. YDS-781 型压电式单向力传感器

图 3-22 为 YDS-781 型压电式单向力传感器的结构示意图，它主要用于变化频率中等的动态力的测量，如车床动态切削力的测试。被测力通过传力上盖使石英晶片在沿电轴方向受压力作用而产生电荷，两块压电晶片沿电轴反方向叠起，其间是一个片形电极，它收集负电荷。两块压电晶片正电荷侧分别与传感器的传力上盖及底座相连，因此，两块压电晶片被并联起来，提高了传感器的灵敏度。片形电极通过电极引出插头将电荷输出。

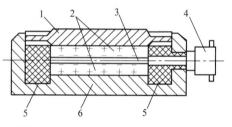

图 3-22　YDS-781 型压电式单向力传感器的结构示意图
1—传力上盖　2—压电晶片　3—电极
4—电极引出插头　5—绝缘材料　6—底座

YDS-781 型压电式单向力传感器的测力范围为 0～5000N，非线性误差小于 1%，电荷灵敏度为 3.8～4.4μC/N，固有频率约为数十千赫。

2. 压电式加速度传感器

压电式加速度传感器的结构示意图如图 3-23 所示。在两块表面镀银的压电晶片（石英晶体或压电陶瓷）间夹一金属薄片，并引出输出信号的引线。在压电晶片上放置一质量块，并用硬弹簧对压电元件施加预压缩载荷。静态预载荷的大小应远大于传感器在振动、冲击测试中可承受的最大动应力。这样，当传感器向上运动时，质量块产生的惯性力使压电元件上的压应力增加；反之，当传感器向下运动时，压电元件的压应力减小，从而输出与加速度成正比的电信号。

传感器整个组装在一个圆基座上，并用金属壳体加以封罩。为了防止试件的任何应变传递到压电元件上去，基座尺寸应较大。测试时传感器的基座与测试件刚性连接。当测试件的振动频率远低于传感器的谐振频率时，传感器输出电荷（或电压）与测试件的加速度成正比，经电荷放大器或电压放大器即可测出加速度。

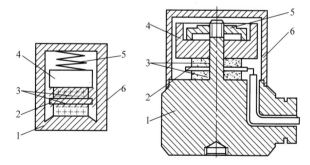

图 3-23　压电式加速度传感器的结构示意图
1—基座　2—电极　3—压电晶片
4—质量块　5—弹性元件　6—外壳

3. 用压电式传感器测表面粗糙度

图 3-24 为压电式传感器测表面粗糙度的示意图。传感器由驱动箱拖动，使其触针在工件表面以恒速滑行。工件表面的起伏不平使触针上下运动，通过针杆使压电晶片随之变形，这样，在压电晶片表面就产生电荷，由引线输出与触针位移成正比的电信号。

4. 燃气灶电子点火装置

燃气灶电子点火装置如图 3-25 所示，其原理是利用高压跳火来点燃燃气。当使用者将开关往里压时，把气阀打开；将开关旋转，则使弹簧往左压；此时，弹簧有一很大的力撞击压电晶体，则产生高压放电，导致燃烧盘点火。

在工程和机械加工中，压电式传感器可用于测量各种机械设备及部件所受的冲击力。例如锻造工作中的锻锤，打夯机、打桩机、振动给料机的激振器，地质钻机的钻探冲击器以及车辆碰撞等机械设备冲击力的测量，均可采用压电式传感器。

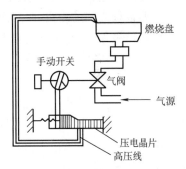

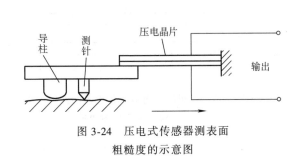

图 3-24　压电式传感器测表面
粗糙度的示意图

图 3-25　燃气灶电子点火装置

任务 3.3　电容式传感器测位移

【任务教学要点】

知识点
- 电容式传感器的工作原理。
- 电容式传感器的常用测量电路。

技能点
电容式传感器的应用。

电容式传感器具有零漂小、结构简单、功耗小、动态响应快以及灵敏度高等优点，虽然它易受干扰，存在着非线性，且受寄生电容的影响，但随着电子技术的发展，这些缺点已被逐渐克服。因此，电容式传感器在对位移、振动、液位和介质等物理量的测量中得到越来越广泛的应用。

3.3.1　电容式传感器的工作原理与结构

电容式传感器的工作原理可以用图 3-26 所示的平板电容器来

3.3.1 电容式传感器的工作原理与结构

说明。当忽略边缘效应时，其电容量为

$$C = \frac{\varepsilon_r \varepsilon_0 A}{d} = \frac{\varepsilon A}{d} \quad (3\text{-}29)$$

式中，A 为电容极板的面积；d 为极板间的距离；ε_0 为真空介电常数，$\varepsilon_0 = 8.85 \times 10^{-12} \text{F/m}$；$\varepsilon_r$ 为极板间介质的相对介电常数；ε 为极板间介质介电常数，$\varepsilon = \varepsilon_r \varepsilon_0$。

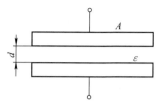

图 3-26　平板电容器

由式（3-29）可以看出，ε、A、d 这 3 个参数中的任何一个发生变化，均可引起电容 C 的变化。因此，电容式传感器的实际应用分为 3 种类型：变极距型、变面积型和变介电常数型。

1. 变极距型电容式传感器

变极距型电容式传感器的结构示意图如图 3-27 所示。当动极板受被测物作用产生位移时，改变了两极板之间的距离 d，从而使电容器的电容发生变化。

设初始极距为 d_0，当动极板有位移，使极板间距减小 x 后，其电容值变大。C_0 为初始电容，$C_0 = \varepsilon A/d_0$，则有

$$C_x = \frac{\varepsilon A}{d_0 - x} = C_0 \left(1 + \frac{x}{d_0 - x}\right) \quad (3\text{-}30)$$

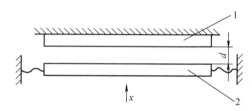

图 3-27　变极距型电容式传感器的结构示意图
1—定极板　2—动极板

由式（3-30）可知，电容 C_x 与位移 x 不是线性关系，其灵敏度不为常数，即

$$K = \frac{dC_x}{dx} = \frac{\varepsilon A}{(d_0 - x)^2} \quad (3\text{-}31)$$

当 d_0 较小时，对于同样的位移 x，灵敏度较高。所以实际使用时，总是使初始极距尽量小些，但这就带来了变极距式电容器的行程较小的缺点，并且两极板间距小，电容器容易击穿。一般变极距型电容式传感器起始电容设置在数十皮法至数百皮法，极距 d_0 设置在 $20 \sim 200 \mu\text{m}$ 的范围内较为妥当。最大位移应为两极板间距的 $1/10 \sim 1/4$，电容的变化量可高达 $2 \sim 3$ 倍。

图 3-28 为差动变极距型电容式传感器的结构示意图，中间为动极板（接地），上下两块为定极板。经过信号测量转换电路后其灵敏度提高近 1 倍，线性也得到改善。

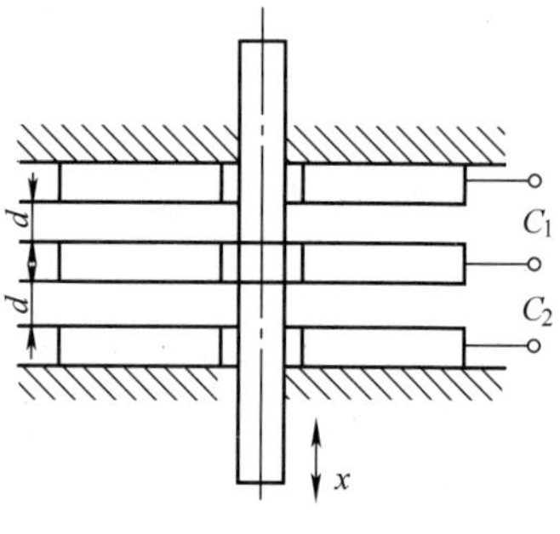

2. 变面积型电容式传感器

图 3-29 为变面积型电容式传感器的结构示意图。

图 3-28　差动变极距型电容式传感器的结构示意图

当定极板不动，动极板做直线运动或转动时，相应地改变了两极板的相对面积，引起电容器电容的变化。图 3-29a 中，假设两极板原始长度为 a_0，极板宽度为 b，极距为 d_0，当动极板随被测物体有一位移 x 后，两极板的遮盖面积减小，此时电容 C_x 为

$$C_x = \frac{\varepsilon b(a_0 - x)}{d_0} = C_0\left(1 - \frac{x}{a_0}\right) \quad (3\text{-}32)$$

式中，$C_0 = \varepsilon b a_0 / d_0$。此传感器的灵敏度为

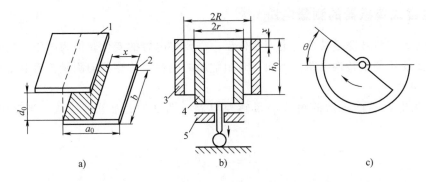

图 3-29 变面积型电容式传感器的结构示意图

a）直线位移式结构（水平） b）直线位移式结构（垂直） c）角位移式结构

1—动极板 2—定极板 3—外圆筒 4—内圆筒 5—导轨

$$K = \frac{\mathrm{d}C_x}{\mathrm{d}x} = -\frac{\varepsilon b}{d_0} \tag{3-33}$$

由式（3-33）可知，传感器的电容输出与位移呈线性关系，灵敏度为常数。在实际使用中，可增加动极板和定极板的对数，使多片同轴动极板在等间隔排列的定极板间隙中转动，以提高灵敏度。由于动极板与轴连接，所以一般动极板接地，但必须制作一个接地的金属屏蔽盒，将定极板屏蔽起来。

3. 变介电常数型电容式传感器

在电容器两极板间插入不同介质，电容器的电容就不同，利用这种原理制作的变介电常数型电容式传感器常被用来测量液体的液位和材料的厚度。

图 3-30 为电容液位计的结构示意图。

当被测液体（绝缘体）的液面在两个同心圆金属管状电极间上下变化时，引起两极间不同介电常数介质的高度变化，从而导致总电容的变化。电容器由上下介质形成的两个电容器相并联而成，总电容与液面高度的关系为

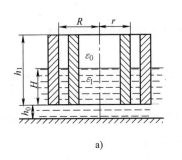 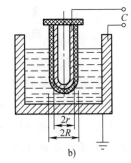

a) b)

图 3-30 电容液位计的结构示意图

a）同轴内外金属管式

b）金属管外套聚四氟乙烯套管式

$$C = C_空 + C_液 = \frac{2\pi(h_1 - H)\varepsilon_0}{\ln(R/r)} + \frac{2\pi H \varepsilon_1}{\ln(R/r)} \tag{3-34}$$

式中，h_1 为电容器极板高度；r 为内电极的外半径；R 为外电极的内半径；H 为液面高度；ε_0 为真空介电常数；ε_1 为液体的介电常数。

从式（3-34）看出，电容 C 与液面高度 H 呈线性关系。当液罐外壁是导电金属时，可以将其接地，并作为液位计的外电极，如图 3-30b 所示。当被测介质是导电的液体时，则内电极应采用金属管外套聚四氟乙烯套管式电极，而且外电极也不是液罐外壁，而是该导电介质本身，这时内外电极的极距只是聚四氟乙烯套管的壁厚。

3.3.2　电容式传感器的测量电路

电容式传感器将被测量转换为电容变化后，需要将电容的变化转换为电压、电流或频率信号，这就需要使用测量转换电路。下面，介绍常用的电容式传感器的测量转换电路。

1. 桥式电路

图 3-31 为电容式传感器的桥式测量转换电路。图 3-31a 为单臂接法，当交流电桥平衡时，有

$$\frac{C_1}{C_2}=\frac{C_x}{C_3}, \quad \dot{U}_o=0$$

当 C_x 改变时，$\dot{U}_o\neq0$，有电压信号输出。图 3-31b 为差动接法，其空载输出电压为

$$\dot{U}_o=\frac{C_{x1}-C_{x2}}{C_{x1}+C_{x2}}\frac{\dot{U}}{2}=\pm\frac{\Delta C}{C_o}\frac{\dot{U}}{2} \tag{3-35}$$

式中，C_o 为传感器的初始电容值；ΔC 为传感器的电容变化值。

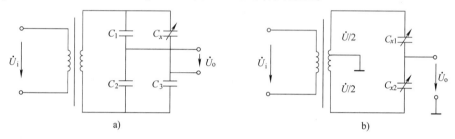

图 3-31　电容式传感器的桥式测量转换电路

a）单臂接法　b）差动接法

需要注意的是，该转换电路的输出需经过相敏检波电路处理才能分辨 $\dot{U}_o$ 的相位。

2. 调频电路

调频电路是将电容式传感器作为 LC 振荡器谐振回路的一部分，或作为晶体振荡器中的石英晶体的负载电容，调频电路的原理框图如图 3-32 所示。当电容式传感器工作时，电容 C_x 发生变化，使振荡器的频率发生相应的改变，这样就实现了 C/F 的转换，因此称为调频电路。调频振荡器的频率由下式决定：

$$f=\frac{1}{2\pi\sqrt{LC}} \tag{3-36}$$

式中，L 为振荡回路的电感；C 为振荡回路的总电容。

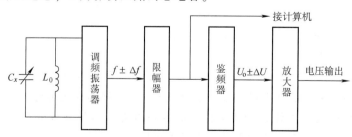

图 3-32　调频电路的原理框图

振荡器输出的高频电压是一个受被测量控制的调频波，调频的变化在鉴频器中转换为电压幅度的变化，经过放大器放大后就可用仪表来指示。也可将频率信号直接送到计算机的计数定时器进行测量。

这种转换电路抗干扰能力强，能取得高电平的直流信号（伏特数量级），缺点是振荡频率受电缆电容的影响大。随着电子技术的发展，人们直接将振荡器装在电容式传感器旁，就可克服电缆电容的影响。

3. 脉冲宽度调制电路

脉冲宽度调制电路是利用传感器电容的充放电使电路输出脉冲的宽度随电容式传感器的电容变化而变化，通过低通滤波器得到对应于被测量变化的直流信号。

脉冲宽度调制电路如图 3-33 所示，它由比较器 A_1、A_2，双稳态触发器及电容充放电回路组成。

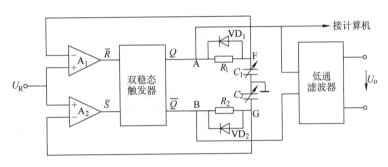

图 3-33　脉冲宽度调制电路

C_1、C_2 为差动电容式传感器，当双稳态触发器的 Q 端输出为高电平时，A 点通过 R_1 对 C_1 充电；同时电容 C_2 通过二极管 VD_2 迅速放电，此时 G 点电位为低电平，直到 F 点电位高于参考电压 U_R 时，比较器 A_1 产生脉冲，触发器翻转，A 点成为低电平，B 点成为高电平，这时重复上述工作直至触发器再次翻转。这样周而复始，在触发器的两输出端，各自产生一个宽度受电容 C_1、C_2 调制的脉冲波形。当 $C_1 = C_2$ 时，A、B 两点间的平均电压为 0；若 $C_1 > C_2$，则 C_1 的充电时间大于 C_2 的充电时间，即 $t_1 > t_2$，经低通滤波器后，获得的输出电压平均值为

$$U = \frac{t_1 - t_2}{t_1 + t_2} U_H \tag{3-37}$$

式中，U_H 为双稳态触发器输出的高电平。

图 3-34 是脉冲宽度调制电路的输出电压波形。差动电容的变化使充电时间 t_1、t_2 不相等，从而使触发器输出端的脉冲宽度不同，经滤波器有直流电压输出。

3.3.3　电容式传感器的应用

1. 差动式电容差压传感器

差动式电容差压传感器广泛应用于液体、气体的压力、液体位置及密度等的检测，差动式电容差压传感器的结构示意图如图 3-35 所示。它实质上是一个由金属膜片与镀金凹型玻璃圆盘组成的采用差动电容原理工作的位移传感器。当被测压力 p_1 及 p_2 通过过滤器进入空腔时，弹性膜片两侧的压力差使膜片凸向压力小的一侧，这一位移改变了两个镀金玻璃圆片与弹性膜

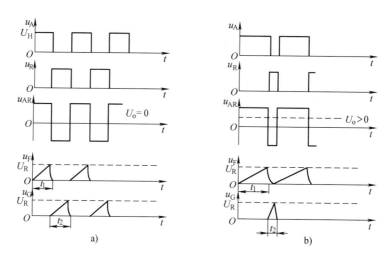

图 3-34 脉冲宽度调制电路的输出电压波形

a）$t_1 = t_2$ 时的输出电压波形 b）$t_1 > t_2$ 时的输出电压波形

片之间的电容，而电容的变化可由电路加以放大后取出。这种传感器的分辨力很高，采用适当的测量电路，可以测量较小的压力差，响应速度可达数十毫秒。若测量含有杂质的液体，还须在两个进气孔前设置波纹隔离膜片，并在两侧空腔中充满导压硅油，使得弹性平膜片感受到的压力之差仍等于 p_1-p_2。

2. 电容式加速度传感器

图 3-36 为一种空气阻尼的电容式加速度传感器。该传感器采用差动式结构，有两个固定电极，两极板之间有一个用弹簧片支撑的质量块，此质量块的两个端面经磨平抛光后作为可动极板。当传感器用于测量垂直方向的微小振动时，由于质量块的惯性作用，使两固定极板相对质量块产生位移，此时，上下两个固定电极与质量块端面之间的电容产生变化，而使传感器有一个差动的电容变化量输出，其值与被测加速度的大小成正比。该传感器频率响应快，量程范围大，在结构上大多采用空气或其他气体做阻尼物质。此外，该传感器还可做得很小，并与测量电路一起封装在一个厚膜集成电路的壳体中。

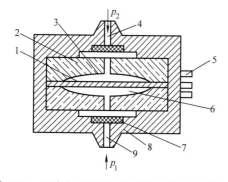

图 3-35 差动式电容差压传感器的结构示意图

1—弹性平膜片（动极） 2—凹玻璃圆片
3—金属镀层（定极） 4—低压侧进气孔 5—输出端子
6—空腔 7—过滤器 8—壳体 9—高压侧进气孔

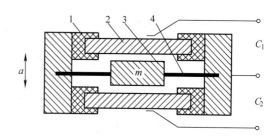

图 3-36 一种空气阻尼的
电容式加速度传感器

1—绝缘体 2—固定电极
3—质量块 4—弹簧片

任务 3.4　电感式传感器测位移

【任务教学要点】

知识点

● 电感式传感器的基本工作原理。

● 差动整流电路。

技能点

电感式传感器的安装与应用。

电感式传感器是利用电磁感应来实现非电量测量的一种装置，常用的有自感式和互感式两大类。电感式压力传感器大多采用变隙式电感作为检测元件，其结构简单，工作可靠，测量力小，分辨力高。当压力或位移造成的变隙在一定范围（最小几十微米，最大可达数百米）内时，其输出线性可达 0.1%，且比较稳定。

3.4.1　自感式电感传感器

> 3.4.1 自感式
> 电感传感器

1. 工作原理

自感式电感传感器的结构示意图如图 3-37 所示，主要由线圈、铁心、衔铁及测杆等组成。

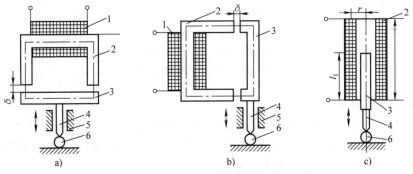

图 3-37　自感式电感传感器的结构示意图

a）变气隙式　b）变截面式　c）螺管式

1—线圈　2—铁心　3—衔铁　4—测杆　5—导轨　6—工件

工作时，衔铁通过测杆与被测物体相接触，被测物体的位移将引起线圈电感的变化，当传感器线圈接入测量转换电路后，电感的变化将被转换成电压、电流或频率的变化，从而完成非电量到电量的转换。

根据磁路基本知识，线圈的电感为

$$L = \frac{N}{R_{\mathrm{m}}} \tag{3-38}$$

式中，N 为线圈匝数；R_{m} 为磁路总磁阻。

由于铁心和衔铁的磁阻比气隙磁阻小得多，因此铁心和衔铁的磁阻可忽略不计，磁路总磁阻近似为气隙磁阻，即

$$R_{\mathrm{m}} \approx \frac{2\delta}{\mu_0 A}$$

式中，δ 为气隙厚度；A 为气隙的有效截面积；μ_0 为真空磁导率。

因此，电感线圈的电感为

$$L \approx \frac{N^2 \mu_0 A}{2\delta} \tag{3-39}$$

自感式电感传感器有变气隙式、变截面式、螺管式和差动式 4 种类型。

（1）变气隙式电感传感器

由式（3-39）可知，若 A 为常数，则 $L = f(\delta)$，即电感 L 是气隙厚度 δ 的函数，故称这种传感器为变气隙式电感传感器。其结构如图 3-37a 所示，电感式传感器的输出特性如图 3-38a 所示。由于电感 L 与气隙厚度 δ 成反比，故输入和输出是非线性关系，其灵敏度为

$$K = \frac{\mathrm{d}L}{\mathrm{d}\delta} = -\frac{N^2 \mu_0 A}{2\delta^2} = -\frac{L_0}{\delta}$$

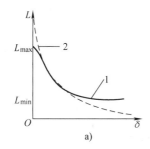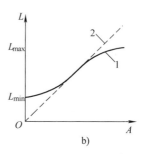

图 3-38　电感式传感器的输出特性

a）L-δ 特性曲线　b）L-A 特性曲线

1—实际输出特性　2—理想输出特性

（2）变截面式电感传感器

由式（3-35）可知，若保持气隙厚度 δ 为常数，则 $L = f(A)$，即电感 L 是气隙截面积的函数，故称这种传感器为变截面式电感传感器。其结构如图 3-37b 所示，输入和输出是线性关系，其输出特性如图 3-38b 所示。其灵敏度为

$$K = \frac{\mathrm{d}L}{\mathrm{d}A} = \frac{N^2 \mu_0}{2\delta}$$

灵敏度是一常数。但是，由于漏感、结构的限制等原因，这种类型的传感器线性区较小，量程也不大，在工业中用得不多。

（3）螺管式电感传感器

螺管式电感传感器的结构如图 3-37c 所示，它由一只螺管线圈和一根柱形衔铁组成。当被测量作用在衔铁上时，会引起衔铁在线圈中伸入长度的变化，从而引起螺管线圈电感的变化。对于长螺管线圈且衔铁工作在螺管的中部时，可以认为线圈内磁场强度是均匀的，此时线圈的电感与衔铁插入深度成正比。

这种传感器结构简单，制作容易，但灵敏度较低。当衔铁在螺管中间部分工作时，才能获得较好的线性关系，因此，螺管式电感传感器适用于测量比较大的位移。

（4）差动式电感传感器

两个完全相同的单线圈电感传感器共用一根活动衔铁就构成了差动式电感传感器，差动式电感传感器的结构原理示意图如图 3-39 所示。

假设衔铁上移 $\Delta\delta$，则总的电感变化量为

$$\Delta L = L_1 - L_2 = \frac{N^2\mu_0 A}{2(\delta - \Delta\delta)} - \frac{N^2\mu_0 A}{2(\delta + \Delta\delta)} = \frac{N^2\mu_0 A}{2} \times \frac{2\Delta\delta}{\delta^2 - \Delta\delta^2}$$

当 $\delta \geq \Delta\delta$ 时，式中的 $\Delta\delta^2$ 可以忽略不计，则

$$\Delta L = \frac{N^2\mu_0 A}{\delta^2}\Delta\delta$$

其灵敏度为

$$K = \frac{\Delta L}{\Delta\delta} = 2 \times \frac{N^2\mu_0 A}{2\delta^2} = 2\frac{L_0}{\delta}$$

式中，L_0 为衔铁处于差动线圈中间位置的初始电感。

差动式电感传感器的输出特性如图 3-40 所示。其中曲线 1、2 是上、下单线圈自感式电感传感器的输出特性，曲线 3 是差接后的输出特性。由此可以看出，差动式电感传感器除了可以改善线性、提高灵敏度外，对温度的变化、电源频率变化等影响，也可进行补偿，从而减少了外界影响造成的误差。

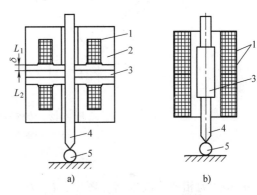

图 3-39 差动式电感传感器的结构原理示意图
a) 改变气隙厚度的差动结构 b) 改变截面积的差动结构
1—线圈 2—铁心 3—衔铁 4—测杆 5—导轨

2. 测量电路

电感式电感传感器的测量转换电路通常采用电桥电路，其作用是把电感的变化转换为电压或电流信号，以便送入后续放大电路进行放大，然后由仪器指示或记录。

（1）变压器电桥电路

变压器电桥电路如图 3-41 所示，相邻两工作臂是差动式电感传感器的两个线圈，阻抗为 Z_1、Z_2；另外两臂为激励变压器的二次线圈。输出电压取自 A、B 两点。若 D 点为零电位，且传感器线圈的品质因素（Q 值）较高，即线圈直流电阻远小于其感抗。可推导出输出电压为

$$\dot{U}_o = \dot{U}_{AD} - \dot{U}_{BD} = \frac{Z_2}{Z_1 + Z_2}\dot{U} - \frac{\dot{U}}{2} = \frac{\dot{U}}{2}\frac{Z_2 - Z_1}{Z_1 + Z_2}$$

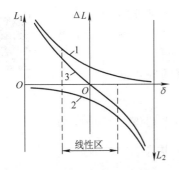

图 3-40 差动式电感传感器的输出特性

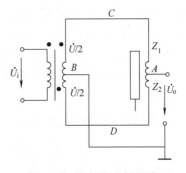

图 3-41 变压器电桥电路

由于是双臂工作形式，当衔铁下移时，$Z_2 = Z + \Delta Z$，$Z_1 = Z - \Delta Z$，则有

$$\dot{U}_{o} = \frac{\Delta Z}{2Z}\dot{U} = \frac{j\omega\Delta L}{2j\omega L}\dot{U} \approx \frac{\Delta L}{2L}\dot{U} \qquad (3\text{-}40)$$

由此可见，输出电压反映了传感器线圈阻抗的变化，由于是交流信号，因此还要经过适当电路处理才能判别衔铁位移的大小及方向。

（2）相敏检波电路

传感器的输出特性曲线如图 3-42 所示。图中，U_0 为零点残余电压，即当衔铁处于零点附近时存在的微小误差电压（零点几毫伏，有时可达数十毫伏），它是由于差动变压器制作上的不对称以及铁心位置等因素所造成的，会给测量带来误差。

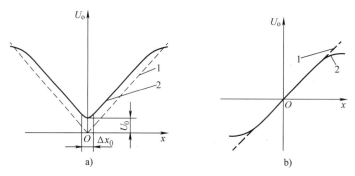

图 3-42　传感器的输出特性曲线

a）非相敏检波　b）相敏检波

1—理想特性曲线　2—实际特性曲线

图 3-43 为相敏检波电路。图中，U_x 为电感传感器的输出信号，U_R 为参考电压，相敏检波电路起信号解调作用。当衔铁正位移时，仪表指针正向偏转；当衔铁负位移时，仪表指针反向偏转。因此，采用相敏检波整流电路，得到的输出信号既能反映位移大小，也能反映位移方向。

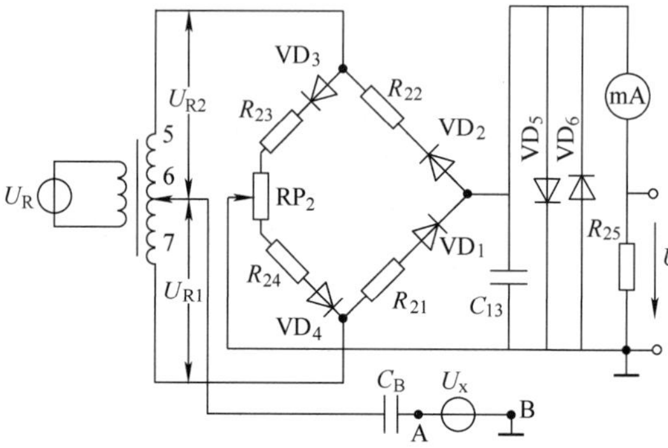

3.4.2　差动变压器

1. 工作原理

图 3-43　相敏检波电路

目前应用最广泛的差动变压器是螺管式差动变压器，差动变压器的结构示意图如图 3-44 所示。在线框上绕有三组线圈，W_1 为输入线圈（称一次线圈）；W_{21} 和 W_{22} 是两组完全对称的线圈（称二次线圈），它们反向串联组成差动输出形式。差动变压器的等效电路如图 3-45 所示。

3.4.2 差动变压器

当一次线圈加入激励电源后，其二次线圈会产生感应电动势 $\dot{U}_{21}$ 和 $\dot{U}_{22}$ 为

$$\dot{U}_{21} = -j\omega M_1 \dot{I}_1 \qquad \dot{U}_{22} = -j\omega M_2 \dot{I}_1 \qquad (3\text{-}41)$$

式中，ω 为激励电源的角频率；M_1、M_2 为一次线圈 W_1 与二次线圈 W_{21}、W_{22} 的互感；$\dot{I}_1$ 为

一次线圈的激励电流。

由于 W_{21}、W_{22} 反向串联，所以二次线圈空载时的输出电动势 $\dot{U}_{o}$ 为

$$\dot{U}_{o} = \dot{U}_{21} - \dot{U}_{22} = j\omega(M_2 - M_1)\dot{I}_1 = j\omega(M_2 - M_1)\frac{\dot{U}_1}{R_1 + j\omega L_1} \qquad (3-42)$$

差动变压器的结构及电源电压一定时，互感系数 M_1、M_2 的大小与衔铁的位置有关。当衔铁处于中间位置时，差动输出电势 $\dot{U}_{o}=0$。当衔铁上移时，M_1 增大，在传感器的量程内，衔铁移动越大，差动输出电动势就越大。当衔铁下移时也同理，但由于移动方向改变，输出电动势反相。因此，通过差动变压器输出电动势的大小和相位可以知道衔铁位移量的大小和方向。

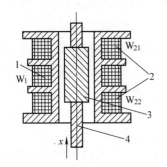

图 3-44　差动变压器的结构示意图

1—一次线圈　2—二次线圈　3—衔铁　4—测杆

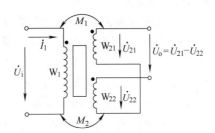

图 3-45　差动变压器的等效电路

2. 测量电路

差动变压器输出的是交流电压，若用交流电压表测量，只能反映衔铁位移的大小，而不能反映移动方向。另外，其测量值中将包含零点残余电压。为了达到能辨别移动方向及消除零点残余电压的目的，实际测量时，常采用差动整流电路和相敏检波电路。

差动整流电路是把差动变压器的两个二次电压分别整流，然后将整流的电压或电流的差值作为输出，图 3-46 给出了几种典型差动整流电路形式。图 3-46a 和图 3-46c 适用于交流负载阻抗，图 3-46b 和图 3-46d 适用于低负载阻抗，电阻 R_0 用于调整零点残余电压。

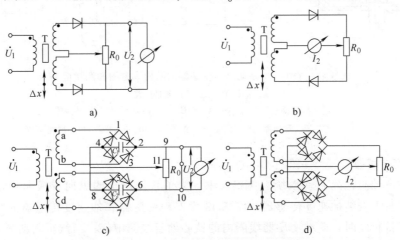

图 3-46　几种典型差动整流电路形式

a) 半波电压输出　b) 半波电流输出　c) 全波电压输出　d) 全波电流输出

下面结合图 3-46c，分析差动整流的工作原理。

从图 3-46c 可知，不论两个二次绕组的输出瞬时电压极性如何，流经电容 C_1 的电流方向为从 2 到 4，流经电容 C_2 的电流方向为从 6 到 8，故整流电路的输出电压为

$$U_2 = U_{24} - U_{68}$$

当衔铁在零位时，因为 $U_{24} = U_{68}$，所以 $U_2 = 0$；当衔铁在零位以上时，因为 $U_{24} > U_{68}$，则 $U_2 > 0$；而当衔铁在零位以下时，有 $U_{24} < U_{68}$，则 $U_2 < 0$。

差动整流电路结构简单，不需要考虑相位调整和零点残余电压的影响，分布电容影响小，便于远距离传输等，因而获得广泛应用。

3.4.3 电感式传感器的应用

1. 差动压力变送器

图 3-47a 是 YST-1 型差动压力变送器的结构示意图。它适用于测量各种生产流程中液体、水蒸气及气体的压力。当被测压力未导入膜盒时，膜盒无位移，这时，衔铁在差动线圈中间位置，因而输出电压为 0。当被测压力从输入口导入膜盒时，膜盒中心产生的位移作用在测杆上，并带动衔铁向上移动，使差动变压器的二次线圈产生的感应电动势发生变化而有电压输出。图 3-42b 是这种传感器的测量电路。220V 交流电通过变压、整流、滤波、稳压后，被晶体管 VT$_1$、VT$_2$ 组成的振荡器转变为 6V、1000Hz 的稳定交流电压，作为该传感器的励磁电压。差动变压器二次输出电压通过半波差动整流电路、滤波电路后，作为变送器输出信号，可接入二次仪表加以显示。电路中 RP$_1$ 是调零电位器，RP$_2$ 是调量程电位器。二次仪表一般可选 XCZ-103 型动圈式毫伏计，或选用自动电子电位差计（如 XWD）。RP$_2$ 的输出也可以进一步作电压/电流转换，输出与压力成正比的电流信号。这是目前生产的压力变送器常见的做法。

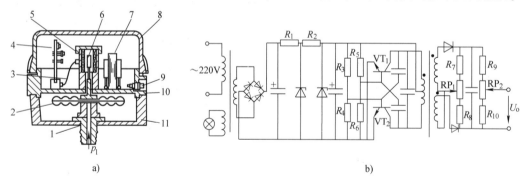

图 3-47 YST-1 型差动压力变送器的结构示意图和测量电路

a）结构示意图 b）测量电路

1—压力接入接头 2—膜盒 3—导线 4—印制板 5—差动线圈
6—衔铁 7—变压器 8—罩壳 9—指示灯 10—安装座 11—底座

2. 加速度传感器

在汽车的电控防抱死制动系统（ABS）中，为了获得汽车的纵向或横向加速度的变化情况，通常在车身上安装加速度传感器。图 3-48 为差动变压器式加速度传感器的结构和工作原理图。汽车正常行驶时，差动变压器线圈内的铁心处于线圈中部；当汽车制动减速时，铁心受惯性作用向前移动，从而使差动变压器线圈内的感应电压发生变化，以此作为输出信号来控制 ABS 工作。

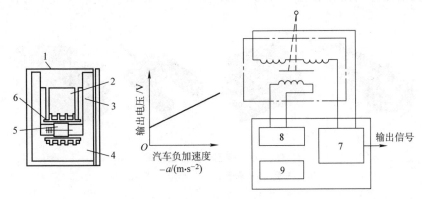

图 3-48　差动变压器式加速度传感器的结构和工作原理图
1—差动变压器　2—印制板　3—弹簧　4—变压器油　5—铁心　6—线圈
7—解调电路　8—振荡电路　9—电源电路

任务 3.5　接近开关及应用

 【任务教学要点】

任务3.5 接近开关及应用

知识点

常用接近开关的特性及工作原理。

技能点

接近开关的选型和接线。

接近开关又称无触点行程开关，是利用位置传感器对接近物体的敏感特性达到控制开关通或断的一种装置。它既有行程开关、微动开关的特性，同时具有传感性能，且动作可靠，性能稳定，频率响应快，应用寿命长，抗干扰能力强，并具有防水、耐腐蚀等特点，广泛应用于机床、冶金、化工、轻纺和印刷行业。在自动控制系统中可作为限位、计数、定位控制和自动保护环节等。

3.5.1　常用接近开关及特性

常用接近开关的特性见表 3-2。

表 3-2　常用接近开关的特性

接近开关类型	特　点
电感式接近开关	被测物体必须是金属导体
电容式接近开关	被测物体不限于金属导体,可以是绝缘的液体或粉状物
霍尔接近开关	被测物体必须是磁性物体
干簧管接近开关	被测物体必须是磁性物体或通电
光电式接近开关	对环境要求严格,无粉尘,被测物体对光的反射能力要好
超声波开关	对脏污、震动、环境光线或噪声不敏感,应用范围非常广泛

接近开关根据应用场合和检测目的不同，有很多种形状，图 3-49 所示为接近开关常见外形。

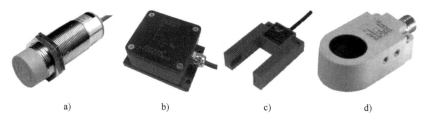

图 3-49　接近开关常见外形

a）圆柱形　b）扁平形　c）槽形　d）贯穿形

1. 电感式接近开关

电感式接近开关依靠变化的电磁场来检测金属物体，广泛应用于各种机电一体化装置中，一般用于近距离的导电性能良好的金属物体的检测。

如果通过金属导体中的磁通发生变化，就会在闭合的导体内产生感应电流。这种电流的流线在金属体内是自行闭合，通常称为涡流，这种现象称为电涡流效应。电涡流的产生，必然要消耗一部分磁场能量，从而使产生磁场的线圈阻抗发生变化。电涡流接近开关就是基于这种电涡流效应，电涡流传感器原理图如图 3-50 所示。在图 3-50 中，有一块电导率为 δ，磁导率为 μ，厚度为 t 的金属板，离金属板 x 处有一半径为 r 的线圈，当线圈通上正弦交流电 i 时（角频率为 ω），线圈周围产生磁场 H_1；而处于 H_1 中的金属板中将产生电涡流 i_2，这个电涡流产生 H_2，且 H_1 的方向与 H_2 方向相反。激励电流线圈有效阻抗 Z 与下列参数有关，即

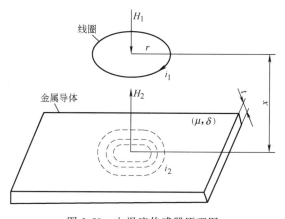

图 3-50　电涡流传感器原理图

$$Z = f(\mu, \delta, r, x, t, i, \omega) \tag{3-43}$$

若改变这些参数中的任一物理量，都将引起 Z 的变化，这就是电涡流传感器的工作原理。

电涡流接近开关俗称电感接近开关，由 LC 振荡器、开关电路及放大输出电路组成。图 3-51 是电涡流接近开关的工作框图。振荡器产生一个交变磁场，当金属目标接近这一磁场

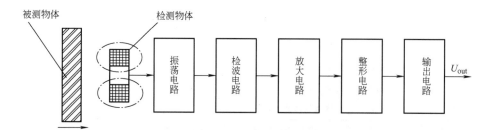

图 3-51　电涡流接近开关的工作框图

并达到感应距离时，金属目标内产生涡流，从而导致振荡衰减，以至停振。振荡器振荡变化被放大电路处理并转换成开关信号，触发驱动控制器件，从而达到非接触式检测目的。

电感接近开关具有体积小、重复定位准确、使用寿命长、抗干扰性能好、防尘、防水、防油、耐振动等特点，广泛应用于各种机电一体化装置中，一般用于近距离的导电性能良好的金属物体的检测。

电感接近开关在实际生产中的应用如图 3-52 所示。

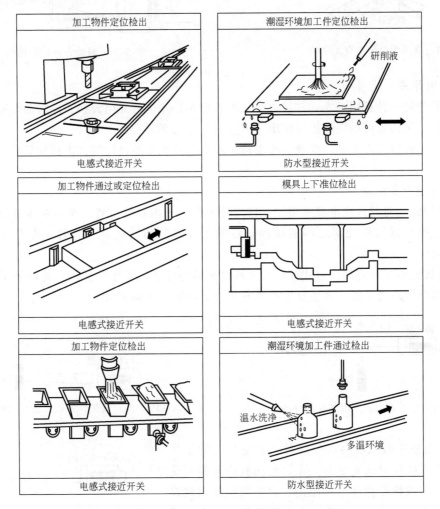

图 3-52　电感接近开关在实际生产中的应用

2. 电容式接近开关

电容式接近开关主要用于定位或开关报警控制等场合。它的特点是无抖动、无触点、非接触监测、体积小、功耗低、寿命长、检测物质范围广、抗干扰能力强及耐腐蚀性能好等。

与电感式接近开关、霍尔接近开关相比，电容式接近开关检测距离远，而且静电电容式接近开关还可以检测金属、塑料和木材等物质的位置。

电容式接近开关是利用介电常数型电容传感器的原理设计的，以电极为检测端的静态感应方式。一般电容接近开关主要由高频振荡、检波、放大、整形及开关量输出等部分组成。

电容式接近开关在自动化生产线上，检测纸包装内有无牛奶如图 3-53 所示。料位、液位的检测如图 3-54 所示。

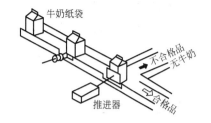

图 3-53 检测纸包装内有无牛奶

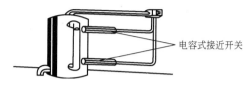

图 3-54 料位、液位的检测

3. 光电开关

光电开关是一种利用感光元件接收变化的入射光，并进行光电转换，同时加以某种形式的放大和控制，从而获得最终的控制输出"开、关"信号的器件。

光电开关的特点是小型、高速、非接触。用光电开关检测物体时，大部分只要其输出信号有"高、低"（1、0）之分即可。

（1）光电开关的种类

1）对射式。对射式光电开关将投光器与受光器置于相对的位置，光束在相对的两个装置之间，穿过投光器与受光器之间的物体会阻断光束并启动受光器，对射式光电开关原理如图 3-55 所示。

2）直接反射式。直接反射式光电开关将投光器与受光器置于一体内，光电开关反射的光被检测物体反射回受光器，直接反射式光电开关原理如图 3-56 所示。

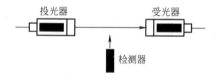

图 3-55 对射式光电开关原理图

图 3-56 直接反射式光电开关原理图

3）会聚型反射式。会聚型反射式光电开关的工作原理类似于直接反射式光电开关上，然而其投光器与受光器聚焦于距被检测物体某一距离，只有当物体出现在聚焦点时，光电开关才有动作，会聚型反射式光电开关原理如图 3-57 所示。

4）反射板型反射式。反射板型反射式光电开关也是将投光器与受光器置于一体，它不同于其他模式，它

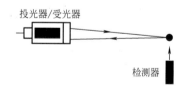

图 3-57 会聚型反射式光电
开关原理图

是采用反射板将光线反射到光电开关上，光电开关与反射板之间的物体虽然也会反射光线，但其效率远低于反射板，相当于切断光束，因而检测不到反射光，反射极型反射式光电开关原理如图 3-58 所示。若采用镜面抑制反射，镜面抑制反射式光电开关原理如图 3-59 所示。受光器只能接受来自回归反射板的光束，反射到回归反射板三角锥上的光束由横向变为纵向，受光器只能接受纵向光，可以抑制其他光源的干扰。

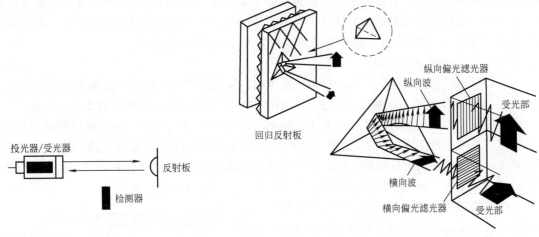

图 3-58 反射板型反射式光电开关原理图　　　　图 3-59 镜面抑制反射式光电开关原理图

（2）光电开关的应用

作为光控制和光探测装置，光电开关广泛应用于工业控制、自动化包装线及安全装置中，例如，可在自动控制中进行物体检测、产品计数、料位检测、尺寸控制、安全报警及计算机输入接口等。

具体的应用情况有：图 3-60 所示为生产线中厚纸箱检测；图 3-61 所示为啤酒生产线中检测酒瓶的有无；图 3-62 所示为生产线中用于产品的计数；图 3-63 所示为纺织行业梳棉机中断条的检测。

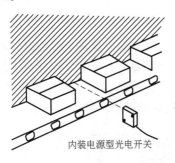

图 3-60 生产线中厚纸箱检测

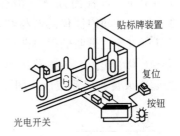

图 3-61 啤酒生产线中检测酒瓶的有无

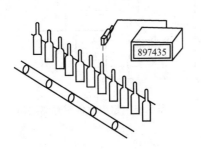

图 3-62 生产线中用于产品的计数

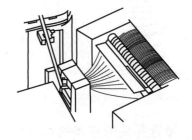

图 3-63 纺织行业梳棉机中断条的检测

4. 超声波传感器

超声波是一种机械波，它方向性好，穿透力强，遇到杂质或分界面会产生显著的反射。利用这些物理性质,超声波可把一些非电量转换成声学参数,通过压电元件转换成电学量进行测量。近年来,超声波在越来越多的领域中得到广泛应用,实际应用的有超声波探伤、超声波遥控、超声波测距(或测液位)、超声波防盗以及超声波医疗诊断装置等。

(1)超声波传感器的原理

人们能听到的声音频率在20Hz~20kHz范围内。频率高于20kHz的声波称为超声波,低于20Hz的声波称为次声波。检测技术中常用的超声波频率范围是几十千赫兹到几十兆赫兹。

由于频率高,超声波的能量远远大于振幅相同的普通声波的能量,具有很高的穿透能力,在钢材中甚至可穿透10m以上的距离。超声波在介质中传播时,也会像光波一样产生反射、折射现象。经过反射或折射的超声波,其能量或波形都将发生变化。利用这一性质,超声波可以实现液位、流量、温度、黏度、厚度、距离以及探伤等诸多参数的测量。

超声波传感器习惯上称为超声波换能器或超声波探头,是利用压电效应的原理将电能和超声波相互转化。典型的超声波传感器由发射器和接收器构成,一个超声波传感器也可具有发送和接收声波的双重作用。图3-64所示为超声波换能器的内部结构图。

(2)超声波传感器的应用

超声波传感器主要用于检测不同材料、外形、颜色或密度的物体,具有极佳的精确性、灵活性和可靠性。其应用范围非常广泛,可以测量填充物位、物体高度、距离等;测量的有效距离为3cm~10m;可检测固体、液体、粉末,甚至是透明物体。

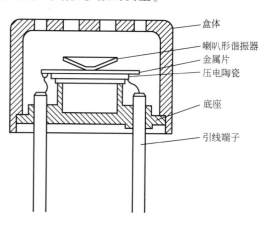

图3-64 超声波换能器的内部结构图

超声波传感器与红外线传感器相比,在下雨天及灰尘多的时候不容易出现误动作,而且可以穿过透明的塑料薄膜。检测与表面性质无关,表面可以粗糙或平滑、清洁或脏污、潮湿或干燥。超声波传感器结构非常坚固,对脏污、振动、环境光线或噪声不敏感。图3-65所示为超声波传感器测液位,图3-66所示为超声波传感器测距离。

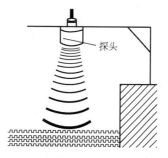

图3-65 超声波传感器测液位

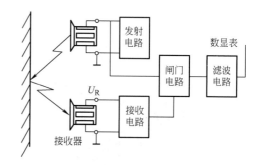

图3-66 超声波传感器测距离

3.5.2 接近开关的技术指标

1)动作距离:当动作片由正面靠近接近开关的感应面时,使接近开关动作的距离为接近开关的最大动作距离。

2)复位距离:当动作片由正面离开接近开关的感应面,开关由动作转为复位状态时,测定动作片离开感应面的最大距离。同一接近开关的复位距离大于动作距离。

3）回差 H：最大动作距离和释放距离之差的绝对值。

4）动作频率：用调速电动机带动铝制圆盘，在圆盘上固定若干检测片，调整开关感应面和动作片间的距离，约为开关动作距离的 80%，转动圆盘，依次使动作片靠近接近开关，在圆盘主轴上装有测速装置，开关输出信号经整形，接至数字频率计。此时起动电动机，逐步提高转速，在转速与动作片的乘积与频率计数相等的条件下，可由频率计直接读出开关的动作频率。若接近开关的动作频率太低而被测物运动得太快时，有可能造成漏检。

5）重复精度：将动作片固定在量具上，由开关动作距离的 120% 以外，从开关感应面正面靠近开关的动作区，运动速度控制在 0.1mm/s 上。当开关动作时，读出量具上的读数，然后退出动作区，使开关断开。如此重复 10 次，最后计算 10 次测量值的最大值和最小值与 10 次平均值之差，差值大者为重复精度误差。

3.5.3　接近开关的选型

不同的材质的检测体和不同的检测距离应选用不同类型的接近开关。一般在选型中应遵循以下原则。

1）当检测体为金属材料时，应选用高频振荡型（电感式）接近开关，该类型接近开关对铁镍、A3 钢类检测体检测最灵敏。对铝、黄铜和不锈钢类检测体，其检测灵敏度就低。

2）当检测体为非金属材料时，如木材、纸张、塑料、玻璃和水等，应选用电容型接近开关。

3）金属体和非金属要进行远距离检测和控制时，应选用光电型接近开关或超声波型接近开关。

4）对于检测体为金属时，若检测灵敏度度要求不高时，可选用价格低廉的磁性接近开关或霍耳式接近开关。

5）在防盗系统中，自动门通常使用热释电接近开关、超声波接近开关、微波接近开关。有时为了提高识别的可靠性，上述几种接近开关往往被复合使用。

无论选用哪种接近开关，都要注意所用传感器能符合对工作电压、负载电流、响应频率、检测距离等各项指标的要求。选用接近开关应考虑的主要因素有使用要求、动作距离、输出信号要求、工作电源、信号感应面的位置、工作环境、价格，从这几个方面综合权衡，选择最佳组合。

3.5.4　接近开关的接线

接近开关大多数采用三线制接线方式，三线制有 PNP 和 NPN 两种接法，分别对应相应的 PLC 输入点，比如源型和漏型的输入点。接线时可以根据线的颜色进行区分，棕色或者红色接电源正极，蓝色接电源负极，黑色接输入信号。

3.5.4 PNP型和 NPN型接近开关的区别

有的厂商会将接近开关的"常开"和"常闭"信号同时引出，属于四线式。除此之外，还有两线制接近开关。当被测物到达额定距离时，接近开关的工作电流突然增大。目前还有 ASI 总线式输出类型，可以在一对总线上最多搭接 256 个接近开关，在 250m 范围内进行串行通信，大大减少了电缆线的数量。接近开关的接线方式如图 3-67 所示。

需要特别注意的是，接到 PLC 数字输入模块的三线制接近开关的型式选择。PLC 数字量

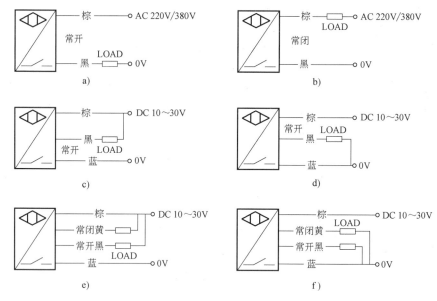

图 3-67 接近开关的接线方式

a）NPN 型常开两线制 b）PNP 型常闭两线制 c）NPN 型常开三线制

d）PNP 型常开三线制 e）NPN 型常开、常闭四线制 f）PNP 型常开、常闭四线制

输入模块一般可分为两类：一类的公共输入端为电源 0V，电流从输入模块流出（日本模式），此时选用 NPN 型接近开关；另一类的公共输入端为电源正端，电流流入输入模块，即阱式输入（欧洲模式），此时选用 PNP 型接近开关。

两线制接近开关受工作条件的限制，导通时开关本身产生一定压降，截止时又有一定的剩余电流流过，因此选用时应予以考虑。三线制接近开关虽然多了一根线，但不受剩余电流等不利因素的困扰，工作更为可靠。

3.6 同步技能训练

3.6.1 压电式简易门铃的制作与调试

压电陶瓷片作为一种电子发音元件，由于结构简单、造价低廉，被广泛用于玩具、发音电子表、电子仪器、电子钟表、定时器等电子产品。本项目使用压电陶瓷制作简易门铃。

简易门铃采用 FT-50 压电陶瓷片，当在两片电极上面接通交流音频信号时，压电片会根据信号的大小频率产生振动而发出相应的声音。

1）判断压电陶瓷片的好坏。将万用表拨至直流电压 2.5V 档，万用表的红黑表笔分别接压电陶瓷片的两个电极。用手指稍用力压一下陶瓷片，随即放松，压电陶瓷片上就先后产生两个极性相反的电压信号。万用表的指针先是向零点一侧偏转，接着返回零位，又向零点另一侧偏转。在压力相同的情况下，摆幅越大，压电陶瓷片的灵敏度越高。若表针不动，说明压电陶瓷片内部漏电或者破损。

2）按图 3-68a 所示搭建电路，其中 HTD 压电陶瓷片可用 502 胶将有引出线的一面固定在万能板上。该电路中晶体管组成放大电路，压电陶瓷片 HTD 既是反馈元件，又是发音元件。

电阻 R_1 是 VT_1 的偏置电阻，其阻值的大小一方面决定电路的工作电流，同时对发音音调的高低也有很大影响。R_1 阻值增大，HTD 发声音调低沉；R_1 阻值减小，HTD 发声音调变高，电容 C_1 是 VT_1 的负反馈电容，改变其容量大小可以改变 HTD 发声音色。

3）电路搭建好后，可用手指轻触压电陶瓷片的金属面，观察不同力度下压电陶瓷片的发声区别。

按照电路图搭接实物如图 3-68b 所示，确认电路连接无误后，接通电源。用大拇指与食指拿起压电陶瓷片，用不同的力度按压电陶瓷片发现，压电陶瓷片的声音会随手指力度的改变而改变，力度越大压电陶瓷片声音越小，反之力度越小电瓷片声音越大。

4）调节 R_1 电阻阻值，观察受力相同情况下压电陶瓷片的发声区别。再调整力度增大或减小，记录压电陶瓷片声音强弱变化。

最后制作印制电路板完成项目，其 PCB 如图 3-68c 所示。

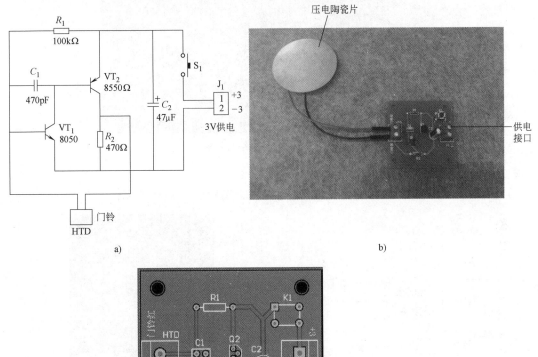

a)   b)

c)

图 3-68 压电式简易门铃的电路图、实物图和 PCB
a）电路图 b）实物图 c）PCB

3.6.2 电容式接近开关的安装与调试

3.6.2 电容式接近开关的安装与调试

生产生活中经常会用到接近开关，它能够实现非接触性检测，应用非常广泛，例如检测电梯的通过位置，检测生产线上是否有产品包装箱，检测阀门的开或关等。

本项目通过电容式接近开关来检测物体，发光二极管用来显示结果。

1. 认识电容式接近开关

选用 NPN 三线常开型电容式接近开关如图 3-69 所示，了解它可以检测的物体、工作电压、检测距离等参数，接近开关引出线有 3 根，棕色接电源正极，蓝色接电源负极，黑色为信号线。

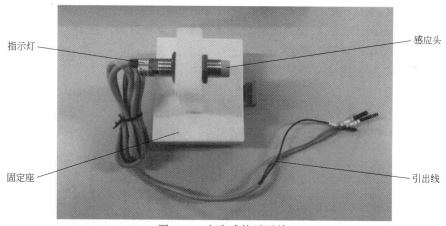

图 3-69　电容式接近开关

2. 实施步骤

1）按图 3-70 所示搭建电路，绘制 PCB 电路图，实物如图 3-71 所示。

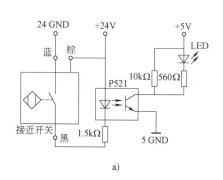

a)　　　　　　　　　　　　b)

图 3-70　实验电路及 PCB

a）实验电路　b）PCB

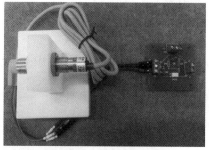

图 3-71　电路板实物图

2）用不同被检测物（如塑料、纸张、金属片、金属小球），观察是否可以检测。然后用金属球由远及近，慢慢靠近电容式接近开关，观察发光二极管 LED 的亮灭。将试验距离结果记录到数据记录表 3-3 中。

表 3-3　数据记录表

实验序号	被检测物	是否可以检测
1	塑料	
	纸张	
	金属片	
	金属小球	
2	被检测物形状	检测距离/cm
	金属片	
	金属小球	
3	金属球接近方式	检测距离/cm
	从左、右边靠近	
	从中间靠近	

根据表格测试结果，分析被检测物体材质不同的检测结果，同种物质不同的形状检测效果，以及同一物体不同的接近方式得到的结果。

3）注意电容式接近开关不要在露天环境或被水溅到的地方使用，不要与电力线、动力线同管走线，不要大力拉接近开关的电源线，不要用硬的物体撞击感应面。

3.6.3　数显电子秤的制作与调试

1. 项目描述

在日常生活中，广泛使用各种称重设备。这里介绍的数显电子秤具有准确度高、易于制作、成本低廉、体积小巧和实用等特点。

2. 项目要求

1）制作的数显电子秤分辨率为 1g，满量程为 2kg。

2）自行查找项目电路中关键元器件的特性和应用电路。

3）完成项目电路设计、制作、调试及必要的技术文档。

3. 项目方案设计

数显电子秤的电路原理图如图 3-72 所示，其主要部分为电阻应变式传感器 R_1 及 IC_2、IC_3 组成的测量放大电路，IC_1 及外围元器件组成的数显面板表。测量电路将 R_1 产生的电阻应变量转换成电压信号输出。IC_3 将经转换后的弱电压信号进行放大，作为 A-D 转换器的模拟电压输入。IC_4 提供 1.2V 基准电压，它同时经 R_5、R_6 及 RP_2 分压后作为 A-D 转换器的参考电压。$3\frac{1}{2}$ 位 A-D 转换器 ICL7126 的参考电压输入正端（由 RP_2 中间触头引入）。两端参考电压可对传感器非线性误差进行适当补偿。

4. 项目实施

（1）元件选择

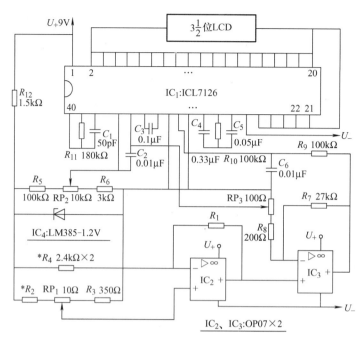

图 3-72　数显电子秤电路原理图

1）传感器 R_1 采用 E350-2AA 箔式电阻应变片，其常态阻值为 350Ω。

2）IC_1 选用 ICL7126 集成块；IC_2、IC_3 选用高精度低温漂精密运放 OP07；IC_4 选用 LM385-1.2V 集成块。

3）各电阻元件可选用精密金属膜电阻。

4）RP_1 选用精密多圈电位器，RP_2、RP_3 选经调试后可分别用精密金属膜电阻代替。

5）电容 C_1 选用云母电容或瓷介电容。

（2）制作与调试

实施方案一：

该数显电子秤外形可参考图 3-73 所示的形式，其中形变钢件可用普通钢锯条制作，其方法是：首先将锯条打磨平整，再将锯条加热至微红，趁热加工成 U 形，并在对应位置钻孔，以便以后安装。然后再将其加热至橙红色（约七八百摄氏度），迅速放入冷水中淬火，以提高刚度，最后进行表面工艺处理。有条件可采用图 3-74 所示的准 S 形应变式传感器。秤钩可用强力胶粘接于钢件底部。用专用应变胶粘剂将应变片粘贴于钢件变形最大的部位（内侧正中）。拎环应用活动链条与秤体连接，以便使用时秤体能自由下垂，同时拎环还应与秤钩在同一垂线上。

在调试时，应准备 1kg 及 2kg 标准砝码各一个，其过程如下。

1）调零：首先在秤体自然下垂已无负载时调整 RP_1，使显示器准确显示零。

2）调满度：再调整 RP_2，使秤体承担满量程重量（2kg）时显示满量程值。

3）校准：然后在秤钩下悬挂 1kg 的标准砝码，观察显示器是否显示 1.000，如有偏差，可调整 RP_3 值，使之准确显示 1.000。

4）反复调整：重新进行 2）、3）步骤，直到均满足要求为止。

5）电路定型：最后准确测量 RP_2、RP_3 电阻值，并用固定精密电阻代替。

调整时，RP$_1$ 可引出表外进行。测量前先调整 RP$_1$，使显示器回零。

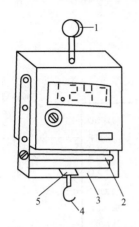

图 3-73　数显电子秤外形
1—拎环　2—支撑钢件
3—形变钢件　4—秤钩　5—应变片

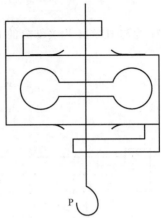

图 3-74　准 S 形应变式传感器

实施方案二：

这里介绍使用应变式称重传感器、HX711 模块、Arduino Uno 和 LabVIEW 组成上下位机小量程电子称重系统，系统框图如图 3-75 所示。Arduino Uno 作为下位机，负责 HX711 的读写以及数据传输；LabVIEW 编写的显示软件作为上位机；上下位机利用 USB-TTL 接口实现通信。另外，还可以通过此系统对未知传感器进行标定，以修正误差，提高测量精度。

图 3-75　小量程电子称重系统框图

图 3-76 为 HX711 应用于计价秤的参考电路图。该方案使用内部时钟振荡器（XI = 0），10Hz 的输出数据速率（RATE = 0）。电源（2.7 ~ 5.5V）直接取用与 MCU 芯片相同的供电电

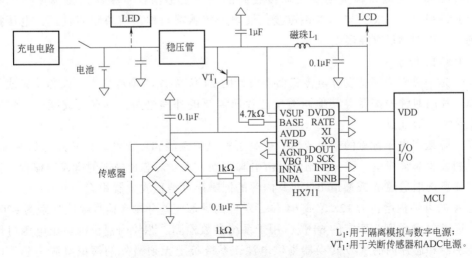

图 3-76　HX711 应用于计价秤的参考电路图

源。通道 A 与传感器相连，通道 B 通过片外分压电阻（图中未显示）与电池相连，用于检测电池电压。

图 3-77 为与 HX711 相关部分的 PCB 参考设计线路图。

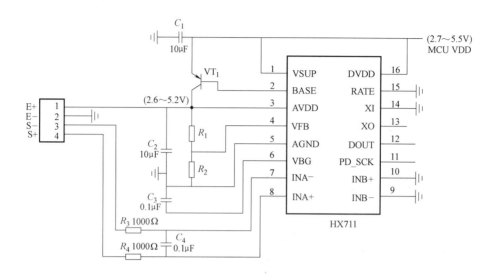

图 3-77　与 HX711 相关部分的 PCB 参考设计线路图

称重传感器的接线方式有四线和六线两种，模块或称重变送器的接线也有四线和六线两种，接线原则是：传感器能接六线的不接四线，必须接四线的就要进行短接。

一般的称重传感器都是六线的，当接成四线时，电源线（EXC-，EXC+）与反馈线（SEN-，SEN+）就分别短接了。SEN+和 SEN-是补偿线路电阻用的，SEN+和 EXC+是通路用的，SEN-和 EXC-是通路用的。EXC+和 EXC-是给称重传感器供电的，但是由于称重模块和传感器之间的线路损耗，实际上传感器接收到的电压会小于供电电压。每个称重传感器都有一个 mV/V 的特性，它输出的 mV 信号与接收到的电压密切相关，SENS+和 SENS-实际上是称重传感器内的一个高阻抗回路，可以将称重模块实际接收到的电压反馈给称重模块。在称重传感器上将 EXC+与 SENS+短接，EXC-与 SENS-短接，仅限于传感器与称重模块距离较近，电压损耗非常小的场合，否则测量存在误差。

（1）HX711 简介

HX711 是一款专为高精度称重传感器而设计的 24 位 A-D 转换器芯片。该芯片集成了包括稳压电源、片内时钟振荡器等其他同类型芯片所需要的外围电路，具有集成度高、响应速度快、抗干扰性强等优点。

HX711 降低了电子称重的整机成本，提高了整机的性能和可靠性。该芯片与后端 MCU 芯片的接口和编程非常简单，所有控制信号由引脚驱动，无须对芯片内部的寄存器编程。输入选择开关可任意选取通道 A 或通道 B，与其内部的低噪声可编程放大器相连。

通道 A 的可编程增益为 128 位或 64 位，对应的满额度差分输入信号幅值分别为±20mV 或±40mV。通道 B 增益则为固定的 64 位，用于系统参数检测。芯片内提供的稳压电源可以直接向外部传感器和芯片内的 A-D 转换器提供电源，系统板上无须另外的模拟电源。芯片内的时钟振荡器不需要任何外接器件。上电自动复位功能简化了开机的初始化过程。

HX711 的主要特性如下所述，引脚说明如表 3-4 所示。

- 片内低噪声可编程放大器，可选增益为 64 位和 128 位。
- 片内稳压电路可直接向外部传感器和芯片内 A-D 转换器提供电源。
- 片内时钟振荡器无须任何外接器件，必要时也可使用外接晶体振荡器或时钟。
- 上电自动复位电路。
- 简单的数字控制和串口通信：所有控制由引脚输入，芯片内寄存器无须编程。
- 可选择 10Hz 或 80Hz 的输出数据速率。
- 同步抑制 50Hz 和 60Hz 的电源干扰。
- 耗电量（含稳压电源电路）：典型工作电流小于 1.7mA，断电电流小于 1μA。
- 工作电压范围：2.6~5.5V。
- 工作温度范围：−20~+85℃。
- 16 引脚的 SOP-16 封装。

表 3-4 HX711 引脚说明

引脚号	名称	性能	描述
1	VSUP	电源	稳压电路供电电源：2.6~5.5V（不用稳压电路时应接 AVDD）
2	BASE	模拟输出	稳压电路控制输出（不用稳压电路时为无连接）
3	AVDD	电源	模拟电源：2.6~5.5V
4	VFB	模拟输入	稳压电路控制输入（不用稳压电路时应接地）
5	AGND	地	模拟地
6	VBG	模拟输出	参考电源输出
7	INA−	模拟输入	通道 A 负输入端
8	INA+	模拟输入	通道 A 正输入端
9	INB−	模拟输入	通道 B 负输入端
10	INB+	模拟输入	通道 B 正输入端
11	PD_SCK	数字输入	断电控制（高电平有效）和串口时钟输入
12	DOUT	数字输出	串口数据输出
13	XO	数字输入/输出	晶振输入/输出（不用晶振时为无连接）
14	XI	数字输入	外部时钟或晶体振荡器输入，为 0 时，表示使用片内振荡器
15	RATE	数字输入	输出数据速率控制，0：10Hz；1：80Hz
16	DVDD	电源	数字电源：2.6~5.5V

通道 A 模拟差分输入可直接与桥式传感器的差分输出相接。由于桥式传感器输出的信号较小，为了充分利用 A-D 转换器的输入动态范围，该通道的可编程增益较大，为 128 位或 64 位。这些增益所对应的满量程差分输入电压分别 ±20mV 或 ±40mV。通道 B 为固定的 64 位增益，所对应的满量程差分输入电压为 ±40mV。通道 B 应用于包括电池在内的系统参数检测。

（2）HX711 编程与库的使用

使用 Arduino 来读写 HX711 高精度 A-D 模块可以使用 Arduino 库文件。

1）HX711 hx（byte sck，byte dout，byte amp，double co）：定义 SCK、DOUT 引脚，设置增益倍数（默认 128）和修正系数（默认 1）；

HX711 hx（9, 10）：定义 SCK 和 DOUT 引脚，AMP 默认使用 A 通道的 128 位增益，修正系数默认为 1。

HX711 hx（9, 10, 64）：定义 SCK 和 DOUT 引脚，AMP 使用 A 通道的 64 位增益，修正系数默认为 1。

HX711hx（9, 10, 32, 1.4）：定义 SCK 和 DOUT 引脚，AMP 使用 B 通道的 32 位增益，修正系数默认为 1.4。

2）set_amp（byte amp）：设置增益倍数和对应的通道，至少调用一次 read（）后起作用。

这里有关通道和增益倍数的选择，A 通道只有 128 位和 64 位两种增益倍数，对应满量程电压为 20mV 和 40mV，B 通道只有固定的 32 位增益倍数，满载电压为 80mV，使用时各个通道输入电压不要超过对应增益倍数的满量程电压。

在程序中可以随时切换增益倍数和读取的通道，使用 set_amp（amp）函数即可，而且 amp 的值只能是 128 位、64 位或 32 位，如果增益倍数选择 32 位，则读出的数据就是 B 通道的。

3）is_ readyO：判断 HX711 是否可用，返回布尔值，在 read0 函数中会被调用。

4）read0：读取传感器电压值，返回值为传感器的电压值。如果 HX711 不可用，则程序会暂停在此函数。

5）bias_read0：输出带有偏移量的传感器电压值，返回值为（read（）-偏移值）x 修正系数，用于电子称重的去皮功能。

6）tare（int）：将皮重添加到偏移值，无返回值，影响每次 read0 的调用。

7）set_co（double）：修改修正系数（默认为 1），无返回值。

8）set_offset（long? offset）：修改偏移值（默认为 0），无返回值。

3. Arduino 部分设计

Arduino 下位机部分需要完成以下功能：读取和传输称重传感器的输出信号，Arduino Uno 控制板通过 USB-TTL 电缆接收上位机发来的命令，完成称重传感器的数据读取之后，并将数据回传至 LabVIEW 上位机软件。HX711 模块主要完成输出信号的高精度 A-D 转换和给称重传感器提供激励电源。

另外，还需要查看具体传感器的灵敏度，以计算满量程电压和增益倍数。满量程电压的计算公式为：满量程输出电压＝激励电压×灵敏度。以灵敏度 1.0mV/V 为例，假设供电电压为 5V，则满量程电压为 5mV。通过实际测量，HX711 高精度 A-D 模块输出的供电电压为 4V 左右，则传感器满量程电压为 4mV。由于 HX711 高精度 A-D 模块增益倍数为 128 或 64 对应的满量程差分输入电压分别为 ±20mV 或 ±40mV。为了获得更高的精度，选择增益倍数为 128 倍。

（1）Arduino 硬件连接

将 HX711 模块的 VCC、GND、SCK 和 DOUT 分别接至 Arduino Uno 控制器的 5V、GND、D9 和 D10；并将 HX711 模块的 E+、E-、A+和 A-分别接称重传感器的激励电压正、负，输出电压正、负（具体接线请查阅所使用的传感器接线说明）；最后将 HX711 模块的 B+和 B-接 GND。

为了减少干扰信号，HX711 高精度 A-D 模块与电阻式称重传感器之间的连接线应尽量短，过长的话会受到干扰，HX711 高精度 A-D 模块与 Arduino Uno 控制器之间的连接线也应该尽量短。若一定需要延长线，则最好使用带电磁屏蔽的电缆线。

（2）Arduino 程序设计

　　Arduino Uno 控制器负责读取 LabVIEW 上位机发来的质量测量命令，并通过 HX711 获取称重传感器输出的电压值，通过串口发送回上位机 LabVIEW 软件。Arduino Uno 控制器的程序代码如下。

代码清单 3-8：小量程电子称重系统 Arduino 程序代码

```
#include<HX711. h>
HX711hx(9,10,128);                    //定义 SCK、DOUT 的引脚及放大倍数
#define HX711_COMMAND0x10             //电压采集命令字
byte comdata[3] = {0};                //定义数组数据,存放串口接收数据
void receive_data(void);              //接收串口数据
void test_do_data(void);              //测试串口数据是否正确,并执行命令
double sum = 0;                       //定义 10 次测量值之和,用于求取平均值

void setup( )
{
  Serial. begin(9600);
}
void1oop( )
{
  while(Serial. available( )>0)       //不断检测串口是否有数据
  {
receive_   data( );                   //接收串口数据
test_do_data( );                      //测试数据是否正确并执行命令
  }
}
void receive data(void)
{
    int  I  ;
    for( i = 0;i<3;i++)
{
      comdata[i] = Serial. read( );
      //延时一会,让串口缓存准备好下一字节,不延时可能会导致数据丢失
      delay(2);
    }
}

void test_do_data(void)
{
  if( comdata[0] = = 0x55)            //0x55 和 0xAA 均为命令帧头,用于判断命令是否有效
  {
    if( comdata[1] = = 0xAA)
    {
      if( comdata[2] = HX711_COMMAND)  //质量采集命令
      {
```

```
        for( int i-0;i<10;i++) {
            sum+ = hx. read( ) ; }
        Serial. print( sum/10,2) ;
    }
  }
 }
}
```

4. LabVIEW 程序设计

LabVIEW 上位机部分需要完成以下功能：

1）向下位机 Arduino 控制器发送电压采集命令，Arduino 控制器通过串口接收上位机命令，完成相应的数据采集之后并将采集的数据回传，LabVIEW 软件将回传的数据转换为质量并显示在前面板上。

2）通过使用标准砝码对称重系统进行标定，以获得称重传感器的输出电压与质量的关系，从而拟合出传感器的输出电压与质量的标定系数，用于将传感器的输出电压换算为所称量的质量，而且通过精确的砝码对称重系统进行多次标定，有利于提高整个称重系统的测量精度。

Arduino 也可以接一个液晶屏，但要有相应程序控制显示，也可以把采集到的数据发到串口，然后用电脑上的串口助手等工具看输出显示。

5. 调试要求

调试时分 3 个步骤。

1）进行无负载时调零。

2）在秤体满量程时调整增益，调至输出电压差值为满量程克数。

3）重新调零。

除了传感器的非线性之外，电阻应变式称重传感器温度漂移的偏差值也不容忽视，可以在系统中加入温度传感器（例如 DS18B20），并在计算重量时进行线性温度漂移修正。

另外，选择较高精度的称重传感器，还可以利用此小量程电子称重系统实现物体的质量质心的测量，例如，固体火箭发动机的质量质心测量系统。

拓展阅读　汽车电子中的 MEMS 传感器

1. 认识 MEMS 传感器

微电子机械系统（Micro Electric Mechanical System，MEMS）是指集微型传感器、微型执行器以及信号处理和控制电路，甚至接口电路、通信和电源于一体的微型机电系统。图 3-78 是一典型的 MEMS 示意图。由传感器、信息处理单元、执行器和通信/接口单元等组成。其输入是物理信号，通过传感器转换为电信号，经过信号处理后，由执行器与外界作用。每一个微系统可以采用数字或模拟信号（电、光、磁等物理量）与其他微系统进行通信。MEMS 在航空航天、汽车、工业、生物医学、信息通信、环境监控和军事等领域有着广阔的应用前景。

与传统意义上的传感器相比，MEMS 传感器的体积很小，敏感元件的尺寸一般为 $0.1 \sim 100\mu m$。然而，MEMS 传感器并不仅仅是传统传感器比例缩小的产物，在理论基础、结构工艺、设计方法等方面，都有许多自身的特殊现象和规律。

微传感器可以是单一的敏感元件，这类传感器的一个显著特点就是尺寸小（敏感元件的

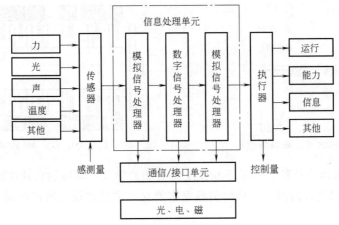

图 3-78　典型的 MEMS 示意图

尺寸从毫米级到微米级，有的甚至达到纳米级）。在加工中，主要采用精密加工、微电子技术以及 MEMS 技术，使得传感器的尺寸大大减小。

微传感器也可以是一个集成的传感器，这类传感器将微小的敏感元件、信号处理器、数据处理装置封装在一块芯片上，形成集成的传感器。

微传感器还可以是微型测控系统，在这种系统中，不但包括微传感器，还包括微执行器，可以独立工作。此外还可以由多个微传感器组成传感器网络或者通过其他网络实现异地联网。

2. 微传感器及特点

（1）MEMS 压力传感器

MEMS 压力传感器是最早开始研制的微机械产品，也是微机械技术中最成熟、最早开始产业化的产品。从信号检测方式来看，MEMS 压力传感器分为压阻式和电容式两类。

压阻效应是指半导体材料沿某一轴向受到压力时，其原子点阵排列规律发生变化，从而导致载流子迁移率及载流子浓度发生变化，电阻率也随之变化的现象。压阻式 MEMS 压力传感器的结构如图 3-79 所示。在硅衬底上有硅薄膜层，通过扩散工艺在该膜层上形成半导体压敏电阻。膜片受压力作用时，引起压敏电阻的阻值发生变化，通过与之相连的电桥电路将这种阻抗的变化转换为电压值的变化。

（2）MEMS 加速度传感器

MEMS 加速度传感器可分为电容式、压电式、压阻式、隧道电流式、谐振式、热电式、力平衡式等。其中，电容式 MEMS 加速度传感器具有灵敏度高、受温度影响极小等特点，是 MEMS 加速传感器中的主流产品，常见的结构有三明治型、扭摆型、梳齿型等。

梳齿型电容式 MEMS 加速度传感器结构如图 3-80 所示。梳齿分为定齿和动齿，定齿固定在基片上，动齿则附着在被测质量元件上。被测质量元件由弹簧支撑于基片上。当有外部加速度输入时，动齿随质量元件一起运动，产生微位移，引起动齿与定齿之间电容的变化，电容的变化量可以通过检测电路检测出来，进而得出微位移和输入加速度的值。

（3）MEMS 陀螺仪

MEMS 陀螺仪的工作原理如图 3-81 所示。根据科里奥利效应，当物体沿 v 方向运动且施加 z 轴角速率时，会受到图示方向的力 F。通过电容感应结构可以测出最终产生的物理位移，如图 3-81a 所示。

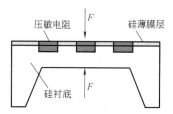

图 3-79　压阻式 MEMS 压力传感器结构

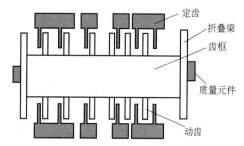

图 3-80　梳齿型电容式 MEMS 加速度传感器结构

图 3-81b 所示为两个这种结构并不断做反向运动的物体。当施加角速率时，每个物体上的科里奥利效应产生相反方向的力，从而引起电容变化。电容差值与角速率成正比。

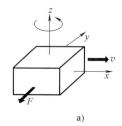

a)

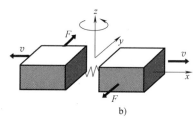

b)

图 3-81　MEMS 陀螺仪的工作原理

如果在两个物体上施加线性加速度，这两个物体则向同一方向运动，不会检测到电容变化。因此，MEMS 陀螺仪对倾斜、撞击或振动等线性加速度不敏感。

3. 汽车电子中的 MEMS 传感器

汽车上大约 1/3 的传感器采用的是 MEMS 传感器，并且汽车越高级，采用的 MEMS 传感器越多。汽车上 MEMS 传感器主要应用于发动机运行管理、车辆动力学控制、自适应导航、车辆行驶安全系统、车辆监护和自诊断等方面。

物理 MEMS 传感器是汽车上采用得最为普遍的传感器，基本上在汽车电子控制的各个方面都有涉及；化学 MEMS 传感器主要是指测量汽车系统中气体成分的气体传感器；生物 MEMS 传感器更多地应用于预测驾驶疲劳等汽车行驶安全领域。

（1）电子稳定控制系统（ESC）

ESC 是用于防止车辆在湿滑的道路、弯曲路段和紧急避让时发生侧滑的装置，如用 3-82 所示。该系统使用 MEMS 陀螺仪来测量车辆的偏航角，同时用一个低重力加速度传感器来测量横向加速度。通过测量数据的分析以调整车辆转向，防止发生侧滑。

图 3-82　汽车紧急避让防侧滑

（2）防抱死制动系统（ABS）

不安装 ABS 的汽车在紧急刹车时，容易出现轮胎抱死，也就是方向盘不能转动，这样危险系数就会增加，容易造成严重后果，如图 3-83 所示。在四轮驱动的车辆中，由于每个车轮都可能打滑，所以ABS 所需的车身速度和车轮速度参数无法通过传感

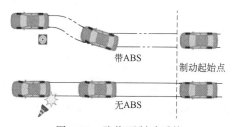

图 3-83　防抱死制动系统

器直接测量。因此车辆信息只能通过 MEMS 加速度传感器获得。

（3）电子控制式悬架系统（ECS）

ECS 的主要用途是根据行驶速度路面状况、转向情况、变速状态等信息调节悬挂系统，为驾驶者提供良好的操作稳定性和乘坐舒适度。

多个 MEMS 加速度传感器用于检测车体的运动状态，以及前轮垂直方向的运动状态。

（4）发动机防振系统

新一代的发动机能够在无须满负荷运作时，通过关闭部分气缸来节省燃料，然而个别气缸的关闭会导致车体振动。由于车体质量正在变得越来越轻，有些情况下发动机的振动会导致车辆整体随之振动。

应对车体振动的减振装置中使用了 MEMS 加速度传感器，并被装在车体的各个重要部位。

（5）航位推测系统

当汽车导航系统无法接收 GPS 卫星信号时，偏航陀螺仪能够测量汽车的方位，使汽车始终沿电子地图的规划路线行驶，这个功能被称为航位推测系统。

（6）侧翻检测传感器

侧翻检测传感器作为乘客保护系统的一部分被整合在安全气囊控制系统中。MEMS 角速度传感器和加速度传感器被用于检测车辆上下方向的角速度和加速度。

（7）车胎压力监测系统

MEMS 压力传感器应用于车胎压力监测系统，自动测量轮胎气压，实现爆胎预警等功能。

（8）MEMS 加速度传感器用于汽车安全气囊控制

当汽车速度在 30km/h 以上受到正面碰撞（碰撞角度与汽车中轴线成 30°之内）或侧面碰撞时，安装在汽车前部或侧面的 MEMS 加速度传感器将检测到的碰撞作用时间、汽车减速度（即碰撞强度）传送给安全气囊的电子控制单元（Electronic Control Unit，ECU）。如果 ECU 判定碰撞强度超过规定值，则发出指令接通安全气囊引爆管的工作电路。引爆管迅速燃烧，瞬间产生并释放出大量气体，经过滤后充入折叠的安全气囊，使气囊在极短的时间内迅速膨胀展开成扁球状。当驾驶员或乘员头部、胸部或身体受到向前或向侧面的反冲力时，鼓起的气囊在驾驶员或乘员的前部或侧面车身之间形成弹性缓冲气垫，吸收并分散驾驶员和乘员的冲击能量。汽车安全气囊工作原理框图如图 3-84 所示。图 3-85 为汽车安全气囊张开示意图。

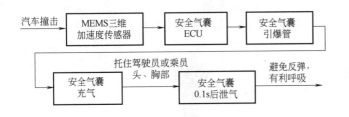

图 3-84 汽车安全气囊工作原理框图

图 3-85 汽车安全气囊张开示意图

思考与练习

1. 选择题

1）气缸上安装用于检测活塞位置的接近开关多是（　　）。

A. 干簧管接近开关　　　B. 电感接近开关　　　C. 电容接近开关　　　D. 光电开关

2）用哪个传感器可以判别外形、颜色和光洁度完全相同的铜质和铝质工件？（　　）

A. 超声波开关　　B. 电感接近开关　　C. 电容接近开关　　D. 光电开关

3）光源复杂、干扰严重的环境，选用哪种光电传感器更好些？（　　）

A. 对射式　　　　B. 直接反射式　　　C. 会聚反射式　　　D. 镜面抑制反射式

4）当检测距离低于3cm时，下列哪个传感器失效？（　　）

A. 超声波开关　　B. 电感接近开关　　C. 电容接近开关　　D. 光电开关

5）检测塑料件是否接近，哪一类传感器无效？（　　）

A. 电感式传感器　　B. 电容式传感器　　C. 光电式传感器　　D. 超声波传感器

6）如果一个接近开关有棕、黑、蓝、白4根接线，以下哪个叙述不准确？（　　）

A. 黑色接出信号常开接点　　　　　　B. 棕色接电源正极

C. 白色是接地线　　　　　　　　　　D. 蓝色接电源负极

7）在下列接近开关中，哪一个的有效检测距离最近？（　　）

A. 电容式　　　　B. 霍尔式　　　　　C. 电感式　　　　　D. 光电开关

8）霍尔接近开关和干簧管开关能检测到（　　）。

A. 金属物质　　　B. 塑料　　　　　　C. 任何物质　　　　D. 磁性物质

9）电感式传感器只能检测（　　）。

A. 塑料物体　　　B. 金属物体　　　　C. 液体　　　　　　D. 木材

10）图3-86的连接方式是（　　）。

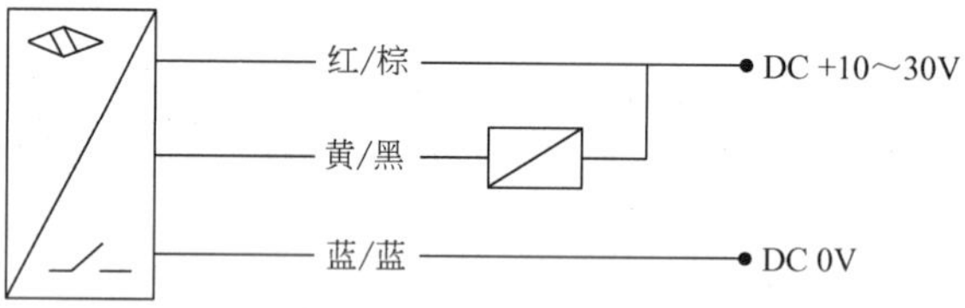

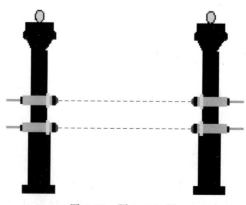

图 3-86　题 1.10）图

A. PNP 型　　　　B. NPN 型　　　　　C. 不能确定　　　　D. 继电器输出型

11）电容接近开关是将被测物体的运动转换成电容量，那么构成这个电容有两个极板，其中之一为电容接近开关的测量头，而另一个则是（　　）。

A. 被测物体　　　B. 大地　　　　　　C. 屏蔽罐　　　　　D. 安装支架

12）一种进出检测装置如图3-87所示，则应选用何种光电式传感器作为检测元件？（　　）

图 3-87　题 1.12）图

A. 漫反射式光电开关

B. 镜反射式光电开光

C. 对射式光电开关

D. 槽式光电开关

2. 弹性元件的作用是什么？有哪些弹性敏感元件？如何使用？

3. 试说明金属丝电阻应变片与半导体电阻应变片的相同点和不同点。

4. 采用阻值 $R = 120\Omega$，灵敏度系数 $K = 2.0$ 的金属电阻应变片与阻值 $R = 120\Omega$ 的固定电阻组成电桥，供桥电压为 10V。当应变片应变为 $1000\mu\varepsilon$ 时，若要使输出电压大于 10mV，则可采用何种接桥方式（设输出阻抗为无穷大)？

5. 图 3-88 为一直流电桥，供电电源电动势 $E = 3V$，$R_3 = R_4 = 100\Omega$，R_1 和 R_2 为相同型号的电阻应变片，其电阻均为 50Ω，灵敏度系数 $K = 2.0$。两只应变片分别粘贴于等强度梁同一截面的正反两面。设等强度梁在受力后产生的应变为 $5000\mu\varepsilon$，试求此时电桥的输出端电压 U_o。

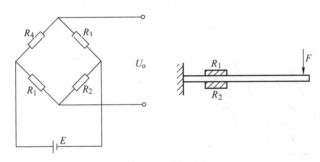

图 3-88　题 5 图

6. 试分析石英晶体的压电效应，压电效应是否可逆？

7. 压电式传感器测量电路的作用是什么？其核心是解决什么问题？

8. 一压电式传感器的灵敏度 $K_1 = 10pC/mPa$，连接灵敏度 $K_2 = 0.008V/pC$ 的电荷放大器，所用的笔式记录仪的灵敏度 $K_3 = 25mm/V$，当压力变化 $\Delta p = 8mPa$ 时，记录笔在记录纸上的偏移为多少？

9. 某加速度计的校准振动台，它能作 50Hz 和 1g 的振动，今有压电式加速度计出厂时标出灵敏度 $K = 100mV/g$，由于测试要求加长导线，因此要重新标定加速度计灵敏度。假定所用阻抗变换器的放大倍数为 1，电压放大器的放大倍数为 100，标定时晶体管毫伏表上指示为 9.13V，试画出标定系统的框图，并计算加速度计的电压灵敏度。

10. 图 3-89 两根高分子压电电缆相距 4m，平行埋设于柏油公路的路面下约 10cm。用来测量汽车的车速和载重及车型。现在有一辆汽车通过，两根压电电缆的输出信号如图 3-89 所示，求：1) 估算车速为多少 km/h？2) 估算汽车前后轮胎间距。

11. 电容式传感器有什么主要特点？可用于哪些方面的检测？为了提高电容式传感器的灵敏度可采取什么措施并应注意什么问题？

12. 分析脉冲宽度调制电路的工作原理，画图分析 $t_2 > t_1$ 时的电压输出波形。

13. 已知平板电容器极板宽度为 4mm，间隙为 0.5mm，差动电容式传感器测量极板间的介质为空气，求其灵敏度。若动极板移动 2mm，求其电容变化量。

14. 有一平面直线位移型差动电容式传感器，其测量电路采用变压器交流电桥，结构组成如图 3-90 所示。电容式传感器起始时 $b_1 = b_2 = b = 20mm$，$a_1 = a_2 = a = 10mm$，极距 $d = 2mm$，极

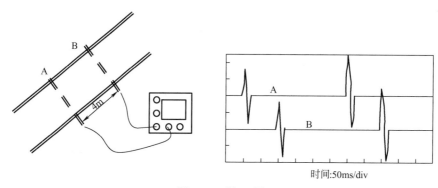

图 3-89　题 10 图

间介质为空气，测量电路中 $u_i = 3\sin\omega t$ V，且 $u = u_i$。试求动极板上输入一位移量 $\Delta x = 5$mm 时的电桥输出电压 u_o。

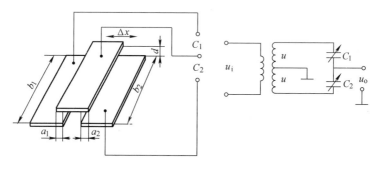

图 3-90　题 14 图

15. 图 3-91 是电容式加速度传感器，试分析其工作原理。

16. 电感式传感器有几大类？各有何特点？

17. 影响差动变压器输出线性度和灵敏度的主要因素是什么？

18. 图 3-92 是差动变压器式振动幅度测试传感器的结构示意图，请分析其测量工作原理。

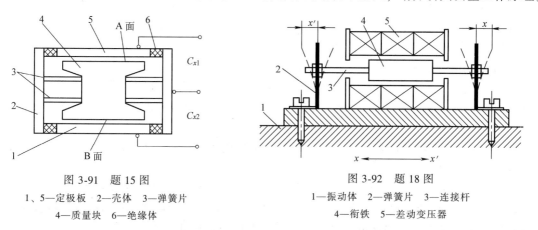

图 3-91　题 15 图
1、5—定极板　2—壳体　3—弹簧片
4—质量块　6—绝缘体

图 3-92　题 18 图
1—振动体　2—弹簧片　3—连接杆
4—衔铁　5—差动变压器

19. 根据所学知识，说明图 3-93 所示汽车倒车雷达的工作原理，并思考该原理还可以用于哪些场合。

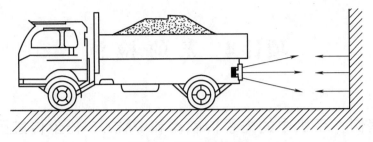

图 3-93　汽车倒车雷达

20. 完成电容式触摸控制按键的安装与调试任务。可以按图 3-94a 所示搭建 TTP223-BA6 芯片的外围工作电路，也可以直接购买电容触摸控制模块，其实物如图 3-94b 所示。电容触摸控制模块引出 3 个引脚，1 为信号输出，2 为电源正极，3 为电源负极。将电容触摸控制模块上的 AHLB 焊点焊接起来，TOG 焊点不焊接，即选择 TTP223-BA6 芯片的引脚模式为直接模式，低电平有效。如果电容触摸控制模块有信号输出时，1 引脚 OUT 将输出低电平。

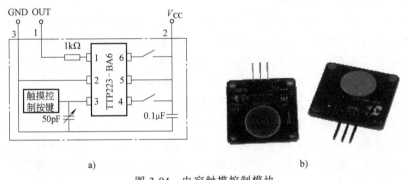

图 3-94　电容触摸控制模块

a）原理图　b）实物图

1）按图 3-95 所示搭建电路。电源接通后至少 0.5s 的稳定时间后再分次触摸控制按键，观察发光二极管 LED 的亮灭。将实验结果记录在表 3-5 中。

2）思考如何设计电路，用电容触摸控制模块实现家用台灯触摸控制开与关。

表 3-5　数据记录表

触摸次数	1	2	3	4
LED 亮灭				

21. 请查找资料，用压电陶瓷或驻极体话筒、KD9300 音乐片制作音乐贺年卡的音乐电路或声控音响电路。工作时，压电陶瓷片将感受到的瞬时声音信号（如拍手声），转变为微弱的脉冲电信号，经由晶体管放大后，给音乐片的触发端提供触发信号，音乐片被触发工作，其音乐信号通过蜂鸣器发出。

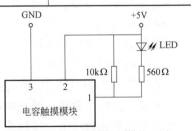

图 3-95　电容触摸控制模块电路

项目 4 光 的 检 测

 引导案例 手机中的光线传感器和 PM2.5 粉尘传感器

1. 手机中的光线传感器

光线传感器类似于手机的眼睛。人类的眼睛能在不同光线的环境下，调整进入眼睛的光线。而光线传感器则可以让手机感测环境光线的强度，用来调节手机屏幕的亮度。而因为屏幕通常是手机最耗电的部分，因此运用光线传感器来协助调整屏幕亮度，能进一步达到延长电池寿命的作用。光线传感器也可搭配其他传感器一同来侦测手机是否被放置在口袋中，以防止误触。

2. 雾霾与 PM2.5 粉尘传感器

随着工业化进程的加剧及人们生活水平的不断提升，环境污染问题日益严重。连续的雾霾天气也标志着大气环境的恶化。在造成雾霾天气的原因中，工业所排放的废气、烟尘占了一定的比重，因此防止工业烟尘污染便成为环保的重要任务之一。试图消除工业烟尘污染，首先要了解烟尘的排放量，因此必须对烟尘源进行有效检测和预警。

在检测烟尘的设备中，大部分会用到光电传感器。如 PM2.5 粉尘传感器的工作原理就是根据光的散射原理来开发的，微粒和分子在光的照射下会产生光的散射现象，与此同时，还吸收部分照射光的能量。当一束平行单色光入射到被测颗粒场时，会受到颗粒周围散射和吸收的影响，光强将被衰减。如此一来便可求得入射光通过待测浓度场的相对衰减率。而相对衰减率的大小基本上能线性反应待测场灰尘的相对浓度。光强的大小和经光电转换的电信号强弱成正比，通过测得电信号就可以求得相对衰减率，进而就可以测定待测场里灰尘的浓度。

光电传感器是一种小型电子设备，它可以检测出其接收到的光强的变化，通过把光强的变化转换成电信号的变化实现控制功能。光电传感器具有非接触、响应快、性能可靠等特点。

 知识储备 光电传感器基础

项目4 知识储备
光电传感器
应用形式

1. 光电传感器应用形式

光是一种电磁波，按照波长或频率次序排列的电磁波序列称为光谱。光的波长越短，对应的频率就越高。图 4-1 为电磁波谱示意图，可见光对应的光谱范围为 380~780nm。

光通量：光通量指人眼所能感觉到的辐射功率，它等于单位时间内某一波段的辐射能量和该波段的相对视见率的乘积。光通量的单位为流明，符号为 lm。

光照度：表示被摄主体表面，单位面积上受到的光通量。光照度的单位为勒克斯，符号为 lx。

光具有波粒二象性，光是电磁波，传播过程中具有反射、折射、衰减等现象。光又具有粒子性，当光照在物体上，可视为有大量光子轰击到物体表面，因而能产生一些相应的物理性质的变化。

光电式传感器在工业生产和生活中有较为广泛的应用，根据光源、被测物与光电器件的相互作用关系可分为辐射式、吸收式、反射式、遮光式 4 种应用形式。

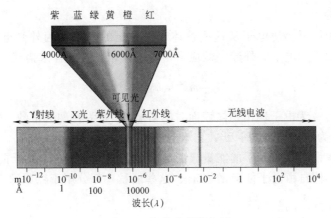

图 4-1 电磁波谱示意图

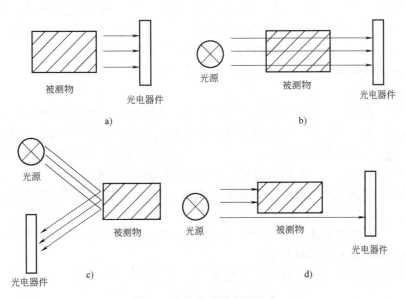

图 4-2 光电传感器应用形式

a) 辐射式 b) 吸收式 c) 反射式 d) 遮光式

如图 4-2a 所示为辐射式,光源本身是被测物,图 4-2b 所示为恒光源发出的光穿过被测物体,其中一部分被吸收,另一部分投射到光电器件上。图 4-2c 所示为反射式,恒光源发出的光投射到被测物上,再由被测物反射到光电器件上。图 4-2d 所示为遮光式,被测物在光源与光电器件之间,被测物遮挡住一部分光,光电器件的输出反映被测物的尺寸或位置。

2. 光电效应

光可以认为是由一定能量的粒子(光子)所形成的,每个光子具有的能量 $h\gamma$ 正比于光的频率 γ,即光的频率越高,其光子的能量就越大。用光照射某一物体,可以看作物体受到一连串能量为 $h\gamma$ 的光子所轰击,组成这物体的材料吸收光子能量而发生相应电效应的物理现象称为光电效应。通常把光电效应分为 3 类:外光电效应、内光电效应和光生伏特效应。根据这些光电效应可制成不同的光电转换器件(光电器件),如:光电管、光电倍增管、光敏电阻、光电晶体管、光电池等。

（1）外光电效应

光照射于某一物体上，使电子从这些物体表面逸出的现象称为外光电效应，也称光电发射。逸出来的电子称为光电子。外光电效应可由爱因斯坦光电方程来描述：

$$\frac{1}{2}mv^2 = h\gamma - A \tag{4-1}$$

式中，m 为电子质量；v 为电子逸出物体表面时的初速度；h 为普朗克常数，$h = 6.626 \times 10^{-34} \mathrm{J \cdot s}$；$\gamma$ 为入射光频率；A 为物体逸出功。

根据爱因斯坦假设，一个光子的能量只能给一个电子，因此一个光子把全部能量传给物体中的一个自由电子，使自由电子能量增加 $h\gamma$，这些能量一部分用于克服逸出功 A，另一部分作为电子逸出时的初动能 $\frac{1}{2}mv^2$。

由于逸出功与材料的性质有关，当材料选定后，要使物体表面有电子逸出，入射光的频率 γ 有一最低的限度，当 $h\gamma$ 小于 A 时，即使光通量很大，也不可能有电子逸出，这个最低限度的频率称为红限频率，相应的波长称为红限波长。当 $h\gamma$ 大于 A 时（入射光频率超过红限频率），光通量越大，逸出的电子数目也越多，电路中光电流也越大。

基于外光电效应的光电器件有光电管、光电倍增管。

（2）内光电效应

光照射于某一物体上，使其导电能力发生变化，这种现象称为内光电效应，也称光电导效应。许多金属硫化物、硒化物、碲化物等半导体材料，如硫化镉、硒化镉、硫化铅、硒化铅，在受到光照时均会出现电阻下降的现象。另外，电路中反偏的 PN 结在受到光照时也会在该 PN 结附近产生光生载流子（电子-空穴对），从而对电路构成影响。

基于内光电效应的光电器件有光敏电阻、光电二极管、光电晶体管和光电晶闸管等。

（3）光生伏特效应

在光线作用下，物体产生一定方向电动势的现象称为光生伏特效应，具有该效应的材料有硅、硒、氧化亚铜、硫化镉、砷化镓等。

基于光生伏特效应的光电器件有光电池等。

任务 4.1　认识光电器件

【任务教学要点】

知识点

- 光电传感技术的基本原理。
- 常用光电器件的原理、结构、特性。
- 常用光电器件的典型应用电路。

技能点

- 光电器件的选用。
- 光电器件的引脚判别。
- 光电器件的质量检测。

4.1.1 常用光电器件

4.1.1 光电传感
器的原理和
光电器件

1. 光电管

光电管的外形及测量电路如图 4-3 所示。金属阳极 A 和阴极 K
封装在一个玻璃壳内，当入射光照射在阴极时，光子的能量传递给阴极表面的电子，当电子获
得的能量足够大时，就有可能克服金属表面对电子的束缚（称为逸出功）而逸出金属表面形
成电子发射，这种电子称为光电子。在光照频率高于阴极材料红限频率的前提下，溢出电子数
决定于光通量，光通量越大，则溢出电子越多。当光电管阳极与阴极间加适当正向电压（数
十伏）时，从阴极表面溢出的电子被具有正向电压的阳极所吸引，在光电管中形成电流，称
为光电流。光电流 I_Φ 正比于光电子数，而光电子数又正比于光通量。

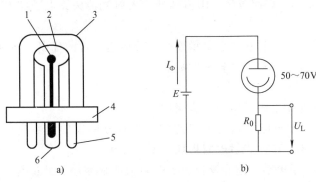

图 4-3 光电管的外形及测量电路

a) 一种常见的光电管外形 b) 光电管符号及测量电路

1—阳极 A 2—阴极 K 3—玻璃外壳 4—管座 5—电极引脚 6—定位销

2. 光电倍增管

光电倍增管有放大光电流的作用，灵敏度非常高，信噪比大，线性好，多用于微光测量。
图 4-4 是光电倍增管的结构及工作原理。

从图 4-4 中可以看到，光电倍增管也有
一个阴极 K 和一个阳极 A。与光电管不同的
是，在它的阴极和阳极间设置了许多二次发
射电极 D_1、D_2、D_3···，它们又称为第一倍
增极、第二倍增极······，相邻电极间通常加
上 100V 左右的电压，其电位逐级升高，阴
极电位最低，阳极电位最高，两者之差一般
在 600~1200V。

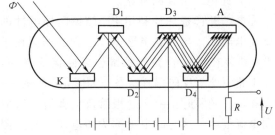

图 4-4 光电倍增管的结构及工作原理图

当微光照射阴极 K 时，从阴极 K 上逸出的光电子被第一倍增极 D_1 所加速，以很高的速度
轰击 D_1，入射光电子的能量传递给 D_1 表面的电子使它们由 D_1 表面逸出，这些电子称为二次
电子，一个入射光电子可以产生多个二次电子。D_1 发射出来的二次电子被 D_1、D_2 间的电场加
速，射向 D_2，并再次产生二次电子发射，得到更多的二次电子。这样逐级前进，最后达到阳
极 A。若每级的二次电子发射倍增率为 δ，共有 n 级（通常可达 9~11 级），则光电倍增管阳极
得到的光电流比普通光电管大 δ^n 倍，因此光电倍增管灵敏度极高。其光电特性基本上是一条
直线。

3. 光敏电阻

光敏电阻是一种没有极性的纯电阻元件,其工作原理是基于内光电效应。光照越强,其阻值越小。其外形及符号如图 4-5 所示,在半导体光敏材料两端装上电极引线,为了增加灵敏度,两电极常做成梳状。

图 4-5　光敏电阻外形及符号

a) 外形　b) 符号

（1）光敏电阻的特点

构成光敏电阻的材料有硫化镉、硫化铅等金属的硫化物、硒化物、碲化物等半导体。半导体的导电能力完全取决于半导体内载流子的数目。当光敏电阻受到光照时,若光子能量 $h\gamma$ 大于该半导体材料的禁带宽度,则价带中的电子吸收一个光子能量后跃迁到导带,就产生一个电子-空穴对,使电阻率变小。光照越强,阻值越低。入射光消失,电子-空穴对逐渐复合,电子也逐渐恢复原值。

热敏电阻具有可靠性好、体积小、灵敏度高、反应速度快的优点,同时其也具有受温度影响较大,响应速度慢,光电转换线性较差的缺点。

（2）光敏电阻的质量检测

用万用表欧姆档测光敏电阻的阻值,步骤如下。

1）用一黑纸片将光敏电阻的透光窗口遮住,此时万用表的读数应较大,且基本保持不变。若此值很小或近为零,说明光敏电阻损坏,不能使用。

2）将一光源对准光敏电阻的透光窗口,此时阻值明显减小,此值越小说明光敏电阻性能越好。若此值很大甚至无穷大,说明光敏电阻内部开路损坏,不能使用。

3）将光敏电阻透光窗口对准入射光线,用小黑纸片在光敏电阻的遮光窗上部晃动,使其间断受光,此时,万用表读数应随黑纸片的晃动而左右摆动,如果万用表读数始终不变,不随纸片晃动而摆动,说明光敏电阻损坏。

4. 光电二极管

（1）光电二极管的特点

光电二极管是一种利用 PN 结单向导电性的结型光电器件,与一般半导体二极管的不同在于其 PN 结装在透明管壳的顶部,以便接受光照,它在电路中处于反向偏置状态,如图 4-6 所示。

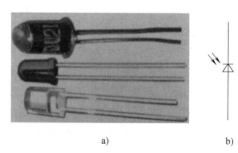

图 4-6　光电二极管

a) 实物图　b) 电路符号

在没有光照时,由于二极管反向偏置,所以反向电流很小,这时的电流称为暗电流。当光照射在二极管的 PN 结上时,在 PN 结附近产生电子-空穴对,并在外电场的作用下,漂移越过 PN 结,产生光电流。入射光的照度增强,光产生的电子-空穴对数量也随之增加,光电流也相应增大,光电流与照度成正比,其电路如图 4-7 所示。

目前还研制出了一种雪崩式光电二极管（APD）。由于 APD 利用了二极管 PN 结的雪崩效应（工作电压达 100V 左右）,所以灵敏度极高,响应速度极快,可达数百兆赫,用于光纤通信及微光测量。

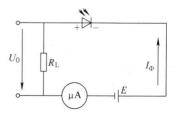

图 4-7　光电二极管基本应用电路

（2）光电二极管的质量检测

1）极性与好坏检测。

红外线接收二极管具有单向导电性，在检测时，万用表拨至 $R\times1k\Omega$ 档，红、黑表笔分别接两个电极，正、反各测一次，以阻值小的一次测量为准，红表笔接的为负极，黑表笔接的为正极。对于未使用过的红外线接收二极管，引脚长的为正极，引脚短的为负极。

在检测红外线接收二极管好坏时，使用万用表的 $R\times1k\Omega$ 档测正反向电阻，正常时正向电阻为 $3\sim4k\Omega$，反向电阻应达 $500k\Omega$ 以上，若正向电阻偏大或反向电阻偏小，表明管子性能不良，若正反向电阻均为 0 或无穷大，表明二极管短路或开路。

2）受光能力检测。

将万用表拨至 $50\mu A$ 或 $0.1mA$ 档，让红表笔接红外线接收二极管的正极，黑表笔接负极，然后让阳光照射被测管，此时万用表表针应向右摆动，摆动幅度越大，表明二极管光-电转换能力越强，性能越好，若表针不摆动，说明二极管性能不良，不可使用。

5. 光电晶体管

（1）光电晶体管的特点

光电晶体管有两个 PN 结，从而可以获得电流增益。它的结构、等效电路、图形符号及应用电路分别如图 4-8a、b、c、d 所示。光线通过透明窗口落在集电结上，当电路按图 4-8d 连接时，集电结反偏，发射结正偏。与光电二极管相似，入射光在集电结附近产生电子-空穴对，电子受集电结电场的吸引流向集电区，基区中留下的空穴构成"纯正电荷"，使基区电压升高，致使电子从发射区流向基区。由于基区很薄，所以只有一小部分从发射区来的电子与基区的空穴结合，而大部分的电子穿越基区流向集电区，这一过程与普通晶体管的放大作用相似。集电极电流 I_C 是原始光电流的 β 倍，因此光电晶体管比光电二极管灵敏度高许多倍。有时生产厂家还将光电晶体管与另一只普通晶体管制作在同一个管壳内，连接成复合管型式，如图 4-8e 所示，称为达林顿型光电晶体管。它的灵敏度更大（$\beta=\beta_1\beta_2$）。但是达林顿型光电晶体管的漏电流（暗电流）较大，频响较差，温漂也较大。

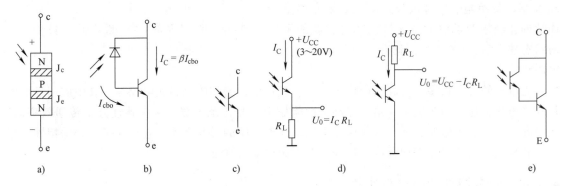

图 4-8　光电晶体管

a）结构　b）等效电路　c）图形符号　d）应用电路　e）达林顿型光电晶体管

1）光电二极管和光电晶体管的判别。

光电二极管与两引脚光电晶体管的外形基本相同，其判定方法是：遮住受光窗口，万用表选择 $R\times1k\Omega$ 档，测量两管引脚间正、反向电阻，均为无穷大的为光电晶体管，正、反向阻值一大一小者为光电二极管。

2）电极判别。

光电晶体管有 C 极和 E 极，可根据外形判断电极。引脚长的为 E 极、引脚短的为 C 极；对于有标志（如色点）管子，靠近标志处的引脚为 E 极，另一引脚为 C 极。

光电晶体管的 C 极和 E 极也可用万用表检测。以 NPN 型光电晶体管为例，万用表选择 $R×1kΩ$ 档，将光电晶体管对着自然光或灯光，红、黑表笔测量光电晶体管的两引脚之间的正、反向电阻，两次测量中阻值会出现一大一小，以阻值小的那次为准，黑表笔接的为 C 极，红表笔接的为 E 极。

（2）光电晶体管的质量检测

光电晶体管好坏检测包括无光检测和受光检测。

在进行无光检测时，用黑布或黑纸遮住光电晶体管受光面，万用表选择 $R×1kΩ$ 档，测量两引脚间正、反向电阻，正常应均为无穷大。

在进行受光检测时，万用表仍选择 $R×1kΩ$ 档，黑表笔接 C 极，红表笔接 E 极，让光线照射光电晶体管受光面，正常光电晶体管阻值应变小。在无光和受光检测时阻值变化越大，表明光电晶体管灵敏度越高。

若无光检测和受光检测的结果与上述不符，则为光电晶体管损坏或性能变差。

6. 光电池

光电池的工作原理是基于光生伏特效应，当光照射在光电池上时，可以直接输出电动势及光电流。

硅光电池的结构示意图和图形符号如图 4-9 所示。通常是在 N 型衬底上制造一薄层 P 型层作为光照敏感面。当入射光子的数量足够大时，P 型区每吸收一个光子就产生一对光生电子-空穴对，光生电子-空穴对的浓度从表面向内部迅速下降，形成由表向里扩散的自然趋势。PN 结的内电场使扩散到 PN 结附近的电子-空穴对分离，电子被拉到 N 型区，空穴被拉到 P 型区，故 N 型区带负电，P 型区带正电。如果光照是连续的，经短暂的时间（μs 数量级），新的平衡状态建立后，PN 结两侧就有一个稳定的光生电动势输出。

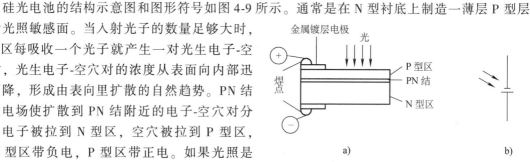

图 4-9　硅光电池的结构示意图和图形符号
a）结构示意图　b）图形符号

光电池的种类很多，有硅、砷化镓、硒、氧化铜、锗和硫化镉光电池等。其中应用最广的是硅光电池，这是因为它有一系列优点：性能稳定、光谱范围宽、频率特性好、传递效率高、能耐高温辐射、价格便宜等。砷化镓光电池是光电池中的后起之秀，它在效率、光谱特性、稳定性和响应时间等多方面均有许多长处，今后会逐渐得到推广应用。

4.1.2　光电器件的特性与比较

1. 光电器件的特性

（1）光照特性

当光电器件上加上一定电压时，光电流 I 与光电器件上照度 E 之间的对应关系，称为光照特性。一般可表示为 $I = f(E)$。

对于光敏电阻，因其灵敏度高而光照特性呈非线性，一般用作自动控制中的开关器件。光敏电阻的光照特性如图 4-10a 所示。

光电池的开路电压 U 与照度 E 是对数关系,在 2000lx 的照度下趋于饱和。光电池的短路电流 I_{sc} 与照度呈线性关系,线性范围下限由光电池的噪声电流控制,上限受光电池的串联电阻限制,降低噪声电流、减小串联电阻都可扩大线性范围。光电池的输出电流与受光面积成正比,增大受光面积可以加大短路电流。光电池大都用作测量器件。由于它的内阻很大,加之输出电流与照度是线性关系,所以多以电流源的形式使用。

光电池的负载变化对它的线性工作范围也有影响,若负载电阻增大,光电流减小。对闭合电路来说,增加负载电阻,等效于增大了光电池的串联电阻。当负载电阻不为零时,随着照度的增加,光电流 I 与光生电压 U 都在增加,光电池处于正偏状态,并联电阻减小,因而内耗增加,流入外电路的电流减小,故与照度呈非线性关系。负载电阻越大,并联电阻的分电流作用越明显,流到外电路中的电流也越小,带来的非线性就越大。其光照特性如图 4-10b 所示。

光电二极管的光照特性为线性,如图 4-10c 所示,适于做检测器件。

光电晶体管的光照特性呈非线性,如图 4-10d 所示,但由于其内部具有放大作用,其灵敏度较高。

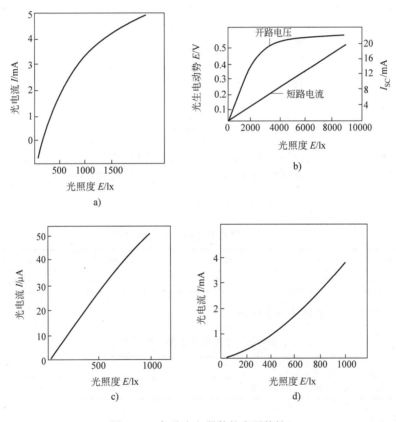

图 4-10　各种光电器件的光照特性
a) 光敏电阻　b) 光电池　c) 光电二极管　d) 光电晶体管

(2) 光谱特性

光电器件加上一定的电压,这时若有一单色光照射到光电器件上,如果入射光功率相同,光电流会随入射光波长的不同而变化。入射光波长与光电器件相对灵敏度或相对光电流间的关系即为该器件的光谱特性。各种光电器件的光谱特性如图 4-11 所示。

由图 4-11 可见，材料不同，所能响应的峰值波长也不同，因此，应根据光谱特性来确定光源与光电器件的最佳匹配。在选择光电器件时，应使最大灵敏度在需要测量的光谱范围内，才有可能获得最高灵敏度。

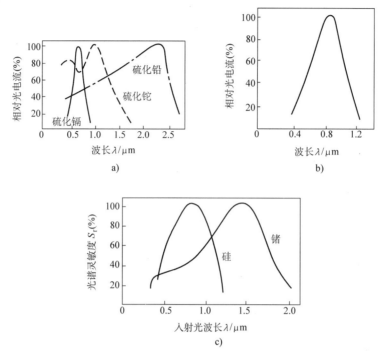

图 4-11　各种光电器件的光谱特性

a）光敏电阻器　b）硅光电二极管　c）光电管

几种光电材料的光谱峰值波长如表 4-1 所示。

表 4-1　几种光电材料的光谱峰值波长

材料名称	GaAsP	GaAs	Si	HgCdTe	Ge	GaInAsP	AlGaSb	GaInAs	InSb
峰值波长/μm	0.6	0.65	0.8	1~2	1.3	1.3	1.4	1.65	5.0

光的波长与颜色的关系如表 4-2 所示。

表 4-2　光的波长与颜色的关系

颜色	紫外	紫	蓝	绿	黄	橙	红	红外
波长/μm	$10^{-4} \sim 0.39$	0.39~0.46	0.46~0.49	0.49~0.58	0.58~0.60	0.60~0.62	0.62~0.76	$0.76 \sim 10^3$

（3）伏安特性

在一定照度下，光电流 I 与光电器件两端电压 U 的对应关系，称为伏安特性。各种光电器件的伏安特性如图 4-12 所示。

同晶体管的伏安特性一样，根据光电器件的伏安特性可以确定光电器件的负载电阻，设计应用电路。

图 4-12a 中的曲线 1 和 2 分别表示照度为零和某一照度时光敏电阻的伏安特性。光敏电阻的最高使用电压由它的耗散功率确定，而耗散功率又与光敏电阻的面积、散热情况有关。

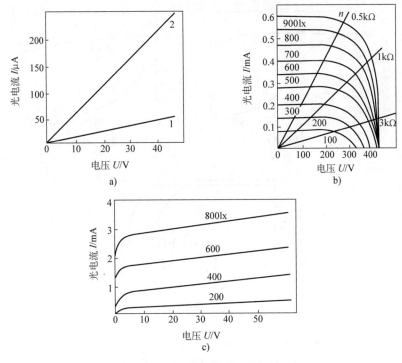

图 4-12　各种光电器件的伏安特性
a）光敏电阻　b）光电池　c）光电晶体管

光电晶体管在不同照度下的伏安特性与一般晶体管在不同基极电流下的输出特性相似，如图 4-12c 所示。

（4）频率特性

在相同的电压和同样幅值的光照下，当入射光以不同频率的正弦频率调制时，光电器件输出的光电流 I 和灵敏度 S 会随调制频率 f 而变化，它们的关系 $I = F_1(f)$ 或 $S = F_2(f)$ 称为频率特性。以光生伏特效应原理工作的光电器件的频率特性较差，以内光电效应原理工作的光电器件（如光敏电阻）的频率特性更差，各种光电器件的频率特性如图 4-13 所示。

从图 4-13 可以看出，光敏电阻的频率特性较差，这是由于存在光电导的弛豫现象的缘故。

光电池的 PN 结面积大，又工作在零偏置状态，所以极间电容较大。由于响应速度与结电容和负载电阻的乘积有关，要想改善频率特性，可以减小负载电阻或减小结电容。

光电二极管的频率特性是半导体光电器件中最好的。光电二极管结电容和杂散电容与负载电阻并联，工作频率越高，分流作用越强，频率特性变差。想要改善频率特性，也可采取减小负载电阻的办法。另外，也可采用 PIN 光电二极管，这种光电二极管由于中间 I 层的电阻率很高，可以起到电容介质作用。当加上相同的反向偏压时，PIN 光电二极管的耗尽层比普通 PN 结光电二极管宽很多，从而减少了结电容。

光电晶体管由于集电极结电容较大，基区渡越时间长，它的频率特性比光电二极管差。

（5）温度特性

部分光电器件的输出受温度影响较大。如光敏电阻，当温度上升时，暗电流增大，灵敏度下降，因此常需温度补偿。再如光电晶体管，由于温度变化对暗电流影响非常大，并且是非线性的，给微光测量带来较大误差。由于硅管的暗电流比锗管小几个数量级，所以在微光测量中

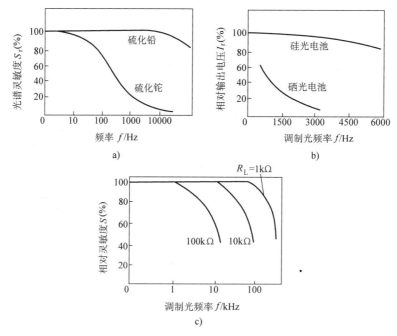

图 4-13　各种光电器件的频率特性
a）光敏电阻　b）光电池　c）光电晶体管

应采用硅管，并用差动的办法来减小温度的影响。

　　光电池受温度的影响主要表现在开路电压随温度增加而下降，短路电流随温度上升缓慢增加，其中电压温度系数较大，电流温度系数较小。当光电池作为检测器件时，也应考虑温度漂移的影响，采取相应措施进行补偿。

　　（6）响应时间

　　不同光电器件的响应时间有所不同，如光敏电阻较慢，为 $10^{-3} \sim 10^{-1}$ s，一般不能用于要求快速响应的场合。工业用硅光电二极管的响应时间为 $10^{-7} \sim 10^{-5}$ s，光电晶体管的响应时间比光电二极管约慢一个数量级，因此在要求快速响应或入射光调制光频率较高时应选用硅光电二极管。

2. 光电器件的比较

　　光传感器是以光电效应为基础，将光信号转换为电信号的传感器。光电式传感器由于反应快，能实现非接触测量，而且精度高、分辨力高、可靠性好，加之半导体敏感器件具有体积小、重量轻、功耗低、便于集成等优点，因而广泛应用于军事、宇航、通信、检测与工业自动控制等各个领域中。

　　在众多的光传感器中，最为成熟且应用最广的是可见光和近红外光传感器，如 CdS、Si、Ge、InGaAs 光传感器，已广泛应用于工业电子设备的光电子控制系统、光纤通信系统、雷达系统、仪器仪表、电声电视感测和摄影曝光等的光位号检测、自然光检测、光量检测和光位检测。随着光纤技术的开发，近红外光传感器（包括 Si、Ge、InGaAs 光探测器）已成为重点开发的传感器，这类传感器有 PIN 和 APD 两大结构型。PIN 型传感器具有低噪声和高速的优点，但无内部放大功能，往往需与前置放大器配合使用，从而形成 PIN+FET 光传感器系列。APD 型传感器的最大优点是具有内部放大功能，这对简化光接收机的设计十分有利。高速、高探测能力和集成化的光传感器是这类传感器的发展趋向。

由于光电器件品种较多，且性能差异较大，为方便选用列出表4-3以供参考。

随着工业应用的不断拓展，光电检测已不仅仅局限于光亮度的检测，许多场合还需要获取色彩、图像等更丰富的信息，相关传感器技术也已得到了突飞猛进的发展。

表 4-3 光电器件特性比较

类别	灵敏度	暗电流	频率特性	光谱特性	线性	稳定性	分散度	测量范围	主要用途	价格
光敏电阻	很高	大	差	窄	差	差	大	中	测开关量	低
光电池	低	小	中	宽	好	好	小	宽	测模拟量	高
光电二极管	较高	大	好	宽	好	好	小	中	测模拟量	高
光电晶体管	高	大	差	较窄	差	好	小	窄	测开关量	中

4.1.3 光电器件的应用

1. 自动照明灯

这种自动照明灯适用于医院、学生宿舍及公共场所。它白天自动灭而晚上自动亮，自动照明灯的应用电路如图4-14所示。VD为触发二极管，触发电压约为30V。在白天，光敏电阻的阻值低，其分压低于30V（A点），触发二极管截止，双向晶闸管无触发电流，呈断开状态。

晚上天黑，光敏电阻阻值增加，A点电压大于30V，触发二极管导通，双向晶闸管呈导通状态，电灯亮。R_1、C_1为保护双向晶闸管的电路。

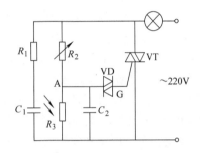

图 4-14 自动照明灯的应用电路

2. 光电式数字转速表

图4-15是光电式数字转速表的工作原理图。图4-15a中，在电动机的转轴上涂上黑白相间的两色条纹，当电动机轴转动时，反光与不反光交替出现，所以光电器件间断接收光的反射信号，输出电脉冲，再经过放大整形电路（见图4-16），输出整齐的方波信号，由数字频率计测出电动机的转速。图4-15b中，在电动机轴上固定一个调制盘，当电动机转轴转动时，将发光二极管发出的恒定光调制成随时间变化的调制光，同样经光电器件接收，放大整形电路整形，输出整齐的脉冲信号，转速可由该脉冲信号的频率来测定。

每分钟的转速 n 与频率 f 的关系如下：

$$n = \frac{60f}{N} \tag{4-2}$$

式中，N 为孔数或黑白条纹数目。

电脉冲的放大整形电路如图4-16所示。当有光照时，光电二极管产生光电流，使 R_2 上压降增大到使晶体管 VT_1 导通，还作用到由 VT_2 和 VT_3 组成的射极耦合触发器，使其输出 U_o 为高电位。反之，U_o 为低电位。该脉冲信号 U_o 可送到频率计进行测量。

3. 物体长度及运动速度的检测

工业中，经常需要检测工件的运动速度。图4-17是利用光电器件检测物体的运动速度（长度）的示意图。

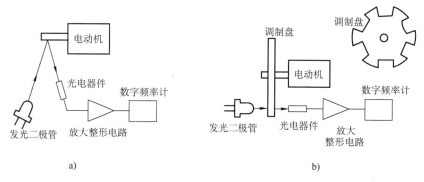

图 4-15　光电式数字转速表的工作原理图

当物体自左向右运动时，首先遮断光源 A 的光线，光电器件 VD_A 输出低电平，触发 RS 触发器，使其置"1"，与非门打开，高频脉冲可以通过，计数器开始计数。当物体经过设定的距离 S_0 而遮挡光源 B 时，光电器件 VD_B 输出低电平，RS 触发器置"0"，与非门关闭，计数器停止计数。设高频脉冲的频率 $f=1MHz$，周期 $T=1\mu s$，计数所计脉冲数为 n，则可判断出物体通过已知距离 S_0 所经历的时间为 $t_v = nT = n(\mu s)$，则运动物体的平均速度为

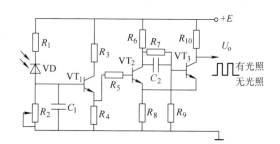

图 4-16　电脉冲的放大整形电路

$$\bar{v} = \frac{S_0}{t_v} = \frac{S_0}{nT} \tag{4-3}$$

应用上述原理，还可以测量出运动物体的长度 L，请读者自行分析。

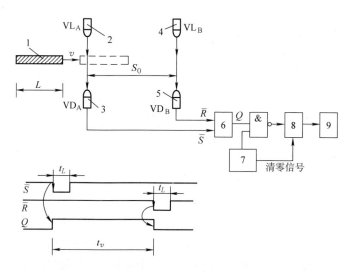

图 4-17　利用光电器件检测物体的运动速度（长度）的示意图
1—运动物体　2—光源 A　3—光电器件 VD_A　4—光源 B　5—光电器件 VD_B
6—RS 触发器　7—高频脉冲信号源　8—计数器　9—显示器

任务 4.2 认识光电耦合器件

【任务教学要点】

知识点

● 光电耦合器的基本原理与特性。

● 光电开关的原理、结构、分类与电路。

技能点

● 光电耦合器的引脚判别。

● 光电耦合器的质量检测。

● 光电开关的质量检测。

● 光电器件的选用、安装与调试。

光电耦合器件是由发光元器件和光电接收元器件合并使用，以光作为媒介传递信号的光电器件。光电耦合器件中的发光元器件通常是半导体发光二极管，光电接收元器件有光敏电阻、光电二极管、光电晶体管或光电晶闸管等。根据其结构和用途不同，光电耦合器件又可分为用于实现电隔离的光电耦合器和用于检测有无物体的光电开关。

4.2.1 光电耦合器

光电耦合器的发光元器件和接收元器件都封装在一个外壳内，一般有金属封装和塑料封装两种。光电耦合器以光为媒介传输电信号，具有良好的隔离作用。其内部的发光元器件一般采用发光二极管。而接收元器件除光电二极管外，还有光电晶体管、光敏电阻、光电晶闸管等。在光电耦合器输入端加电信号使发光元器件发光，光的强度取决于激励电流的大小，此光照射到封装在一起的接收元器件上后，因光电效应而产生了光电流，由接收元器件的输出端引出，这样就实现了电-光-电的转换。图 4-18 为 4N28 光电耦合器的内部电路图与外形图，它的外形结构为双列直插式，其中 3 脚为空脚，6 脚为晶体管的基极引线，但在实际应用中很少使用。

光电耦合器实际上是一个电量隔离转换器，它具有抗干扰性能和单向信号传输功能，广泛应用在电路隔离、电平转换、噪声抑制、无触点开关及固态继电器等场合。

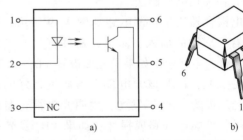

图 4-18 4N28 光电耦合器的内部电路图与外形图

a）4N28 内部电路图 b）4N28 外形图

1. 光电耦合器的特性参数

光电耦合器的特性参数主要有以下内容。

（1）电流传输比

在直流工作状态下，光电耦合器的输出电流（若为光电晶体管，输出电流就是 I_c）与发光二极管的输入电流 I_F 之比，称为电流传输比，用符号 β 表示。光电耦合器的输出端若不是达林顿管或晶闸管的话，一般其 β 总是小于 1，它的任务并不在于放大电流而在于隔离，这和晶体管不一样。

（2）输入、输出间的绝缘电阻

光电耦合器在电子电路中常用于隔离，因而也有光电隔离器之称，显然发光和光电两电路之间的绝缘电阻是十分重要的指标。一般这一绝缘电阻在 $10^9 \sim 10^{18}\Omega$，它比普通小功率变压器的一次侧和二次侧间的电阻大得多，所以隔离效果较好。此外，光电耦合器还比变压器体积小、损耗小、频率范围宽，对外无交变磁场干扰。

（3）输入、输出间的耐压

在通常的电子电路里并无高电压，但在特殊情况下要求输入、输出两电路间承受高压，这就必须把发光元件和光电元件间的距离加大，但是这往往会使电流传输比 β 下降。

（4）输入、输出间的寄生电容

在高频电路里，希望这一电容尽可能小。尤其是为了抑制共模干扰而用光电隔离时，倘若这一寄生电容过大，就起不了隔离作用。一般光电耦合器，输入、输出间的寄生电容只有几个微法，中频以下不会有明显影响。

（5）最高工作频率

在恒定幅值的输入电压之下改变频率，当频率提高时，输出幅值会逐渐下降，当下降到原值的 0.707 时，所对应的频率就称为光电耦合器的最高工作频率（或称截止频率）。

（6）脉冲上升时间和下降时间

输入方波脉冲时，光电耦合器的输出波形总要有些失真，其脉冲前沿自 0 升高到稳定值的 90% 所经历的时间为上升时间，用 t_r 表示。脉冲后沿自 100% 降到 10% 的时间为下降时间，用 t_f 表示。一般 $t_r > t_f$。

2. 光电耦合器的质量检测

在检测光电耦合器好坏时，要进行 3 项检测：①检测发光二极管好坏；②检测光电管的好坏；③检测发光二极管与光电管之间的绝缘电阻。

（1）万用表检测法

利用万用表测量光电耦合器输入端的正反向电阻，若测得的正向电阻很小，反向电阻很大，则说明该光电耦合器发送端的发光二极管质量是好的；同理，用万用表测量光电耦合器输出端的电阻，正常时应为无穷大。

在正常情况下，光电耦合器输入端与输出端各引脚间的电阻均应为无穷大。

（2）简易电路检测法

光电耦合器质量检测电路如图 4-19 所示。按照光电耦合器上标注的输入、输出元器件符号与极性，将直流电源接入电路中。如果发光二极管 VD_1、VD_2 能够同步点亮发光，说明该光电耦合器质量是好的；如果红色发光二极管 VD_1 不发光，说明光电耦合器内部的发光二极管可能已开路或损坏；如果 VD_1 发光而绿色发光二极管 VD_2 不亮，则说明光电耦合器内部的光电接收元器件已开路或损坏。

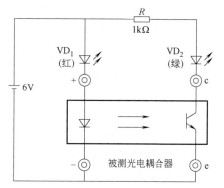

图 4-19 光电耦合器质量检测电路

4.2.2 光电开关

1. 光电开关简介

光电开关也称光电断续器，是利用被检测物对光束的遮挡或反射，来检测物体的有无的元器件。如图 4-20a 所示为窄缝透射式光电开关，可用于片状遮挡物体的位置检测，或码盘、转速测量中；图 4-20b 为反射式光电开关，可用于反光体的位置检测；为防止环境光干扰，透射式和反射式光电开关通常选红外波段的发光元器件和光电器件。

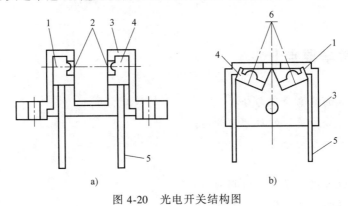

图 4-20　光电开关结构图

a）透射式　b）反射式

1—红外发光二极管　2、6—透光口　3—外壳　4—红外光电晶体管　5—引脚

用光电开关检测物体时，大部分只要求其输出信号有"高-低"电平之分即可。图 4-21 为其基本电路的示例。

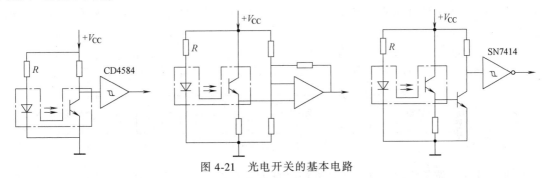

图 4-21　光电开关的基本电路

2. 光电开关的质量检测

在检测光电开关好坏时，要进行 3 项检测：①检测发光二极管好坏；②检测光电管的好坏；③检测遮光效果。

在检测发光二极管好坏时，万用表选择 $R\times 1k\Omega$ 档，测量发光二极管两引脚之间的正、反向电阻。若发光二极管正常，正向电阻小、反向电阻无穷大，否则发光二极管损坏。

在检测光电管好坏时，万用表仍选择 $R\times 1k\Omega$ 档，测量光电管两引脚之间的正、反向电阻。若光电管正常，正、反向电阻均为无穷大，否则光电管损坏。

在检测光电开关遮光效果时，可采用两只万用表，其中一只万用表拨至 $R\times 100\Omega$ 档，黑表笔接发光二极管的正极，红表笔接负极，利用万用表的内部电池为发光二极管供电，使之发光，另一只万用表拨至 $R\times 1k\Omega$ 档，红、黑表笔分别接光电开关光电管的 C、E 极，对于透射式光电开关，光电管会导通，故正常阻值应较小；对于反射式光电开关，光电管处于截止，故正常阻值应无穷大，然后用遮光体或反光体遮挡或反射光线，光电管的阻值应发生变化，否则光电开关损坏。

检测光电开关时，只有上面 3 项测量都正常，才能说明光电开关正常，任意一项测量不正常，光电开关都不能使用。

任务4.3　认识红外线传感器

【任务教学要点】

知识点

● 红外线传感器的基本原理与分类。

● 热释电型红外线传感器的原理与分类。

● 红外线探测器原理与分类。

技能点

● 人体热释电红外线传感器引脚判别。

● 红外线探测器的选用、安装与调试。

4.3.1　红外线及其应用

4.3.1 红外线
传感器原理
与分类

红外线是电磁波谱中的一个波段，它处于微波波段与可见光波段之间。凡波长位于 $0.78 \sim 100 \mu m$ 的电磁波都属于红外波段。由于其波长比可见光中的红光波长要长，是处于可见光红色光谱外侧的位置，故有红外线之称。电磁波波谱如图4-22所示。

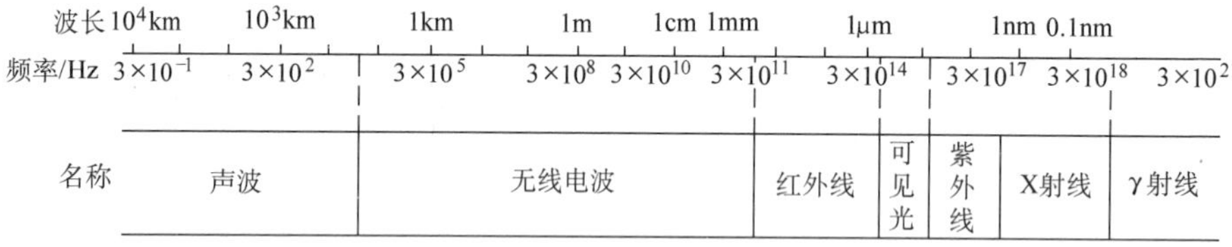

波长 $10^4 km$		$10^3 km$		1km		1m		1cm 1mm		$1 \mu m$			1nm 0.1nm	
频率/Hz 3×10^{-1}		3×10^2		3×10^5		3×10^8	3×10^{10}	3×10^{11}		3×10^{14}		3×10^{17}	3×10^{18}	3×10^{21}
名称	声波			无线电波					红外线	可见光	紫外线	X射线	γ射线	

图4-22　电磁波波谱

根据红外线的波长不同，又可将红外波段分为近红外、中红外、远红外和远远红外几个分波段。凡是存在于自然界的物体，如人体、火焰及冰等物体都会放射出红外线，只是其发射的红外线的波长不同而已。人体的温度为 $36 \sim 37℃$，所放射的红外线波长为 $9 \sim 10 \mu m$（属于远红外线区），加热到 $400 \sim 700℃$ 的物体，其放射出的红外线波长为 $3 \sim 5 \mu m$（属于中红外线区）。红外线传感器可以检测到这些物体发射出的红外线，用于测量、成像或控制。

用红外线作为检测媒介来测量某些非电量，比可见光作为媒介的检测方法要好，其优越性表现在：

1）红外线（指中、远红外线）不受周围可见光的影响，故可昼夜进行测量。

2）由于待测对象发射出红外线，故不必设光源。

3）大气对某些特定波长范围的红外线吸收甚少（ $2 \sim 2.6 \mu m$，$3 \sim 5 \mu m$，$8 \sim 14 \mu m$ 三个波段称为"大气窗口"），故适用于遥感技术。

红外线检测技术广泛应用于工业、农业、水产、医学、土木建筑、海洋、气象、航空和宇航等各个领域。红外线应用技术从无源传感发展到有源传感（利用红外激光器）。红外图像技术，从以宇宙为观察对象的卫星，到观察很小物体（如半导体器件）的红外显微镜，应用非常广泛。

红外线传感器按其工作原理可分为两类：量子型和热型。

热型红外线光电器件的特点是：灵敏度较低，响应速度较慢，响应的红外线波长范围较宽，价格比较便宜，能在室温下工作。量子型红外线光电器件的特性则与热型正好相反，一般必须在冷却条件（77K）下使用。这里仅介绍热型中热释电型红外线传感器的应用，它是目前用得最广的红外线传感器。

4.3.2 热释电型红外线传感器

4.3.2 热释电型红外线传感器

热释电型红外线传感器主要是由一种高热电系数的材料，如锆钛酸铅系陶瓷、钽酸锂、硫酸三甘钛等制成尺寸为 2mm×1mm 的探测元器件，外形如图 4-23 所示。在每个探测器内装入一个或两个探测元器件，并将两个探测元器件反极性串联，以抑制由于自身温度升高而产生的干扰。由探测元器件将探测并接收到的红外辐射转变成微弱的电压信号，经

图 4-23 热释电型红外线传感器

装在探头内的场效应晶体管放大后向外输出。为了提高探测器的探测灵敏度以增大探测距离，一般在探测器的前方装设一个菲涅耳透镜，该透镜用透明塑料制成，将透镜的上、下两部分各分成若干等份，制成一种具有特殊光学系统的透镜，它和放大电路相配合，可将信号放大70dB 以上，这样就可以测出 10～20m 范围内人的活动。热释电型红外线传感器有品种全、型号多，可供选择的余地大等特点，广泛应用于人体感应开关、报警器等自动开关领域。

1. 热释电效应

若使某些强介电常数物质的表面温度发生变化，随着温度的上升或下降，在这些物质表面上就会产生电荷的变化，这种现象称为热释电效应，是热电效应的一种。这种现象在钛酸钡之类的强介电常数物质材料上表现得特别显著。

在钛酸钡一类的晶体上下表面设置电极，在上表面加以黑色膜，若有红外线间歇地照射，其表面温度上升 ΔT，其晶体内部的原子排列将产生变化，引起自发极化电荷 ΔQ。设器件的电容为 C，则该器件两电极的电压 $U = \Delta Q/C$。

另外要指出的是，热释电效应产生的电荷不是永存的，只要它出现，很快便与空气中的各种离子结合。因此，用热释电效应制成的传感器，往往在它的前面加机械式的周期遮光装置，以使此电荷周期地出现。只有当测移动物体时才可不用。

2. 热释电型红外线光电器件的材料

热释电型红外线光电器件的材料较多，其中以陶瓷氧化物及压电晶体用得最多。例如：陶瓷材料 $PbTiO_3$ 性能较好，用它制成的红外线传感器已用于人造卫星地平线检测及红外线辐射温度检测。钽酸锂（$LiTaO_3$）、硫酸三甘肽（LATGS）及钛锆酸铅（PZT）制成的热释电型红外线传感器目前用得极广。

近年来开发的具有热释电性能的高分子薄膜聚偏二氟乙烯（PVF_2），已用于红外线成像器件、火灾报警传感器等。

3. 热释电型红外线传感器（压电陶瓷及陶瓷氧化物）

热释电型红外线传感器的基本结构及等效电路如图 4-24 和图 4-25 所示。传感器的敏感器件是钛锆酸铅（或其他材料），在上下两面做上电极，并在表面上加一层黑色氧化膜以提高其转换效率。它的等效电路是一个在负载电阻上并联一个电容的电流发生器，其输出阻抗极高，

而且输出电压信号又极其微弱，故在管内附有场效应晶体管（FET）放大器及厚膜电阻，以达到阻抗变换的目的。在顶部设有滤光镜（TO-5 封装），而树脂封装的则设在侧面。

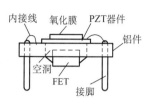

图 4-24　热释电型红外线
传感器的基本结构

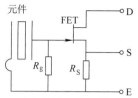

R_S 为负载电阻，有的传感器
内无 R_S（需外接）

图 4-25　热释电型红外线
传感器的等效电路

4. PVF₂ 热释电型红外线传感器

聚偏二氟乙烯（PVF_2）是一种经过特殊加工的塑料薄膜。它具有压电效应，同时也具有热释电效应，是一种新型传感器材料。它的热释电系数虽然比钽酸锂、硫酸三甘肽等要低，但它具有不吸湿、化学性质稳定、柔软、易加工及成本低的特点，是制造红外线监测报警装置的好材料。

5. 菲涅耳透镜

菲涅耳透镜是一种由塑料制成的特殊设计的光学透镜，它用来配合热释电型红外线传感器，以达到提高接收灵敏度的目的。实验证明，传感器不加菲涅耳透镜，其检测距离仅 2m（检测人体走过）左右，而加菲涅耳透镜后，其检测距离增加到 10m 以上，甚至更远。

透镜的工作原理是移动物体或人发射的红外线进入透镜，产生一个交替的"盲区"和"高灵敏区"，这样就产生了光脉冲。透镜由很多"盲区"和"高灵敏区"组成，则物体或人体的移动就会产生一系列的光脉冲而进入传感器，从而提高了接收灵敏度。物体或人体移动的速度越快，灵敏度就越高。目前一般传感器配上透镜可检测 10m 左右，而采用新设计的双重反射型透镜，则其检测距离可达 20m 以上。

菲涅耳透镜呈圆弧状，其透镜的焦距正好对准传感器的敏感器件中心，菲涅耳透镜的应用如图 4-26 所示。

任何物体在温度高于绝对零度（-273.15℃）

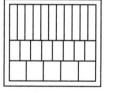

图 4-26　菲涅耳透镜的应用

以上时都在不停地向周围空间发射红外能量。其辐射特性、辐射能量的大小、波长分布等都与物体表面温度密切相关。反过来，通过对物体自身辐射的红外能量的测量，便能准确地测定它的表面温度，这就是红外辐射测温的机理。

人体与其他生物体一样，自身也在向四周辐射释放红外能量，其波长一般为 $9 \sim 13 \mu m$，是处在 $0.76 \sim 100 \mu m$ 的近红外波段。由于该波长范围内的光线不被空气所吸收，也就是说，人体向外辐射的红外线大小与环境影响无关，因此，只要通过对人体自身辐射红外线能量的测量就能准确地测定人体表面温度。人体红外线温度传感器就是根据这一原理设计而成的。

目前耳、额温枪采用的红外传感器均为热电堆式，基本物理原理是塞贝克效应。红外热电堆式温度传感器类似于热电偶，由可透过特定波长范围的红外滤光片和红外接收的热电堆芯片组成。外加一个腔内环境比对温度基准（校准温度用陶瓷热敏电阻等）。

人体正常体温对于每个人来说都是独一无二的，从 34.7~38℃ 不等，取决于测量温度的部位和个体差异。世卫组织（WTO）提供的人体正常体温的标准参考数值是：

- 耳内：35.8~38℃。
- 腋窝：34.7~37.3℃。
- 口腔：35.5~37.5℃。
- 直肠：36.6~38℃。

6. 人体热释电型红外线传感器的引脚识别

人体热释电型红外线传感器有 3 个引脚，分别为 D（漏极）、S（源极）和 G（接地极），3 个引脚极性识别如图 4-27 所示。

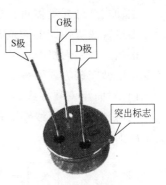

图 4-27 人体热释电型红外线传感器的引脚极性识别

4.3.3 红外探测器

利用红外线的基本理论和特点制成的探测器称为红外探测器。

红外探测器依据工作原理的不同，可分为主动式红外探测器与被动式红外探测器（PIR）两种类型。

1. 主动式红外探测器

（1）主动式红外探测器的组成及基本工作原理

主动式红外探测器由发射和接收装置两部分组成，如图 4-28 所示。

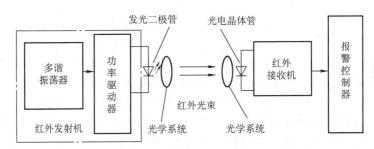

图 4-28 主动式红外探测器的基本组成

置于收、发端的光学系统一般采用的是光学透镜。它的作用是将红外光聚焦成较细的平行光束，以使红外光的能量能集中传送。红外发光二极管置于发端光学透镜的焦点上，而光电晶体管置于收端光学透镜的焦点上，红外探测器的光学通路如图 4-29 所示。

图 4-29 红外探测器的光学通路

采用调制的红外光源具有电源功耗低、抗干扰能力强和工作性能稳定等优点。

（2）主动式红外探测器的防范布局方式

主动式红外探测器可根据防范要求、防范区的大小和形状的不同，分别构成警戒线、警戒网、多层警戒等不同的防范布局方式。

根据红外发射机及红外接收机设置的位置不同，主动式红外探测器又可分为对向型安装方式及反射型安装方式两种。

1）对向型安装方式：红外发射机与红外接收机对向设置。

当需要警戒的直线距离较长时，也可采用几组收、发设备接力的形式，用接力方式加长探测距离如图 4-30 所示。

图 4-30　用接力方式加长探测距离

目前使用较多的双光束主动式红外探测器的防范布局方式如图 4-31 所示，在多组红外发射机与接收机一起使用时，应注意消除射束的交叉误射（如图中虚线所示）。

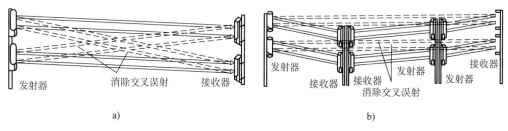

图 4-31　双光束主动式红外探测器的防范布局方式
a）射束层叠使用法　b）长距离使用法

2）反射型安装方式：红外发射机与红外接收机的设置如图 4-32 所示。

采用这种方式，一方面可缩短红外发射机与接收机之间的直线距离，便于就近安装、管理；另一方面也可通过反射镜的多次反射，将红外光束的警戒线扩展成红外警戒面或警戒网，利用反射型安装方式所形成的红外警戒网如图 4-33 所示。

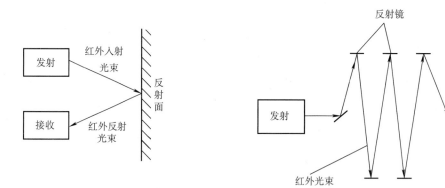

图 4-32　红外发射机与红外接收机的设置　　图 4-33　利用反射型安装方式所形成的红外警戒网

要注意的是，采用反射型安装方式时的累计探测距离将小于采用对向型安装方式时的直线探测距离，因此，实际安装时应留有充分的余地。

（3）主动式红外探测器的主要特点及安装使用要点

1）主动式红外探测器属于线控制型探测器，其控制范围为一线状分布的狭长空间。

2）主动式红外探测器的监控距离较远，可长达百米以上。

3）主动式红外探测器还具有体积小、重量轻、耗电省、操作安装简便及价格低廉等优点。

4）主动式红外探测器用于室内警戒时，工作可靠性较高，但用于室外警戒时，受环境气候影响较大。

5）由于光学系统的透镜表面是裸露在空气之中的极易被尘埃等杂物所污染。

6）由主动式红外探测器所构成的警戒线或警戒网可因环境不同随意配置，使用起来灵活方便。

2. 被动式红外探测器

被动式红外探测器不需要附加红外辐射光源，本身不向外界发射任何能量，而是由探测器直接探测来自移动目标的红外辐射，因此才有被动式之称。

自然界中的任何物体都可以看作是一个红外辐射源，不同温度下物体的红外辐射的峰值波长如表 4-4 所示。物体表面的温度越高，其辐射的红外线波长越短。人体辐射的红外峰值波长约在 $10\mu m$ 处。

表 4-4　不同温度下物体的红外辐射的峰值波长

物体温度	红外辐射峰值波长/μm
573K（300℃）	5
373K（100℃）	7.8
人体（37℃左右）	10
273K（0℃）	10.5

（1）被动式红外探测器的组成及基本工作原理

被动式红外探测器主要由光学系统、红外线传感器及报警控制器等部分组成，被动式红外探测器的基本组成如图 4-34 所示。

图 4-34　被动式红外探测器的基本组成

红外线传感器又称为热传感器，它是被动式红外探测器中实现热电转换的关键器件。被动式红外探测器分为单波束型被动式红外探测器和多波束型被动式红外探测器两种。

单波束型被动式红外探测器利用曲面反射镜将来自目标的红外辐射汇聚在红外线传感器上。这种方式的探测器警戒视场角较窄，一般仅在 5°以下，但作用距离较远，可长达百米。因此，它又可称为直线远距离控制型被动式红外探测器，单波束型被动式红外探测器的探测范围如图 4-35 所示。它适合用来探测狭长的走廊和通道以及封锁门窗和围墙等。

多波束型被动式红外探测器多采用性能优良的红外塑料透镜——多层光束结构的菲涅耳透

镜，将来自广阔视场范围的红外辐射经透射、折射、聚焦后汇集在红外线传感器上。

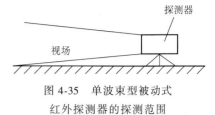

图 4-35　单波束型被动式
红外探测器的探测范围

多波束型被动式红外探测器的警戒视场角比单波束型被动式红外探测器要大得多，水平视场角可大于 90°，垂直视场角最大也可达 90°，但其作用距离较近，一般只有几米到十几米。一般来说，视场角增大时，作用距离将减小，因此多波束型被动式红外探测器又可称为大视角短距离控制型被动式红外探测器。

（2）防止被动式红外探测器产生误报的几项技术措施

1）采用温度补偿电路减少环境温度变化引起的误动作。

2）采用多元红外光电器件，并采用"脉冲计数"方式工作，以提高防止小动物、宠物引起误报的能力。图 4-36 为采用四元被动红外光电器件防止小动物引起误报的示意图。

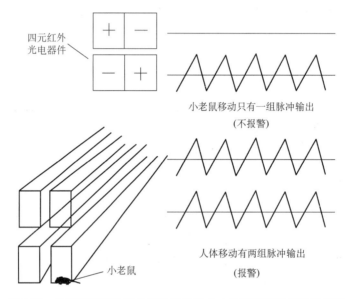

图 4-36　采用四元被动红外光电器件防止小动物引起误报的示意图

3）采用表面贴片技术防射频干扰。

4）在菲涅耳透镜的镜片上采取滤白光的措施防白光干扰。

（3）被动式红外探测器的主要特点及安装使用要点

1）被动式红外探测器属于空间控制型探测器。

2）由于红外线的穿透性能较差，在监控区域内不应有障碍物，否则会造成探测"盲区"。

3）为了防止误报警，不应将被动式红外探测器的探头对准任何温度会快速改变的物体，特别是发热体。

4）被动式红外探测器也称为红外线移动探测器。应使探测器具有最大的警戒范围，使可能的入侵者都能处于红外警戒的光束范围之内，并使入侵者的活动横向穿越光束带区，这样可以提高探测的灵敏度。

5）被动式红外探测器的产品多数都是壁挂式的，需安装在离地面约 2~3m 的墙壁上。

6）在同一室内安装数个被动式红外探测器时，也不会产生相互之间的干扰。

7）注意保护菲涅耳透镜。

基于上述原因，被动式红外探测器基本上属于室内应用型探测器。

任务 4.4 认识光纤传感器

【任务教学要点】

知识点

光纤传感器的基本原理与特性。

技能点

光纤传感器的选用与安装。

光纤传感器是近年来异军突起的一种新型传感器。光纤传感器具有一系列传统传感器无可比拟的优点，如灵敏度高、响应速度快、抗电磁干扰、耐腐蚀、电绝缘性好、防燃防爆、适于远距离传输、便于与计算机连接以及与光纤传输系统组成遥测网等。目前已研制出测量位移、速度、压力、液位、流量及温度等各种物理量的光纤传感器。

光纤传感器按照光纤的使用方式可分为功能型传感器和非功能型传感器。功能型传感器是利用光纤本身的特性感受被测量的变化。例如：将光纤置于声场中，则光纤纤芯的折射率在声场作用下发生变化，将这种折射率的变化作为光纤中光的相位变化检测出来，就可以知道声场的强度。由于功能型传感器是利用光纤作为敏感元件，所以又称为传感型光纤传感器。非功能型传感器是利用其他敏感元件来感受被测量的变化，光纤仅作为光的传输介质。因此，非功能型传感器也称为传光型传感器或混合型传感器。

4.4.1 光纤传感元件

光导纤维是用比头发丝还细的石英玻璃制成的，每根光纤由一个圆柱形的内芯和包层组成。内芯的折射率略大于包层的折射率。

众所周知，空气中光是直线传播的。然而入射到光纤中的光线却能被限制在光纤中，而且随着光纤的弯曲而走弯曲的路线，并能传送到很远的地方去。当光纤的直径比光的波长大很多时，可以用几何光学的方法来说明光在光纤中的传播。当光从光密物质射向光疏物质，而入射角大于临界角时，光线产生全反射，即光不再离开光密介质。由于光纤圆柱形内芯的折射率 n_1 大于包层的折射率 n_2，光导纤维中光的传输特性如图 4-37 所示。在角 2θ 之间的入射光，除了在玻璃中吸收和散射之外，大部分在界面上产生多次反射，以锯齿形的线路在光纤中传播，在光纤的末端以入射角相等的出射角射出光纤。

光纤的主要参数有：

1）数值孔径（NA）。数值孔径反映纤芯吸收光量的多少，是标志光纤接收性能的重要参数。其意义是无

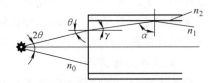

图 4-37 光导纤维中光的传输特性

论光源发射功率有多大，只有 2θ 角之内的光功率能被光纤接收。2θ 角与光纤内芯和包层材料的折射率有关，故将 θ 的正弦定义为光纤的数值孔径。

$$NA = \sin\theta = (n_1^2 - n_2^2)^{1/2} \tag{4-4}$$

一般希望有大的数值孔径，以利于耦合效率的提高，但数值孔径越大，光信号畸变就越严重，所以要适当选择。

2）光纤模式。简单地说，光纤模式就是光波沿光纤传播的途径和方式。光信号在光纤中传播的模式很多，这对信息的传播是不利的，因为同一光信号采用很多模式传播，就会使这一光信号分裂为不同时间到达接收端的多个小信号，从而导致合成信号畸变。因此，希望光纤模式数量越少越好。阶跃型的圆筒波导光纤内传播的模式数量可简单表示为

$$V = \frac{\pi d (n_1^2 - n_2^2)^{1/2}}{\lambda_0} \tag{4-5}$$

式中，d 为纤芯直径；λ_0 为真空中入射光的波长。希望 V 小，d 则不能太大，一般取几个微米；另外，n_1 和 n_2 之差要很小，不应超过 1%。

3）传播损耗。由于光纤纤芯材料的吸收、散射以及光纤弯曲处的辐射损耗等影响，光信号在光纤内传播不可避免地要有损耗。

假设从纤芯左端输入一个光脉冲，其峰值强度（光功率）为 I_0，当它通过光纤时，其强度通常按指数式下降，即光纤中任一点处的光强度为

$$I(L) = I_0 e^{-\alpha L} \tag{4-6}$$

式中，I_0 为光进入纤芯始端的初始光强度；L 为光沿光纤的纵向长度；α 为强度衰减系数。

光导纤维按折射率变化可分为阶跃型和渐变型。阶跃型光纤的纤芯与包层间的折射率是突变的。渐变型光纤在横截面中心处折射率 n_1 最大，其值逐步由中心向外变小，到纤芯边界时，变为外层折射率 n_2。通常折射率变化为抛物线形式，即在中心轴附近有更陡的折射率梯度，而在接近边缘处折射率减小得非常缓慢，以保证传递的光束集中在光纤轴附近前进。因为这类光纤有聚焦作用，所以也称自聚焦光纤。

光纤按其传输模式多少分为单模光纤与多模光纤。单模光纤通常是指阶跃光纤中内芯尺寸很小，因而光纤传播的模式很少，原则上只能传递一种模式的光纤。这类光纤传输性能好，频带很宽，制成的传感器有更好的线性、灵敏度及动态范围，但由于芯径太细，给制造带来困难。多模光导纤维通常是指阶跃光纤中，内芯尺寸较大，因而是传输模式很多的光纤。这类光纤性能较差，带宽较窄，但制造工艺简单。

4.4.2 常用光纤传感器

光纤传感器的种类很多，工作原理也各不相同，但都离不开光的调制和解调两个环节。光调制就是把某一被测信息加载到传输光波上，这种承载了被测量信息的调制光再经光探测系统解调，便可获得所需检测的信息。原则上说，只要能找到一种途径，把被测信息叠加到光波上并能解调出来，就可构成一种光纤传感器。

常用的光调制有强度调制、相位调制、频率调制及偏振调制等几种，为了便于说明，将这些方法结合在典型传感器实例中的应用进行介绍。

1. 光纤压力传感器

光纤传感器中强度调制的基本原理可简述为：以被测对象所引起的光强度变化来对被测对象进行检测。

图 4-38 为一种利用强度调制原理的光纤压力传感器的结构示意图。这种压力传感器的工作原理是当膜片感受到被测力发生弯曲，使棱镜与光吸收层之间的气隙发生改变，从而引起棱镜界面上全内反射的局部破坏，造成一部分光离开棱镜的上界面，进入吸收层并被吸收，于是

光纤内反射光强度就要改变。光强度的改变可由桥式光接收器检测出来。

由于膜片受压力作用向内弯曲，使光纤与膜片间的气隙减小，致使反射回接收光纤的光强度减小，光探测器输出信号的大小只与光纤和膜片间的距离及膜片的形状有关。

光纤压力传感器的响应频率相当高，如直径为 2mm，厚宽为 0.65mm 的不锈钢膜片，其固有频率可达 128kHz，因此在动态压力测量中也是比较理想的传感器。

光纤压力传感器在工业中具有广泛的应用前景。它与其他类型的压力传感器相比，具有不受电磁干扰、响应速度快、尺寸小、质量轻和耐热性好等优点，另外，由于没有导电元件，所以特别适合于有防爆要求的场合使用。

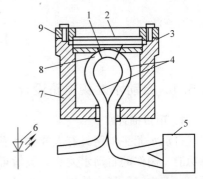

图 4-38 一种利用强度调制原理的光纤压力传感器的结构示意图
1—膜片 2—光吸收层 3—垫圈
4—光导纤维 5—桥式光接收器
6—发光二极管 7—壳体
8—棱镜 9—上盖

2. 光纤血流传感器

光纤血流传感器是利用频率调制原理，也就是利用光学的多普勒效应，即由于观察者和目标的相对运动，观察者接收到的光波频率也要发生变化。在这里光纤只起传输作用。

按照这种原理制成的光纤血流传感器如图 4-39 所示。激光器发出的光波频率为 f，激光束由分束器分为两束，一束作为测量光束，通过光纤探针进到被测血液中，经过血流的散射，一部分光按原路返回，得到多普勒频移信号 $f+\Delta f$；另一束作为参考光进入频移器，在此得到频移的新参考光信号 $f-f_b$。将新参考光信号与多普勒频移信号进行混频后得到测量的光信号，再利用光电二极管接收的混频光信号，并转换成光电流送入频率分析器，最后在记录仪上得到对应于血流速度的多普勒频移谱。

多普勒频移谱如图 4-40 所示，I 表示输出的光电流，f_0 表示最大频移，Δf 的符号由血流方向确定。

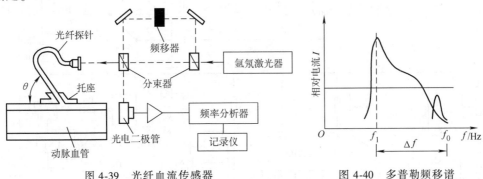

图 4-39 光纤血流传感器   图 4-40 多普勒频移谱

在很多工业控制和监测系统中，人们发现，有时很难用或根本不能用以电为基础的传统传感器。如在易爆场合，是不可能用任何可能产生电火花的仪表设备的；在强磁电干扰环境中，也很难用传统的电传感器精确测量弱电磁信号。光纤传感器在此以其特有性能出现在传感器家族中。

光源、光的传输、光电转换和电信号的处理是组成光纤传感器的基本要素。

4.5　同步技能训练

4.5.1　自动水龙头电路设计

1. 项目描述

自动水龙头电路具有人或物体靠近时，自动产生控制信号控制电磁阀得电吸合，自动放水的功能，制作的自动水龙头，灵敏可靠，抗干扰能力强，并可在强光照射下工作，特别适合在医院、卫生间等场合使用。

2. 项目要求

完成自动水龙头电路的设计与安装调试，使电磁阀可靠动作，当人手靠近时电磁阀的电吸合，自动放水，当人手离开后，延迟几秒自动关闭。

3. 项目方案设计

自动水龙头电路原理如图 4-41 所示，利用红外感应头检测人手靠近，通过转换电路输出信号使驱动电路控制电磁阀动作。

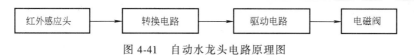

图 4-41　自动水龙头电路原理图

红外感应头采用发射-接收光电管，当有人手靠近龙头时，红外发射头发出的红外线经人手反射到接收头，接收头接收到反射的光信号，转换为电信号经放大、整形，提取出人体接近的信号，经过驱动电路控制电磁阀动作打开水龙头。当人手离开后，延迟几秒自动关闭。

4. 项目实施

自动水龙头电路图如图 4-42 所示，请完成电路调试，并进行功能测试。

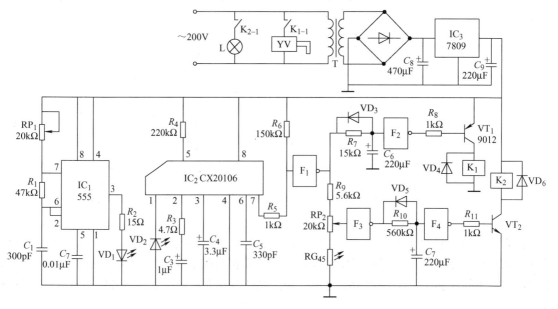

图 4-42　自动水龙头电路图

该电路由以下部分组成。

1）红外发射器：是一个由 555 电路组成的多谐振荡器，其振荡频率由 RP_1、R_1、C_1 的数值决定，该电路的振荡频率为 38kHz。

2）红外接收电路：由红外接收管 VD_2 和 CX20106 组成。

3）水阀门控制电路：由控制门 F_1、F_2，驱动管 VT_1 和继电器 K_1 组成。

4）电灯控制电路：由控制门 F_3、F_4，驱动管 VT_2 和继电器 K_2 组成。

4.5.2　可逆计数器电路设计

1. 项目描述

在很多场合需要进行人员或物品的计数，借助光电耦合器可逆计数器可实现非接触精准计数。

2. 项目要求

完成光电耦合器可逆计数器的安装与调试，实现大楼门口进入加计数，出人减计数，计数器始终显示大楼内的人数。

3. 项目方案设计

可逆计数器电路如图 4-43 所示，两个光电耦合器沿着被测物件运动方向并排安装在一起。当被测物件从光电耦合器前经过时，假定先遮挡住光耦合器件 E_1，进而将 E_1 和 E_2 一起遮挡，然后仅遮挡住 E_2，最后物件离去，则 A_3 点输出一个计数脉冲。反之，若物件反方向经过时，B_3 点便输出一个计数脉冲。电路中 A_3 和 B_3 点分别和计数电路中的脉冲输入端 CU 和 CD 相连。当 CU 端上有上跳脉冲输入时，该计数做加法计数；当 CD 端有上跳脉冲输入时，该计数器做减法计数，从而实现了根据物件的不同运动方向可自动进行加减计数的可逆计数功能。

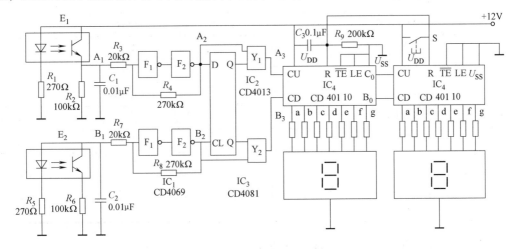

图 4-43　可逆计数器电路

光电耦合器为反射式，由红外发光二极管和光电晶体管成 35°夹角封装在一体构成。其交点在距光电耦合器 5mm 处。工作时红外发光二极管发出 920μm 波长的红外光，当发出的红外光被前方的物件遮挡时，光线被反射回来，反射光线被光电晶体管接收而使其导通；若光电耦合器前方没有物件，光电晶体管便处于截止状态。

4. 项目实施

完成电路安装与调试，测试计数功能。

4.5.3 智能环保小夜灯

1. 项目描述
采用废旧材料可制作一个智能环保小夜灯，当夜晚有人时控制三色灯发光。

2. 项目要求
制作智能环保小夜灯，利用光敏电阻检测环境光线，利用人体热释电型红外线传感器检测有无人员靠近，当夜晚有人时控制三色灯发出不同颜色的灯光。

3. 项目方案设计
制作材料与工具清单见表 4-5。

表 4-5　制作材料与工具清单

制作材料与工具名称	数　量
Arduino Uno R3 开发板	1 块
人体红外线感应模块	1 个
光敏电阻（5528）	1 个
10kΩ 分压电阻（配合 5528 光敏电阻用）	1 个
RGB LED（共阴极）	1 个
100~300Ω 限流电阻	3 个
面包板	1 块
公对公杜邦线	10 根
公对母杜邦线	10 根
旧纸盒	1 个
旧瓶子	1 个
USB 延长线	1 根（可选）
双面胶或热熔胶	1
绝缘胶带	1 卷
尖嘴钳	1 把
螺钉旋具	1 把
剪刀	1 把

Arduino Uno 开发板的引脚分配表如表 4-6 所示。

表 4-6　Arduino Uno 开发板引脚分配

Arduino Uno 引脚	元器件
6、5、3	RGB LED 灯 R、G、B
8	人体红外线感应模块
A0	光敏电阻（5528）

4. 项目实施
如图 4-44 所示，连接光敏电阻与 10kΩ 电阻构成分压电路，利用 Arduino 开发板提供 5V

电压，将该分压电路的输出电压连接至 Arduino 开发板 A0 口，用于检测环境光线变化。将热释电型红外线传感器输出信号连接至 Arduino 开发板 8 号口，用于有人/无人的检测。将 RGB LED 三色灯引脚分别通过限流电阻连接至 Arduino 开发板 6、5、3 号口，用于灯光控制。利用废旧纸盒及瓶子，将上述材料安装固定成一个小台灯。下载程序代码至 Arduino 开发板，观察在有人、无人、环境光强亮与暗等不同情况下，小夜灯的点亮情况。

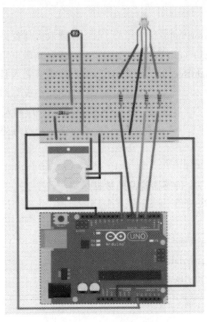

图 4-44　智能环保小夜灯接线图

程序代码如下：

```
#define rLedPin 6                      //RGB-LED 引脚 R
#define gLedPin 5                      //RGB-LED 引脚 G
#define bLedPin 3                      //RGB-LED 引脚 B
#define irSensorPin 8                  //红外人体感应模块信号输出
#define lightSensorPin A0              //光敏电阻分压电路信号输出

// 用户可以通过变量 ledR、ledG、ledB 自定义 RGB-LED 颜色
int ledR = 99;                         //R Led 亮度
int ledG = 185;                        //G Led 亮度
int ledB = 33;                         //B Led 亮度
bool irReading;                        //存储红外人体感应模块输出
int lightReading;                      //存储光敏电阻分压电路信号输出

void setup( ) {
  //设置引脚为相应工作模式
  pinMode(rLedPin, OUTPUT);
  pinMode(gLedPin, OUTPUT);
  pinMode(bLedPin, OUTPUT);
```

```
    pinMode( irSensorPin, INPUT);

    Serial. begin( 9600);
    Serial. println( "Welcome to Taichi-Maker RGB Led Night-Light. ");
}


void loop( ) {
    irReading = digitalRead( irSensorPin);                    //读取人体红外线感应模块
    lightReading = analogRead( lightSensorPin);               //读取光敏电阻分压电路信号输出
    if( irReading == HIGH && lightReading >= 500) {           //如感应到人且亮度达到需照明程度
        lightOn( 1);                                          //点亮小夜灯照明
    } else {                                                  //如未感应到人且亮度未达到需照明程度
        lightOn( 0);                                          //保持小夜灯熄灭
    }

    //通过串口监视器实时输出各个传感器检测的数据结果
    //可用于调试小夜灯工作参数使用
    Serial. println( "");
    Serial. println( "======================");
    Serial. print( "irReading = "); Serial. println( irReading);
    Serial. print( "lightReading = "); Serial. println( lightReading);
    Serial. println( "======================");
    delay( 50);
}


//以下 lightOn 函数通过参数 on 的值来控制小夜灯 RGB-LED 是否点亮
void lightOn( bool on) {
    if ( on == 1) { //如参数 on 的值为 1,则点亮小夜灯
        analogWrite( rLedPin, ledR);
        delay( 10);
        analogWrite( gLedPin, ledG);
        delay( 10);
        analogWrite( bLedPin, ledB);
        delay( 10);
    } else { //如参数 on 的值不为 1,则保持小夜灯熄灭
        analogWrite( rLedPin, 0);
        delay( 10);
        analogWrite( gLedPin, 0);
        delay( 10);
        analogWrite( bLedPin, 0);
        delay( 10);
    }
}
```

拓展阅读　BH1750 数字式光照度传感器和 TCS3200 颜色传感器

1. BH1750 数字式光照度传感器

BH1750 是一种用于两线式串行总线接口的数字型光强度传感器集成电路，其实物图和内部原理图如图 4-45 所示，BH1750 的内部由光电二极管、运算放大器、ADC 采集、晶振等组成。二极管 VD 通过光生伏特效应将输入光信号转换成电信号，经运算放大电路放大后，由 ADC 采集电压，然后通过逻辑电路转换成 16 位二进制数存储在内部的寄存器中（注：进入光窗的光越强，光电流越大，电压就越大，所以通过电压的大小就可以判断光照大小，但是要注意的是电压和光强虽然是一一对应的，但不是成正比的，所以这个芯片内部是做了线性处理的，这也是为什么不直接用光电二极管而用集成 IC 的原因）。BH1750 引出了时钟线和数据线，单片机通过 I^2C 协议可以与 BH1750 模块通信，可以选择 BH1750 的工作方式，也可以将 BH1750 寄存器的光照度数据提取出来。

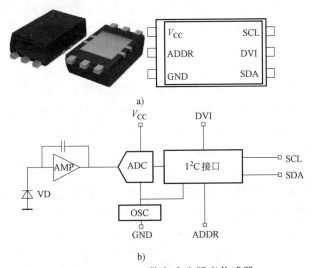

图 4-45　BH1750 数字式光照度传感器

a) 实物图及引脚图　b) 内部原理图

VD-光电二极管　AMP-积分运算放大器，将光电流转换为电压

ADC-模-数转换获取 16 位数字数据　I^2C 接口-光强度计算和 I^2C 总线

接口；OSC-内部逻辑时钟。

BH1750 光照度传感器引脚定义如表 4-7 所示。

表 4-7　BH1750 光照度传感器引脚定义表

引脚号	名称	说　明
1	V_{CC}	供电电压源正极
2	SCL	I^2C 时钟线，时钟输入引脚，由 MCU 输出时钟
3	SDA	I^2C 数据线，双向 I/O 口，用来传输数据
4	ADDR	I^2C 地址线，接 GND 时器件地址为 0100011，接 V_{CC} 时器件地址为 1011100
5	GND	供电电压源负极

BH1750 的通信过程可以分成 5 步：

第 1 步：发送上电命令（上电命令是 0x01）。

第 2 步：发送测量命令。先是"起始信号（ST）"，接着是"元器件地址+读写位"，然后是应答位，紧接着就是测量的命令 "00010000"，然后应答，最后是 "结束信号（SP）"。

第 3 步：等待测量结束。高分辨率连续测量需要等待的时间最长，平均 120ms，最大值 180ms，所以为了保证每次读取到的数据都是最新测量的，程序上面可以延时 200ms 以上，当然也不用太长。其他的测量模式，等待时间都比此模式短。

第 4 步：读取数据。先是 "起始信号（ST）"，接着是 "元器件地址+读写位"，然后是应答位，紧接着接收 1 字节的数据，然后给 BH1750 发送应答，继续接收 1 字节数据，然后不应答，最后是 "结束信号（SP）"。

第 5 步：计算结果。接收完 2 字节还需要进行计算，计算公式是：

$$光照强度 = (寄存器值[15:0] \times 分辨率)/1.2(单位:勒克斯\ lx)$$

因为从 BH1750 寄存器读出来的是 2 字节的数据，先接收的是高 8 位 [15:8]，后接收的是低 8 位 [7:0]，所以需要先把这 2 字节合成一个数，然后乘以分辨率，再除以 1.2，即可得到光照值。

例如：读出来的第 1 字节是 0x12（0001 0010），第 2 字节是 0x53（0101 0011），那么合并之后就是 0x1253（0001 0010 0101 0011），换算成十进制也就是 4691，乘以分辨率（这里采用的分辨率是 1），再除以 1.2，最后等于 3909.17 lx。

2. TCS3200 颜色传感器

TCS3200 是美国 TAOS 公司生产的一款全彩的颜色传感器，包括一块 TAOS TCS3200 RGB 感应芯片和 4 个白光 LED 灯，TCS3200 能在一定的范围内检测和测量几乎所有的可见光。它适合于色度计测量应用领域，比如彩色打印、医疗诊断、计算机彩色监视器校准以及油漆、纺织品、化妆品和印刷材料的过程控制。

项目4 拓展阅读 TCS3200 颜色传感器的应用

项目4 拓展阅读 颜色传感器原理与分类

项目4 拓展阅读 颜色传感器硬件设计

通常所看到的物体颜色，实际上是物体表面吸收了照射到它上面的白光（日光）中的一部分有色成分，而反射出的另一部分有色光在人眼中的反应。白色是由各种频率的可见光混合在一起构成的，也就是说白光中包含着各种颜色的色光（如红 R、黄 Y、绿 G、青 V、蓝 B、紫 P）。根据德国物理学家赫姆霍兹（Helinholtz）的三原色理论可知，各种颜色是由不同比例的三原色（红、绿、蓝）混合而成的。

由三原色感应原理可知，如果知道构成各种颜色的三原色的值，就能够知道所测试物体的颜色。对于 TCS3200 来说，当选定一个颜色滤波器时，它只允许某种特定的原色通过，阻止其他原色的通过。例如：当选择红色滤波器时，入射光中只有红色可以通过，蓝色和绿色都被阻止，这样就可以得到红色光的光强；同理，选择其他的滤波器，就可以得到蓝色光和绿色光的光强。通过这三个光强值，就可以分析出反射到 TCS3200 传感器上的光的颜色。

TCS3200 颜色传感器引脚排列与实物图如图 4-46 所示，S0、S1 用于选择输出比例因子或电源关断模式；S2、S3 用于选择滤波器的类型；$\overline{OE}$ 是频率输出使能引脚，可以控制输出的状态，当有多个芯片引脚共用微处理器的输入引脚时，也可以作为片选信号，当 $\overline{OE}$ 被拉低之后，TCS3200 模块开始工作；OUT 是频率输出引脚，GND 是芯片的接地引脚，V_{DD} 为芯片提供工作电源。该芯片所需工作电源范围为 2.7~5.5V。

TCS3200 有可编程的彩色光到电信号频率的转换器，当被测物体反射光的红、绿、蓝三色

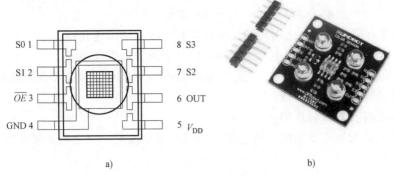

图 4-46　TCS3200 颜色传感器引脚排列与实物图

a）引脚排列　b）实物图

光线分别透过相应滤波器到达 TAOS TCS3200 RGB 感应芯片时，其内置的振荡器会输出方波，方波频率与所感应的光强成比例关系，光线越强，内置的振荡器方波频率越高。TCS3200 传感器有一个 OUT 引脚，它输出信号的频率与内置振荡器的频率也成比例关系，它们的比率因子可以靠其引脚 S0 和 S1 的高低电平来选择。TCS3200 传感器有红、绿、蓝和清除 4 种滤光器，可以通过其引脚 S2 和 S3 的高低电平来选择滤波器模式。S0 和 S1、S2 和 S3 的配置组合如表 4-8 所示。

表 4-8　TCS3200 传感器输出频率与滤波器引脚配置表

S0	S1	输出频率定标	S2	S3	滤波器类型
L	L	关断电源	L	L	红色
L	H	2%	L	H	蓝色
H	L	20%	H	L	无
H	H	100%	H	H	绿色

在比例因子确定后，要通过 OUT 引脚输出信号频率来换算出被测物体由三原色光强组成的 RGB 颜色值，还需进行白平衡校正来得到 RGB 比例因子。

白平衡校正方法是：把一个白色物体放置在 TCS3200 颜色传感器之下，两者相距 10mm 左右，点亮传感器上的 4 个白光 LED 灯，然后选通三原色的滤波器，让被测物体反射光中红、绿、蓝三色光分别通过滤波器，计算 1s 时间内三色光对应的 TCS3200 传感器 OUT 输出信号脉冲数（单位时间的脉冲数包含了输出信号的频率信息），再通过正比算式得到白色物体 RGB 值 255 与三色光脉冲数的比例因子。有了白平衡校正得到的 RGB 比例因子，则其他颜色物体反射光中红、绿、蓝三色光对应的 TCS3200 输出信号 1s 内脉冲数乘以 R、G、B 比例因子，就可换算出了被测物体的 RGB 标准值了。

思考与练习

1. 晒太阳取暖利用了（　　）；人造卫星的光电池板利用了（　　）；植物的生长利用了（　　）。

A. 光电效应　　　　B. 光化学效应　　　　C. 光热效应　　　　D. 光感效应

2. 光电二极管在测光电路中应处于（　　）偏置状态，而光电池通常处于（　　）偏置状态。

A. 正向　　　　B. 反向　　　　C. 零

3. 温度上升时，光敏电阻、光电二极管、光电晶体管的暗电流（　　　）。

A. 上升　　　　　　　B. 下降　　　　　　　C. 不变

4. 光电效应有哪几种？与之对应的光电器件有哪些？请简述其特点。

5. 光电式传感器可分为哪几类？请分别举出几个例子加以说明。

6. 光电开关电路如图 4-47a 所示，施密特触发反向器 CD40106 的输出特性如图 4-47b 所示。

1）请分析该电路的工作原理。

2）列表说明各元器件的作用。

3）光照从小到大逐渐增加时，继电器 K 的状态如何改变？反之当光照由大变小时继电器的状态如何改变？

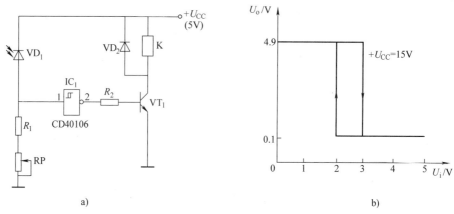

图 4-47　光电开关电路及其特性

a）光电开关电路　b）CD40106 的输出特性

7. 某光电晶体管在强光照时的光电流为 2.5mA，选用的继电器吸合电流为 50mA，直流电阻为 200Ω。现欲设计两个简单的光电开关，其中一个是有强光照时继电器吸合，另一个相反，即有强光照时继电器释放。请分别画出两个光电开关的电路（只允许采用普通晶体管放大光电流），并标出电源极性及选用的电压值。

8. 造纸工业中经常需要测量纸张的"白度"以提高产品质量，请设计一个自动检测纸张"白度"的测量仪，要求：

1）画出传感器简图。

2）画出测量电路简图。

3）简要说明其工作原理。

9. 在物理学中，与重力加速度 g 有关的公式为 $s = v_0 t + g t^2/2$，其中 v_0 为落体初速度，t 为落体经设定距离 s 所花的时间。请根据前式，设计一台测量重力加速度 g 的教学仪器，要求同第 8 题（提示：v_0 可用落体通过一小段路程 s_0 的平均速度 v_0' 代替）。

10. 工厂里的冲床是比较容易产生工伤事故的设备，操作人员稍不留神就有可能被冲断手指。试设计两种以上的传感器来同时探测操作人员的手是否处于危险区（冲头下方），只要有一个传感器输出有效（即检测到操作人员的手未离开危险区），则冲床不能动作。要求：

1）画出传感器示意图（多个传感器必须设置为"或"关系）。

2）画出测量电路图。

3）简述其工作原理。

项目 5　磁性量检测

引导案例　霍尔速度传感器与汽车防抱死系统

随着汽车电子技术的发展，汽车的安全性能技术受到人们的重视，制动系统作为主要安全件更是备受关注，防抱死刹车系统（Anti-locked Braking System，ABS）是一种具有防滑、防锁死等优点的汽车安全控制系统，它既有普通制动系统的制动功能，又能在制动过程中防止车轮被制动抱死。ABS 对汽车性能的影响主要表现在减少制动距离、保持转向操纵能力、提高行驶方向稳定性以及减少轮胎的磨损，是目前汽车上最先进、制动效果最佳的制动装置。

在 ABS 中，速度传感器是十分重要的部件。ABS 由车轮速度传感器、液压控制单元和电控单元 ECU 等组成，在制动时，车轮速度传感器测量车轮的速度，如果一个车轮有抱死的可能时，车轮加速度增加很快，车轮开始滑转。如果该值超过设定的值，控制器就会发出指令，让电磁阀停止或减少车轮的制动压力，直到抱死的可能消失为止。在这个系统中，霍尔传感器作为车轮转速传感器，是制动过程中的实时速度采集器，是 ABS 中的关键部件之一。

霍尔传感器用来检测磁场，是磁敏传感器的一种。随着科学技术的发展，现代的磁敏传感器已向固体化发展，它利用磁场作用使物质的电性能发生变化，从而使磁场强度转换为电信号。磁敏传感器的种类较多，制作传感器的材料有半导体、磁性体、超导体等，不同材料制作的磁敏传感器其工作原理和特性也不相同。本章根据最新磁敏传感器的发展，重点介绍一些常用的半导体磁敏传感器。

任务 5.1　霍尔传感器

【任务教学要点】

知识点
- 霍尔效应和霍尔元件的特性参数。
- 霍尔电动势计算公式。

技能点
- 线性霍尔元件 UGN3501 的应用。
- 开关型霍尔元件 UGN3020 的应用。
- 霍尔电流传感器一次电流、二次电流转换公式的应用。

早在 1879 年，美国物理学家霍尔（E. H. Hall）就在金属中发现了霍尔效应，但是由于这种效应在金属中非常微弱，当时并没有引起人们的重视。1948 年以后，由于半导体技术迅速发展，人们找到了霍尔效应比较明显的半导体材料，并开发了多种霍尔元件。我国从 20 世纪 70 年代开始研究霍尔元件，目前已能生产各种性能的霍尔元件。用霍尔元件做成的霍尔传感器可以做得很小（几个平方毫米），可以用于测量地球磁场，制成电罗盘；将它卡在环形铁心中，可以制成大电流传感器。它还广泛用于无刷电动机、高斯计、接近开关、微位移测量等。它的最大特点是非接触测量。

5.1.1 霍尔元件的工作原理及特性

1. 霍尔效应

金属或半导体薄片置于磁感应强度为 B 的磁场中，磁场方向垂直于薄片，如图 5-1a 所示，当有电流 I 流过薄片时，在垂直于电流和磁场的方向上将产生电动势 E_H，这种现象称为霍尔效应，该电动势称为霍尔电动势。霍尔电动势 E_H 可用下式表示：

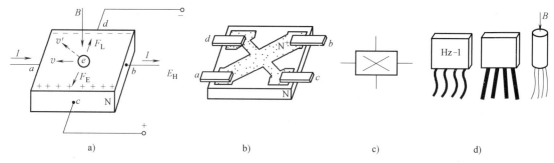

图 5-1 霍尔元件

a) 霍尔效应原理图　b) 霍尔元件结构示意图　c) 图形符号　d) 外形

$$E_H = K_H I B \tag{5-1}$$

式中，K_H 为霍尔元件的灵敏度。

若磁感应强度 B 不垂直于霍尔元件，而是与其法线成某一角度 θ 时，实际上作用于霍尔元件上的有效磁感应强度是其法线方向（与薄片垂直的方向）的分量，即 $B\cos\theta$，这时的霍尔电动势为

$$E_H = K_H I B \cos\theta \tag{5-2}$$

从式（5-2）可知，霍尔电动势与输入电流 I、磁感应强度 B 成正比，且当 B 的方向改变时，霍尔电动势的方向也随之改变。如果所施加的磁场为交变磁场，则霍尔电动势为同频率的交变电动势。

这里以 N 型半导体霍尔元件为例来说明霍尔传感器的工作原理。在激励电流端通入电流 I，并将薄片置于磁场中。设该磁场垂直于薄片，磁感应强度为 B，这时电子（运动方向与电流方向相反）将受到洛仑兹力 F_L 的作用，向内侧偏移，从而在薄片的 c、d 方向产生电场 E。随后的电子在洛仑兹力 F_L 作用的同时又受到电场力 F_E 的作用。从图 5-1a 可以看出，这两种力的方向相反。电子积累越多，F_E 也越大，而洛仑兹力保持不变。最后，当 $|F_L| = |F_E|$ 时，电子的积累达到动态平衡。这时，在半导体薄片 c、d 方向的端面之间建立的电动势 E_H 是霍尔电动势。

目前常用的霍尔元件材料是 N 型硅，它的霍尔灵敏度、温度特性、线性度均较好，而锑化铟（InSb）、砷化铟（InAs）、锗（Ge）等也是常用的霍尔元件材料，砷化镓（GaAs）是新型的霍尔元件材料，今后将逐渐得到应用。近年来，已采用外延离子注入工艺或采用溅射工艺制造出了尺寸小、性能好的薄膜型霍尔元件，如图 5-1b 所示。它由衬底、十字形薄膜、引线

（电极）及塑料外壳等组成。它的灵敏度、稳定性、对称性等均比老工艺优越得多，目前得到越来越广泛的应用。

霍尔元件的壳体可用塑料、环氧树脂等制造，封装后的外形如图 5-1d 所示。

2. 特性参数

1）输入电阻 R_i。霍尔元件两激励电流端的直流电阻称为输入电阻。它的数值从几十欧到几百欧，视不同型号的元件而定。温度升高，输入电阻变小，从而使输入电流 I_{ab} 变大，最终引起霍尔电动势变大。为了减少这种影响，最好采用恒流源作为激励源。

2）输出电阻 R_o。两个霍尔电动势输出端之间的电阻称为输出电阻，它的数值与输入电阻同一数量级。它也随温度改变而改变。选择适当的负载电阻 R_L 与之匹配，可以使由温度引起的霍尔电动势的漂移减至最小。

3）最大激励电流 I_m。由于霍尔电动势随激励电流增大而增大，故在应用中总希望选用较大的激励电流。但激励电流增大，霍尔元件的功耗增大，元件的温度升高，从而引起霍尔电动势的温漂增大，因此每种型号的元件均规定了相应的最大激励电流，它的数值从几毫安至几十毫安。

4）灵敏度 K_H。公式为 $K_H = E_H/(IB)$，单位为 $mV/(mA \cdot T)$。

5）最大磁感应强度 B_M。磁感应强度超过 B_M 时，霍尔电动势的非线性误差将明显增大，B_M 的数值一般小于零点几特斯拉（$1T = 10^4 Gs$）。

6）不等位电动势。在额定激励电流下，当外加磁场为零时，霍尔元件输出端之间的开路电压称为不等位电动势，它是由于 4 个电极的几何尺寸不对称引起的，使用时多采用电桥法来补偿不等位电动势引起的误差。

7）霍尔电动势温度系数。在一定磁场强度和激励电流的作用下，温度每变化 1℃时霍尔电动势变化的百分数称为霍尔电动势温度系数，它与霍尔元件的材料有关，一般约为 0.1%/℃。在要求较高的场合，应选择低温漂的霍尔元件。

5.1.2　霍尔集成电路

5.1.2 霍尔集成电路

随着微电子技术的发展，目前霍尔元件多已集成化。霍尔集成电路（又称霍尔 IC）有许多优点，如体积小、灵敏度高、输出幅度大、温漂小、对电源稳定性要求低等。

霍尔集成电路可分为线性型和开关型两大类。前者是将霍尔元件和恒流源、线性差动放大器等做在一个芯片上，输出电压为伏级。比直接使用霍尔元件方便得多。较典型的线性霍尔元件如 UGN3501 等。

开关型霍尔集成电路是将霍尔元件、稳压电路、放大器、施密特触发器、OC 门（集电极开路输出门）等电路做在同一个芯片上。当外加磁场强度超过规定的工作点时，OC 门由高阻态变为导通状态，输出变为低电平；当外加磁场强度低于释放点时，OC 门重新变为高阻态，输出高电平。这类器件中较典型的有 UGN3020、UGN3022 等。

有一些开关型霍尔集成电路内部还包括双稳态电路，这种器件的特点是必须施加相反极性的磁场，电路的输出才能翻转回到高电平，也就是说，具有"锁键"功能。这类器件又称为锁键型霍尔集成电路，如 UGN3075 等。

图 5-2 和图 5-3 分别是 UGN3501T 的外形、内部电路框图以及输出特性曲线。图 5-4 和图 5-5 分别是 UGN3020 的外形、内部电路框图以及输出特性曲线。表 5-1 为 UGN3020 的（OC门）输出状态与磁感应强度的关系。

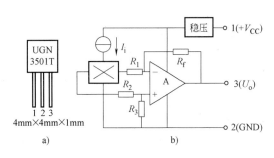

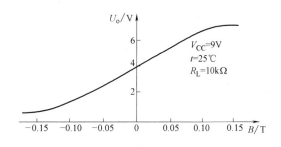

图 5-2　线性型霍尔集成电路（UGN3501T）

　　a）外形尺寸　b）内部电路框图

图 5-3　线性型霍尔集成电路输出特性曲线

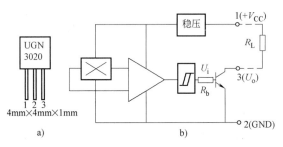

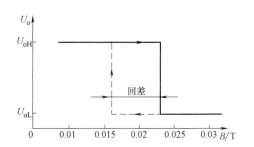

图 5-4　开关型霍尔集成电路（UGN3020）

　　a）外形尺寸　b）内部电路框图

图 5-5　开关型霍尔集成电路的
史密特输出特性曲线

表 5-1　UGN3020（OC门）输出状态与磁感应强度的关系

OC门输出状态		B/T						
		磁感应强度 B 的变化方向及数值						
		$0\rightarrow0.02\rightarrow0.023\rightarrow0.03\rightarrow0.02\rightarrow0.016\rightarrow0$						
OC门接法	接上拉电阻 R_L	高电平[1]	高电平[2]	低电平	低电平	低电平[3]	高电平	高电平
	不接上拉电阻 R_L	高阻态	高阻态	低电平	低电平	低电平	高阻态	高阻态

①　OC门输出的高电平电压由 V_{CC} 决定。

②、③　OC门的迟滞区的输出状态必须视 B 的变化方向而定。

　　图 5-6 和图 5-7 所示为具有双端差动输出特性的线性霍尔 UGN3501M 的外形、内部电路框图及其输出特性曲线。当其感受的磁场为零时，1脚相对于8脚的输出电压等于零；当感受的磁场为正向（磁钢的S极对准 UGN3501M 的正面）时，输出为正；磁场为反向时，输出为负，

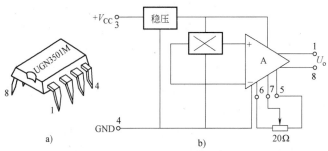

图 5-6　双端差动输出线性霍尔集成电路外形及电路框图

因此使用起来更加方便。它的 5、6、7 脚外接一只微调电位器后，就可以微调并消除不等位电动势引起的差动输出零点漂移。如果要将 1、8 脚输出电压转换成单端输出，就必须将 1、8 脚接到差动减法放大器的正负输入端上，才能消除第 1、8 脚对地的共模干扰电压影响。

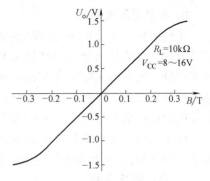

图 5-7　差动输出线性霍尔
集成电路输出特性

5.1.3　霍尔传感器的应用

前述分析可知，霍尔电动势是关于 I、B、θ 三个变量的函数，即 $E_H = K_H I B \cos\theta$，人们利用这个关系可以使其中两个量不变，将第三个量作为变量，或者固定其中一个量、其余两个量都作为变量。三个变量的多种组合使得霍尔传感器具有非常广阔的应用领域。归纳起来，霍尔传感器主要有下列三方面的用途。

1）维持 I、θ 不变，则 $E_H = f(B)$，这方面的应用主要有测量磁场强度的高斯计、测量转速的霍尔转速表、磁性产品计数器、霍尔角编码器以及基于微小位移测量原理的霍尔加速度计、微压力计等。

2）维持 I、B 不变，则 $E_H = f(\theta)$，这方面的应用有角位移测量仪等。

3）维持 θ 不变，则 $E_H = f(IB)$，即传感器的输出 E_H 与 I、B 的乘积成正比，这方面的应用有模拟乘法器、霍尔功率计、电能表等。

1. 角位移测量仪

角位移测量仪结构示意图如图 5-8 所示。霍尔元件与被测物连动，而霍尔元件又在一个恒定的磁场中转动，于是霍尔电动势 E_H 就反映了转角 θ 的变化。不过，这个变化是非线性的（E_H 正比于 $\cos\theta$），若要求 E_H 与 θ 呈线性关系，必须采用特定形状的磁极。

2. 笔记本计算机屏幕开合状态检测

笔记本计算机是一种小型、方便携带的个人计算机。和台式计算机有着类似的结构组成，但有着体积小、重量轻、便于携带的优点。在笔记本计算机中，霍尔传感器主要用来检测屏幕开合状态，以此来判断计算机的工作状态，从而点亮或熄灭屏幕显示，达到减少机器功耗的目的，一般采用开关型霍尔元件。大多数情况下，是在笔记本计算机的显示屏内安装磁体，在机身主板内的对应部分安装霍尔元件，如图 5-9 所示。当屏幕开启时磁铁远离霍尔元件，计算机正常工作；当屏幕闭合时磁铁靠近霍尔元件，霍尔周围磁场开始变化，笔记本计算机的屏幕会自动熄灭，进入休眠状态。

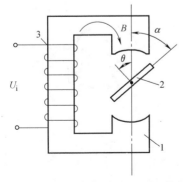

图 5-8　角位移测量仪结构示意图
1—极靴　2—霍尔元件　3—励磁线圈

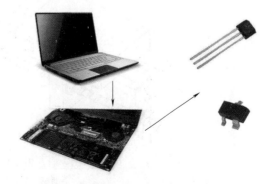

图 5-9　霍尔传感器在笔记本计算机中
检测屏幕开合状态

3. 霍尔无刷电动机

传统的直流电动机使用换向器来改变转子（或定子）的电枢电流的方向，以维持电动机的持续运转。霍尔无刷电动机取消了换向器和电刷，而采用霍尔元件来检测转子和定子之间的相对位置，其输出信号经放大、整形后触发电子电路，从而控制电枢电流的换向，维持电动机的正常运转。图 5-10 是霍尔无刷电动机的结构示意图。

由于无刷电动机不产生电火花及电刷磨损等问题，所以它在录像机、CD 唱机、光驱等家用电器中得到广泛的应用。

4. 霍尔接近开关

霍尔接近开关应用示意图如图 5-11 所示。在图 5-11a 中，磁极的轴线与霍尔接近开关的轴线在同一直线上。当磁铁随运动部件移动到距霍尔接近开关几毫米时，霍尔接近开关的输出由高电平变为低电平，经驱动电路使继电器吸合或释放，控制运动部件停止移动（否则将撞坏霍尔接近开关）起到限位的作用。

在图 5-11b 中，磁铁随运动部件运动，当磁铁与霍尔接近开关的距离小于某一数值时，霍尔接近开关的输出由高电平跳变为低电平。与图 5-11a 不同的是，当磁铁继续运动时，与霍尔接近开关的距离又重新拉大，霍尔接近开关输出重新跳变为高电平，且不存在损坏霍尔接近开关的可能。

在图 5-11c 中，磁铁和霍尔接近开关保持一定的间隙，且均固定不动。软铁制作的分流翼片与运动部件联动。当它移动到磁铁与霍尔接近开关之间时，磁力线被屏蔽（分流），无法到达霍尔接近开关，所以此时霍尔接近开关输出跳变为高电平。改变分流翼片的宽度可以改变霍

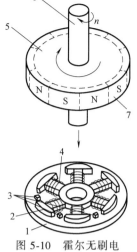

图 5-10 霍尔无刷电动机结构示意图

1—定子底座 2—定子铁心 3—霍尔元件 4—线圈 5—外转子 6—转轴 7—磁极

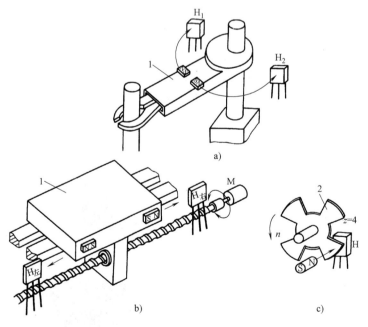

图 5-11 霍尔接近开关应用示意图

a）接近式 b）滑过式 c）分流翼片式

1—运动部件 2—软铁分流翼片

尔接近开关的高电平与低电平的占空比。这种方法的精确度比图 5-11a、b 所示的方法精确。前面介绍过的汽车霍尔分电器就是它的一个典型应用实例，电梯"平层"也是利用分流翼片的原理制成的。

5. 霍尔电流传感器

霍尔电流传感器是近十几年发展起来的新一代的电力仪表。它具有电流互感器无法比拟的优点。例如，能够测量直流电流，弱电回路与主回路隔离，能够输出与被测电流波形相同的"跟随电压"，容易与计算机及二次仪表接口，准确度高、线性度好、响应时间快、频带宽，不会产生过电压等，因而广泛应用于冶金、电镀、电解、电力输变、交流传动等自动控制系统中的电流的检测和控制。

（1）工作原理

用一环形（有时也可以是方形）导磁材料做成铁心，套在被测电流流过的导线（也称电流母线）上，将导线中电流感应的磁场聚集在铁心中。在铁心上开一与霍尔传感器厚度相等的气隙，将霍尔 IC 紧紧地夹在气隙中央。电流母线通电后，磁力线就集中通过铁心中的霍尔 IC，霍尔 IC 就输出与被测电流成正比的输出电压或电流。霍尔电流传感器原理示意及外形如图 5-12 所示。

（2）技术指标及换算

霍尔电流传感器可以测量高达 2000A 的电流；电流的波形可以是高达 100kHz 的正弦波和到电工技术较难测量的高频窄脉冲；它的低频端可以一直延伸到直流电；响应时间小于 1μs，电流上升率（$\mathrm{d}i/\mathrm{d}t$）大于 200A/μs。

基于技术进步和技术嫁接的原因，在工程中，霍尔电流传感器的技术指标套用交流电流互感器的技术指标，将被测电流称为一次电流 I_P，将霍尔电流传感器的输出电流称为"二次电流" I_S（霍尔传感器中并不存在二次侧），一般被设置为很小的数值，只有 10 ~ 500mA。又套用交流电流互感器的"匝数比"概念来定义 $I_\mathrm{S}/I_\mathrm{P}$ 和 $N_\mathrm{P}/N_\mathrm{S}$。在霍尔电流传感器中，$N_\mathrm{P}$ 被定义为"一次线圈"的匝数，一般取 $N_\mathrm{P} = 1$；N_S 为厂家所设定的"二次线圈的匝数"，因此有

$$\frac{N_\mathrm{P}}{N_\mathrm{S}} = \frac{I_\mathrm{S}}{I_\mathrm{P}} \tag{5-3}$$

依据霍尔电流传感器的额定技术参数和输出电流 I_S 以及式（5-3），就可以计算得到被测电流。

如果将一只负载电阻 R_S 并联在"二次侧"的输出电流端，就可以得到一个与"一次电流"（被测电流）成正比的、大小为几伏的电压输出信号。霍尔电流传感器的"一次侧"与"二次侧"电路之间的击穿电压可以高达 6kV，有很好的隔离作用，所以可直接将"二次侧"的输出信号接到计算机电路。

被测电流应接近于传感器的额定值 I_PN。若条件所限，仅有一个额定值很高的传感器，而欲测量的电流值又低于额定值很多时，为了提高测量准确度，可以把"一次侧"导线在铁心中间多绕几圈。例如，当用额定值为 200A 的传感器测量 10A 的电流时，为提高准确度，可将"一次侧"导线在传感器的铁心内孔中心绕 10 圈，即 $N_\mathrm{P} = 10$，则 $N_\mathrm{P} \times 10\mathrm{A} = 100\mathrm{A}$，达到传感器额定值的一半，从而提高了准确度。当被测导线在铁心之间穿绕的匝数太多时，被测回路的感抗将增大许多，有可能人为地减小被测回路的电流。

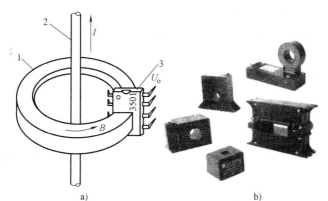

a)　　　　　　　　　　　　　　　b)

图 5-12　霍尔电流传感器原理示意及外形

a）原理示意　b）外形

1—铁心　2—被测电流母线　3—线性霍尔 IC

任务 5.2　干　簧　管

【任务教学要点】

知识点

● 干簧管的结构、分类和工作原理。

● 干簧管的应用场合。

技能点

● 干簧管传感器在气缸中的安装位置。

● 干簧管传感器在机械手中的作用。

　　干簧管是干式舌簧管的简称，是一种有触点的开关元件，具有结构简单、体积小、便于控制等优点。干簧管与永磁体配合可制成磁控开关，用于报警装置及电子玩具中；与线圈配合可制成干簧继电器，用在机电设备中，起迅速切换作用。

1. 干簧管接近开关的工作原理

　　干簧管接近开关的外形图如图 5-13 所示，结构如图 5-14 所示。该干簧管由一对磁性材料制造的弹性磁簧组成，磁簧密封于充有惰性气体的玻璃管中，磁簧端面互叠，留有一条细间隙。

图 5-13　干簧管接近开关的外形图

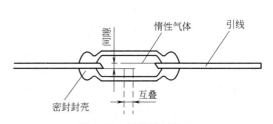

图 5-14　干簧管结构图

磁簧端面触点镀有一层贵重金属（如金、铑、钌等），使开关特性稳定，并延长使用寿命。

干簧管接近开关的结构如图 5-15 所示。由恒磁铁或线圈产生的磁场施加于干簧管开关上，使干簧管的两个磁簧磁化，两个磁簧分别在两触点位置生成 N、S 极。若生成的磁场吸引力克服了磁簧弹性所产生的阻力，磁簧将被吸引力作用接触导通，即电路闭合。一旦磁场力消失，电路断开。图 5-16 所示为安装在活塞带有磁环的气缸专用干簧管接近开关。

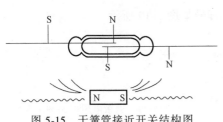

图 5-15　干簧管接近开关结构图

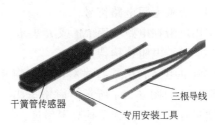

图 5-16　气缸专用干簧管接近开关

2. 干簧管接近开关的应用

图 5-17 所示为活塞上带有磁环的气缸，将干簧管接近开关安装在缸体槽内，用以检测活塞的位置。图 5-18 所示为利用气缸组成的简易机械手，该机械手利用干簧管传感器检测活塞杆伸出的位置，通过 PLC 可编程控制器控制其动作。

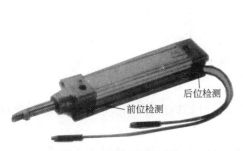

图 5-17　带有磁环的气缸

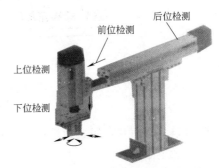

图 5-18　利用气缸组成的简易机械手

任务 5.3　其他磁敏传感器

【任务教学要点】

知识点
- 磁敏效应、磁敏电阻的主要参数和主要应用。
- 磁敏二极管的工作原理、温度特性和常用的磁敏二极管型号参数。
- 磁敏晶体管常用型号、主要参数和典型应用。

技能点
- 磁阻比的计算。
- 磁敏电阻作为无触点电位器时输出电压与永久磁铁位置关系认知。
- 磁敏二极管典型应用电路装调。
- 磁敏晶体管典型应用电路装调。

5.3.1　磁敏电阻

磁敏电阻又叫磁控电阻，是一种对磁场敏感的半导体元件，它可以将磁感应信号转换为电信号。

1. 磁敏电阻基本知识

（1）磁敏电阻电路符号

磁敏电阻在电路中用 RM 或 R 表示，其电路图形符号如图 5-19 所示。

（2）磁敏电阻结构特点

磁敏电阻是利用某些材料电阻的磁敏效应制成的，其外形结构如图 5-20a 所示。磁敏电阻一般做成片状，长、宽只有几毫米。为了提高灵敏度，电阻体经常做成弯弯曲曲的形状，并通过光刻等方法形成栅状的短路条。

图 5-19　磁敏电阻电路图形符号

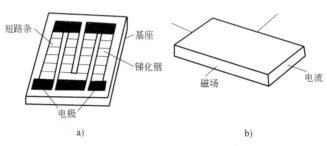

图 5-20　磁敏电阻结构外形

a）结构　b）外形

磁敏电阻多采用片形膜式封装结构，有两端和三端（内部有两只串联的磁敏电阻）之分。

（3）磁敏电阻原理

磁敏电阻是利用半导体的磁阻效应制成的，常用 InSb（锑化铟）材料加工而成。半导体材料的磁阻效应包括物理磁阻效应和几何磁阻效应。

1）物理磁阻效应：又称为磁电阻率效应。在一个长方形半导体 InSb 片中，沿长度方向有电流通过时，若在垂直于电流片（如图 5-20b 所示）的宽度方向上施加一个磁场，半导体 InSb 片长度方向上就会发生电阻率增大的现象，这种现象就称为物理磁阻效应。

2）几何磁阻效应：半导体材料磁阻效应是与半导体片几何形状有关的物理现象。实验表明，当半导体片的长度大于宽度时，磁阻效应并不显著；相反，当长度小于宽度时，磁阻效应就很明显。

2. 磁敏电阻的主要参数

磁敏电阻的主要参数有：磁阻比、磁阻系数、磁阻灵敏度等。

（1）磁阻比

磁阻比是指在某一规定的磁感应强度下，磁敏电阻的电阻值与零磁感应强度下的电阻值之比。

磁敏电阻在弱磁场时，磁阻比与磁感应强度的二次方成正比；在强磁场时，与磁感应强度成正比。这种关系如图 5-21 曲线所示。图 5-21 中的 R_B/R_0 为磁阻比，B 为磁感应强度。由此可见，磁阻比随磁场方向变化具有对称性。也就是说，在弱磁场作用下，磁敏电阻的阻值变化较慢；在强磁场作用下，电阻值按线性关系增加。例如本征锑化铟和锑化材料制成的磁敏电阻，在磁感应强度为 3000×10^{-4} T 时，$\dfrac{R_B}{R_0} = 3 \sim 3.2$；当磁感应强度为 10000×10^{-4} T 时，$\dfrac{R_B}{R_0} = 13 \sim 18$。

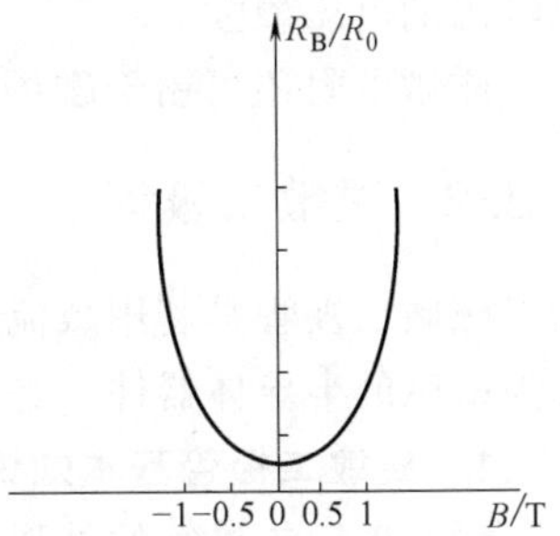

（2）磁阻系数

磁阻系数是指在某一规定的磁感应强度下，磁敏电阻的电阻值与其标称电阻值之比。

（3）磁阻灵敏度

磁阻灵敏度是指在某一规定的磁感应强度下，磁敏电阻的电阻值随磁感应强度的相对变化率。

图 5-21 磁敏电阻的电阻-磁感应强度特性曲线

（4）其他参数

磁敏电阻在室温下的初始电阻值为 $10 \sim 500\Omega$；其电阻温度系数相当大，在 $0 \sim 65℃$ 范围内约为 $-2\%/℃$；额定功率为 20mW。

3．磁敏电阻的典型应用

磁敏电阻的应用较广泛，在自动控制中的典型应用如下。

（1）磁敏传感器

用磁敏电阻作核心元件的各种磁敏传感器，它们的工作原理基本相同，仅是根据用途、结构不同而种类各异。

磁敏传感器的工作原理如图 5-22 所示。其中的磁敏电阻是由 R_1 与 R_2 构成的三端式元件，且 $R_1 = R_2$，1 脚与 3 脚为电压输入端，2 脚和 3 脚（或 2 脚与 1 脚）为输出端。

这样，由 R_1 与 R_2 构成一个分压电路。永久磁铁的面积与 R_1 与 R_2 的面积相等，然后将它覆盖在 R_1 与 R_2 上面，仅留一个微小的间隙以便能左右移动。当永久磁铁完全覆盖在 R_1 上时，2 脚与 3 脚输出的电压最小；当永久磁铁完全覆盖在 R_2 上时，2 脚与 3 脚输出电压最大；当永久磁铁处于中央位置时，也就是将 R_1 与 R_2 各覆盖一半时，输出电压就会等于输入电压的 $1/2$。

（2）无触点电位器

用磁敏电阻作无触点电位器的原理同图 5-22 基本相同，只是将磁敏电阻 R_1 与 R_2 分别制成了两个圆形，组合在一起就成了一个圆环，永久磁铁是一个面积与上述磁敏电阻面积相等的半圆。永久磁铁的位移不是直线式而是 $360°$ 旋转式，其结构示意图如图 5-23 所示。

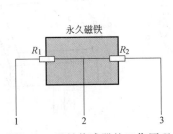

图 5-22 磁敏传感器的工作原理

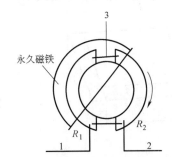

图 5-23 无触点电位器的结构示意图

这样，当永久磁铁完全覆盖 R_1 时，输出电压最小；当永久磁铁沿顺时针方向旋转 $90°$ 时，恰好覆盖 R_1 与 R_2 各一半，则输出电压为输入电压的 $1/2$；当 R_2 全部被永久磁铁覆盖时，此时输出的电压最大。

磁敏电阻还可用于磁场强度、漏磁的检测等。

5.3.2 磁敏二极管

磁敏二极管是利用载流子在磁场中运动时会受到洛伦兹力作用的原理制成的。它是对磁场极为敏感的半导体器件，是为了探测较弱磁场而设计的。

1. 磁敏二极管基本知识

（1）磁敏二极管的外形与电路图形符号

磁敏二极管的外形如图 5-24a 所示。较短的引脚为负极（N^+区）。凸出面为磁敏感面，即图 5-23a 中箭头所指的那一面。图 5-24b 为磁敏二极管的图形符号。

（2）磁敏二极管的基本结构

磁敏二极管的结构如图 5-25a 所示。它的结构形式与 PIN 二极管相似，是一种 P^+-I-N^+结构的半导体器件。

如图 5-25a 所示，它是一种用一块接近于本征的高纯度半导体材料硅或锗，在其两端用合金或扩散法分别制作 P^+ 和 N^+ 区，中间隔以较长的近本征区，形成 P^+-I-N^+结构。再在本征区的侧面上，用研磨或扩散等工艺形成高复合区 r，由此就制成了磁敏二极管。P^+端引线为正极端，N^+端引线为负极端。

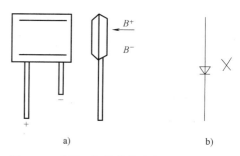

图 5-24 磁敏二极管的外形与电路图形符号

a）外形 b）图形符号

需要说明的是：磁敏二极管中间间隔的近本征区的长度大于空穴和电子的扩散长度。

（3）磁敏二极管工作原理

要使磁敏二极管正常工作，必须在 P^+端接电源正极，N^+端接电源负极，它也具有单向导电特性。在无外磁场时，空穴由 P^+区注入 I 区，电子由 N^+区注入 I 区，流入 I 区的电子和空穴构成了电流，很少一部分在 I 区复合掉。

1）加正向磁场 B^+

当加上如图 5-25b 所示的正向磁场 B^+时，由于洛伦兹力的作用，电子和空穴都会向高复合区 r 处偏转，在 r 区电子和空穴的复合率很高，由于大量的空穴和电子已复合，使 I 区载流子浓度减低，电阻增大，电流减小。

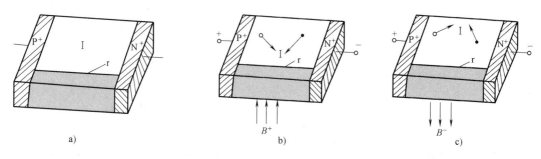

图 5-25 磁敏二极管的基本结构和工作原理示意图

a）基本结构 b）加正向磁场 B^+ c）加反向磁场 B^-

2) 加反向磁场 B^-

当加上如图 5-25c 所示的反向磁场 B^- 时，注入 I 区的电子和空穴会离开复合区向 r 面相对的方向偏转。这样，电子和空穴的复合率就减小，载流子浓度增大，电阻减小，电流增大。

随着磁场强度的增加，电阻的变化也就增大，由于磁敏二极管把空穴和电子两种载流子注入效应和复合效应巧妙地结合起来，因此对磁场的灵敏度很高。

流过磁敏二极管的电流会随磁场的强弱和方向变化，因此磁敏二极管是探测磁场的有效器件。

（4）常用磁敏二极管

国产常用的磁敏二极管主要有硅材料做成的 2DCM 系列以及由锗材料做成的 2ACM 系列，它们的主要参数见表 5-2。

表 5-2　2DCM 和 2ACM 系列磁敏二极管的主要参数

型号	最大耗散功率/mW	工作电压/V	工作电流/mA	负载电阻/kΩ	磁场输出电压/V		ΔV^+ 温度系数	工作频率/kHz
					ΔV^+	ΔV^-		
2DCM-2A	40	12.5	2.8	3	0.5~0.75	≥0.25	0.6	>100
2DCM-2B	40	12.5	2.8	3	0.75~1.25	≥0.35	0.6	>100
2DCM-2C	40	12.5	2.8	3	≥1.25	≥0.6	0.6	>100
2ACM-1A	50	4~6	2~2.5	3	<0.6	≥0.4	1.5	10
2ACM-1B	50	4~6	2~2.5	3	≥0.6	≥0.4	1.5	10
2ACM-1C	50	4~6	2~2.5	3	>0.8	>0.6	1.5	10
2ACM-2A	50	6~8	1.5~2	3	<0.6	<0.4	1.5	10
2ACM-2B	50	6~8	1.5~2	3	≥0.6	≥0.4	1.5	10
2ACM-2C	50	6~8	1.5~2	3	>0.8	>0.6	1.5	10
2ACM-3A	50	7~9	1~1.5	3	<0.6	<0.4	1.5	10
2ACM-3B	50	7~9	1~1.5	3	≥0.6	≥0.4	1.5	10
2ACM-3C	50	7~9	1~1.5	3	>0.8	>0.6	1.5	10

（5）磁敏二极管温度特性曲线

常见的磁敏二极管 2ACM 的温度特性曲线如图 5-26 所示。由该曲线不难看出，随着温度的升高，磁场输出电压 ΔV^+ 或 ΔV^- 均下降。这种现象是由于制作材料锗对温度比较敏感造成的。

2. 磁敏二极管的典型应用电路

磁敏二极管在工作时，外加磁场的磁力线应尽量与复合区 r 平行，即垂直于磁敏二极管正凸面，以求得到最大的磁灵敏度。

（1）磁敏二极管基本应用电路

磁敏二极管的典型应用电路如图 5-27a 所示，正常工作时，随着磁场方向和大小的变化，负载两端就可以得到极性相同而大小不同的电信号 u_o。

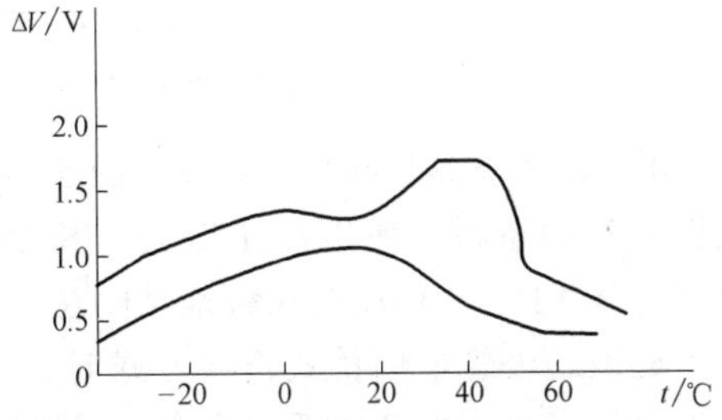

（2）具有温度补偿作用的典型应用电路

图 5-26　磁敏二极管 2ACM 温度特性曲线

1）互补方式。为了克服磁敏二极管单管接法时由于温度变化引起的工作点漂移，可以采用两只参数尽可能一致的磁敏二极管背靠背或面对面地重叠起来（如图 5-27b 所示），接成差动或互补连接方式，如图 5-28a 即为互补连接方式。

2）加热敏电阻补偿方式。为了补偿磁敏二极管的工作点漂移现象，也可以采用加热敏电阻补偿的方法，具体连接电路如图 5-28b 所示，VD_1 与 VD_2 仍采用背靠背或面对面的安装方法。

3）全桥连接补偿方式。在弱磁场中使用磁敏电阻时，也可以将 4 只工作点电压相同、参数尽量一致的磁敏二极管连接成桥式，如图 5-29a 所示，其中的 4 只磁敏二极管每两只重叠。这样既可以补偿因温度特性造成的漂移，又可大大提高磁灵敏度。

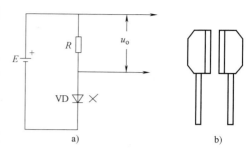

图 5-27　磁敏二极管的典型应用电路
和重叠安装示意图

a）典型应用电路　b）重叠的两只磁敏二极管

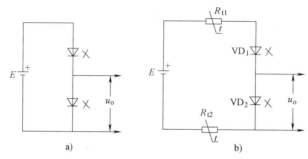

图 5-28　磁敏二极管互补与加热敏电阻补偿方式连接电路

a）互补连接方式　b）加热敏电阻补偿方式

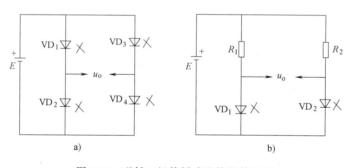

图 5-29　磁敏二极管桥式连接补偿方式

a）四管全桥连接补偿方式　b）双管全桥连接补偿方式

4）双管全桥连接补偿方式。图 5-29b 也是一种磁敏电桥补偿方式，只是由于有两只磁敏二极管参加搭桥，所以属于双管全桥磁敏电桥。使用时，也必须将 VD_1 与 VD_2 背靠背地粘贴在一起安装。

磁敏二极管采用桥式连接方式时，其供电电源也要相应地提高，为了保证电桥的平衡，可按图 5-30 所示的方法加设一只可调电位器 RP_1，用来进行平衡调节。

由于磁敏二极管可以将磁信号转换为电信号，故广泛应用于磁场检测、电流测量、无损探伤、无触点开关以及无电刷直流电动机的自动控制等方面，尤其在工业及科研

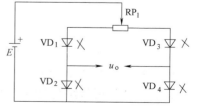

图 5-30　加接平衡调节电
位器的全桥补偿电路

领域应用较多。

5.3.3　磁敏晶体管

磁敏晶体管是在磁敏二极管的基础上发展起来的另一种磁电传感器。

1. 磁敏晶体管基本知识

磁敏晶体管是一种对磁场敏感的磁电转换器件，它可以将磁信号转换为电信号。常见的磁敏晶体管有 3CCM 和 4CCM 等型号。

（1）3CCM 的外形及图形符号

3CCM 是一种采用双极型结构，具有正、反向磁灵敏度极性，有确定的磁敏感面（通常用色点标注）。图 5-31a 是 3CCM 的正视图，图 5-31b 是其侧视图，标有黑点的一面（即图 5-31a 中箭头所指的面），即为磁敏感面。其图形符号如图 5-31c 所示。

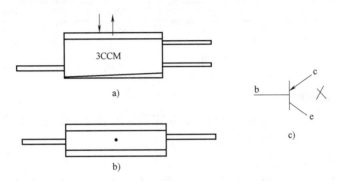

图 5-31　3CCM 磁敏晶体管外形及图形符号

a）正视图　b）侧视图　c）图形符号

（2）4CCM 的外形及图形符号

4CCM 系列磁敏晶体管是由两只 3CCM 磁敏晶体管和两只电阻连接而成的，具有温度补偿的特点。图 5-32a 是 4CCM 系列磁敏晶体管的外形，图 5-32b 是其图形符号，图 5-32c 为其内部电路图。

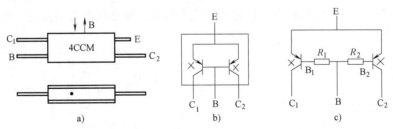

图 5-32　4CCM 磁敏晶体管外形、图形符号和内部电路图

a）外形　b）图形符号　c）内部电路图

2. 磁敏晶体管的主要参数

国产 3CCM 系列磁敏晶体管是一种具有电流双极型 PNP 型结构的长基区晶体管，其基区的宽度大于载流子的扩散长度，它的放大倍数 $\beta<1$，但其集电极电流输出特性在磁场中的增加或减小，使其具有正、反磁灵敏度，这一磁灵敏度通常是用集电极电流相对变化量来表示的。

表 5-3 中列出了几种磁敏晶体管的主要电参数，供使用时参考。

表 5-3 几种磁敏晶体管主要电参数

参数名称	符号	测试条件	3CCM 系列	3ACM 系列	3BCM 系列
无磁场时的集电极电流	I_{CHO}	$V_{CC}=6V$ $I_b=3mA$ $R_L=100\Omega$	$100\sim450\mu A$	$0.5\sim1.5mA$	$100\sim500\mu A$
磁灵敏度	h	$V_{CC}=6V$ $I_b=3mA$ $R_L=100\Omega$ $H=\pm1kGs$	$\pm>75\%/kGs$	$20\%/kGs\sim$ $50\%/kGs$	$5\%/kGs\sim$ $30\%/kGs$
击穿电压	BV_{CEO}	$R_L=100\Omega$ $I_b=0$ $I_{ceo}=10\mu A$	$\geqslant20V$	$20\sim50V$	$\geqslant25V$
最大功耗	P_M	—	$20mW$	$45mW$	$45mW$
工作温度	—	—	$-45\sim+85℃$	$-45\sim+75℃$	$-45\sim+75℃$
最高结温	T_M	—	$100℃$	$100℃$	$100℃$
反向漏电流	—	—	$400\mu A$	$300\mu A$	$200\mu A$

3. 磁敏晶体管典型应用

磁敏晶体管 $\beta<1$，它的输出阻抗比较高，在实际应用中应考虑其所配的接口电路类型，以便将磁敏晶体管变换后的信号进行放大。

（1）射极跟随器式接口电路

采用射极跟随器式的接口电路如图 5-33 所示。在该电路中，VD_1 与 R_1 构成了 VT_1 的基极电压稳压电路，以使 VT_1 的集电极电流也稳定，这样可使流入磁敏晶体管 VT_2 的基极电流恒定，从而减弱了电源电压波动和温度变化对 VT_2 静态工作点的影响。RP_1 用于调节输入 VT_2 基极的电流。VT_3 采用射极跟随器式连接方式，有利于同后级电路进行阻抗匹配。

（2）有源负载接口电路

图 5-34 是采用温度特性较好的 4CCM 型磁敏晶体管组成的有源负载接口电路。在该电路中，VT_3 与 VT_4、$R_1\sim R_3$、$R_4\sim R_6$ 共同构成了 VT_1 与 VT_2 管的集电极恒流源负载。由于采用这一恒流措施，故由磁敏晶体管检测到的磁场变化而引起的集电极电流的变化，就可在负载上产生较高的输出电压。

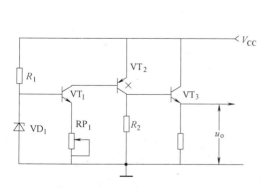

图 5-33 射极跟随器式接口电路

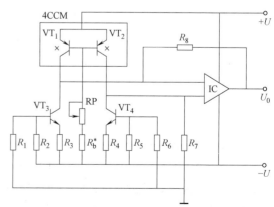

图 5-34 由 4CCM 型磁敏晶体管组成的有源负载接口电路

（3）应用说明

在使用磁敏晶体管时，应将其置于磁场中，并设定一个恒定的基极电流 I_b，这样，其集电极电流 I_c 的变化，就能反映出磁场的大小。磁敏感传感器正是利用这一特性制成的。这是一种线性传感器，可用来检测磁场强度、电流、压力、流量、压差、液位，还可用来作为接近开关、精确定位、限位开关等，是自动控制中磁 – 电转换的重要器件之一。

5.4　同步技能训练

5.4.1　霍尔电子转把和闸把的测试

1. 目的要求

通过对霍尔开关集成电路和霍尔线性集成电路在电动车中应用情况的学习，以及对它们工作状态的测试，掌握霍尔集成电路传感器的基本应用。

2. 工具、仪器、仪表和器材

1）工具：常用电子组装工具一套。

2）仪器、仪表：数字万用表一块；稳压电源一台。

3）器材：电动车用电子型闸把一只；霍尔型调速转把一只；电动车用无刷直流电动机一台。

3. 电动自行车电路系统工作原理

电动自行车作为经济而环保的交通工具，近些年来倍受人们青睐，发展很快，它们所使用的电动机有普通直流电动机和无刷直流电动机两类，除去电动机外其他主要电气部件还包括电子型闸把、调速转把、控制器和蓄电池组。以无刷直流电动机为例，其电路系统框图如图 5-35 所示。

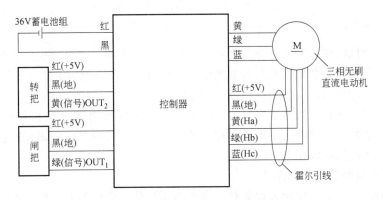

图 5-35　电动自行车电路系统框图

图 5-35 中 36V 蓄电池组提供的直流电能，一方面经控制器降压、稳压后为闸把、转把及三相无刷直流电动机内转子位置检测用霍尔集成传感器供电；另一方面经控制器内功率电子开关器件的开关作用实现无刷直流电动机电枢电流换向，为电枢绕组供电，实现电能到机械能的转换。其中转把中使用一线性霍尔集成电路与随转把一同转动的永久磁铁构成一线性霍尔集成传感器，结构如图 5-36a 所示。当转动转把时，永久磁铁的 S 极逐渐靠近霍尔元件的正面，OUT_2 引线上的对地电压逐渐升高，在 1.1~4.2V 之间变化。控制器将根据此电压的高低调节

施加于无刷直流电动机电枢绕组上的电压高低，实现电动机的调速控制。电子闸把中则使用一开关霍尔集成传感器，结构如图5-36b所示。未捏闸把时，永久磁铁远离霍尔元件，在外部上拉电阻的作用下，OUT_1引线上输出高电平；捏动闸把，永久磁铁的S极靠近霍尔元件，使OUT_1引线上的输出电平翻转为低电平。控制器将根据此电平信号决定是否将电源电压施加到无刷电动机电枢绕组上，实现电动机起停的允许控制，即保证在电动车刹车时令控制器断开加于电动机上的电源。

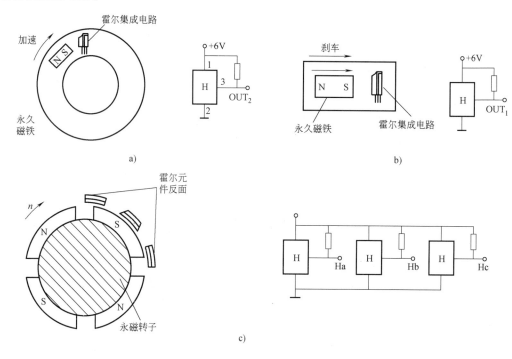

图 5-36　主要电气部件结构示意图

a）转把结构示意图　b）闸把结构示意图　c）无刷电动机转子及霍尔元件位置示意图

　　无刷直流电动机内部装有3只开关霍尔集成电路，与无刷直流电动机的嵌有永久磁铁的转子一同构成转子位置检测装置，其结构如图5-36c所示。转子在转动时，3只固定安装的霍尔元件输出引线Ha、Hb、Hc上的电平依次按照010→110→100→101→001→011→010…的规律变化，控制器根据这3根引线上的实际电平组合情况，改变其内部功率电子开关的开关状态，以达到保持相同磁极下电枢绕组中电流方向一致的电子换向目的，即完成普通直流电动机中电刷和换向器共同实现的换向任务。

4. 霍尔传感器的工作状态测试

　　设计简单的测试电路，使用万用表对上述各类霍尔集成传感器的工作状态予以测试。

　　1）按图5-36a连接好电路，其中电源可用稳压电源提供，上拉电阻取值为1～5kΩ；将数字万用表置于直流电压档，测量OUT_2端对地电压。在转动转把的过程中，电压在1.1～4.2V之间变化。

　　2）按图5-36b连接好电路，其中电源可由稳压电源提供，上拉电阻为1～5kΩ，将数字万用表置于直流电压档，测量OUT_1端对地电平。在捏动闸把前后，此电平应有高低状态的翻转。

　　3）按图5-37连接好电路，其中电源可由稳压电源提供，上拉电阻均取560Ω，三只发光二极管最好用不同颜色的发光管。这时慢慢转动无刷直流电动机的永磁转子，验证三只发光管的变化规律是否按 010→110→100→101→001→011→010… 进行变化（其中 1 为灭，0 为亮）。若出现常亮或常灭的发光二极管，则说明它对应的霍尔元件已损坏。

5．思考题

电子转把和闸把中霍尔传感器的性能测试中可否也用发光二极管进行指示，若可以，请搭接相应电路并验证。

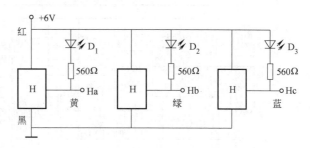

图 5-37　霍尔器件检测电路图

5.4.2　干簧管式水位控制装置

1. 项目描述

干簧管式自动水位控制装置由干簧管作为主要控制器件，具有结构简单，安装维修方便，动作准确可靠，不受水位波动影响等特点，适用于工矿企业、民用建筑、科技研究领域中的水塔、水箱和水池等的水（液）位自动控制或报警。同时也可广泛应用于处理排污放液的设施之中。

2. 项目要求

该控制装置垂直定装于水塔、水箱、水池等开口容器内，浮球随水位变化而上、下升降，当水位降至被控制的低水位（或升至被控制的高水位）时，干簧管受到磁场的作用，克服簧片原始力矩，簧片动作（常开触点闭合，常闭触点断开），发出低水位或高水位信号，并作用于水位报警装置。

自行查找项目电路中关键器件（干簧管）的特性和应用电路，并完成项目电路设计、制作、调试及必要的技术文档。

3. 项目方案设计

自动水位控制装置的水位传感器由干簧管、浮球、滑轮及永久磁铁等组成，干簧管式水位传感器原理结构图如图 5-38 所示。当浮球由于液面的升降而上、下移动时，通过滑轮与绳索将带动永久磁铁上、下移动；当永久磁铁移动到干簧管的设定位置时，干簧管内的常开接点在永久磁铁磁场的作用下接通；当永久磁铁移开时，接点则被释放。根据干簧管接点的接通与断开情况即可得知水位信号。

图 5-39 是干簧管式水位控制装置的电路原理图。平时，水箱内的水位在图示的 A、B 之间时，干簧管 G_1、G_2 不受永久磁铁磁场的作用，G_1 和 G_2 内部的常开触点均处于断开状态，使 IC_1 复位，IC_1 的 3 脚输出低电平，继电器 K 不工作，其触点 K_1 断开，水泵电动机不工作。与

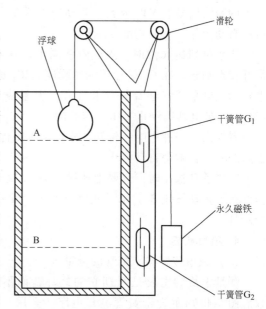

图 5-38　干簧管式水位传感器原理结构图

此同时，由于 C_1、C_2 的断开，使 VT_1 和 VT_2 均处于截止状态，IC_2 音响集成电路的选声端均处于高电平而不工作，扬声器不发出报警声响。

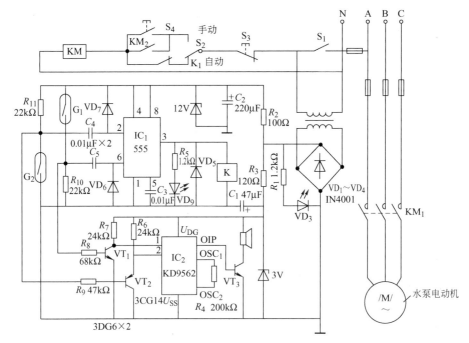

图 5-39　干簧管式水位控制装置的电路原理图

当液位下降低于 B 点时，永久磁铁同干簧管 G_2 接近，在永久磁铁磁场的作用下，G_2 内部的常开触点接通。在 G_2 触点接通的瞬间 IC_2 的 2 脚得到负脉冲信号而被触发翻转，其 3 脚输出高电平，继电器 K 工作，K_1 触点接通，交流接触器 KM 得电工作，其常开触点 KM_1 闭合，使水泵电动机旋转并向水箱注水。同时 VT_2 导通，使 IC_2 的一个选声端为低电平而工作，IC_2 产生的警笛信号经 VT_3 放大，驱动扬声器发出声响。随着水位的提高，G_2 失去磁性控制，警笛声自动消除，水泵仍继续工作。

当水位到达 A 点时，永久磁铁同干簧管 G_1 接近，在永久磁铁磁场的作用下，G_1 内部的常开接点触合。在 G_1 触点接通的瞬间，IC_1 的 6 脚得到正脉冲信号触发而翻转，其 3 脚的电平转为低电平，继电器 K 停止工作，其触点 K_1 断开，交流接触器 KM 因失电而断开其触点 KM_1，水泵电动机停止工作。与此同时，VT_2 导通，使 IC_2 的另一选声端为低电平而工作，使扬声器发出另一种声响，告知注水已到上限停止注水。随着用水水位的下降，干簧管 G_1 内部触点断开，音响则自动停止。

需要手动操作时，只要把转换开关 S_2 置于"手动"位置，按下起动按钮 S_4 就可使水泵工作。按下止动按钮 S_3，水泵便停止工作。发光二极管 VD_8 为电源指示灯，VD_9 为电动机工作指示灯。

4. 项目实施

（1）磁敏传感器干簧管的测量

测量干簧管主要是判别它的好坏，而不是测量它的参数。图 5-40 所示为干簧管测量电路，采用一个发光二极管和一个电阻（发光二极管的限流电阻为 520Ω），测量时将磁铁逐渐靠近干簧管，当距离一定时（与磁铁大小有关），干簧管簧片吸合接通，发光二极管点亮。将磁铁逐渐移开干

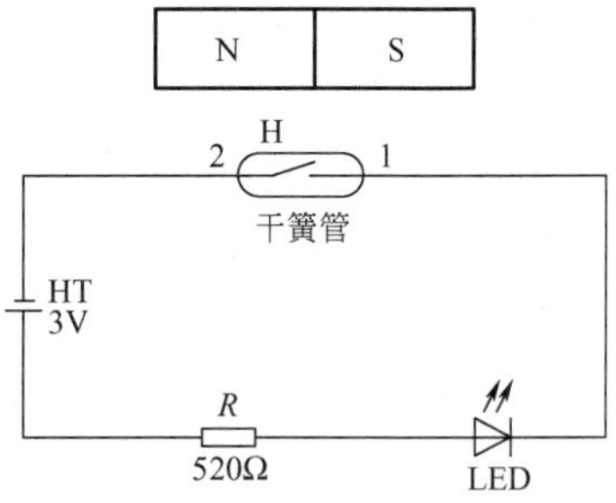

图 5-40　干簧管测量电路

簧管，外加磁场消失，簧片恢复原状，电路断开，发光二极管熄灭。往复数次，与上述情况相符，则该干簧管是好的。若发光二极管点亮后，将磁铁移开时发光二极管仍点亮，以及当磁铁靠近时发光二极管也不亮等，则说明该干簧管已失去开关作用。如果没有磁铁，也可用外磁扬声器后面的磁钢来代替，测量方法相同。

（2）根据电路原理图制作干簧管式水位控制装置

准备电路所需元器件，画电路布局设计图，再焊接元器件。焊接时注意合理布局，先焊小元器件，再焊大元器件，防止小元器件插接后掉下来的现象发生。焊接完成后进行检查。

继电器的引脚容易记错，注意继电器的引脚及关系。

（3）通电调试

（4）完成实训报告

5.4.3　磁敏电阻综合应用

近年来，巨磁电阻传感器在道路车辆参数检测系统中获得广泛的应用。众所周知，地球磁场的强度为 $5\times10^{-3}\sim6\times10^{-3}\mathrm{T}$，而且地球磁场在很广阔的区域内（大约几千米）其强度是一定的。当一个铁磁性物体（如汽车）置身于磁场中，它将会使磁场产生扰动，原理如图 5-41 所示。此时，如果将巨磁电阻传感器放置于行进的被测汽车附近，则当汽车在道路上正常行驶时，便可以利用巨磁电阻传感器测量出地球磁场强度的变化，从而对车辆的相关运行参数进行测量与判断。

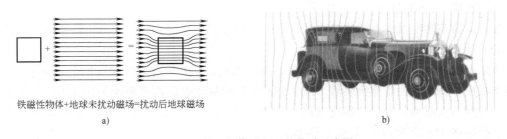

铁磁性物体+地球未扰动磁场=扰动后地球磁场
a)　　　　　　　　　　　　b)

图 5-41　铁磁物体对地磁的扰动示意图

a）铁磁性物体对地球磁场的扰动　　b）汽车对地球磁场的扰动

按照上述原理，如果仅用于检测车辆的存在和方向，可将巨磁电阻传感器放置在路边，并沿着被检测的车道放置。若对三轴磁传感器，x、y、z 轴方向定义如图 5-42a 所示，图 5-42b

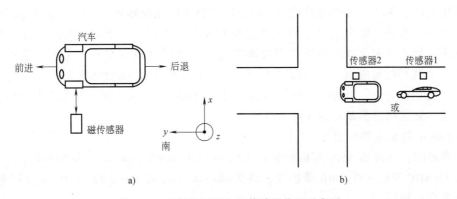

a)　　　　　　　　　　　　b)

图 5-42　车辆与巨磁电阻传感器位置示意图

a）三轴磁传感器位置示意图　　b）车辆参数检测示意图

则可以用于实现对车辆运行参数（例如超速、流量、闯红灯等）的监测。

（1）车辆流量检测

通过在一定时间间隔内对在巨磁电阻传感器上得到的脉冲计数，便可得到道路上车辆的流量参数。

（2）超速检测

在道路上相隔一定距离放置两个巨磁电阻传感器，车辆经过时两个传感器将会先后输出感知信号，经过控制器采集、处理后即可得到车辆运行的速度，以此来判断车辆是否超速。

（3）闯红灯检测

在红灯信号期间，如果有车辆经过第一个传感器，路口工业控制计算机就开始控制数码相机进行初始化设置，此时进行测光并锁定曝光方式、聚焦、白平衡等参数，当检测到车辆越过第二个传感器时，则立即控制数字照相机拍摄照片。一组违章照片就破拍了下来，并且暂存在数字照相机中，在绿灯信号期间，通过 USB 接口传输到路口工控机，当控制中心发出传输信号时，上传照片。

拓展阅读　磁传感器集成芯片—霍尼韦尔 HMC5883L

磁敏传感器主要是霍尔元件、磁阻元件，其应用的最大特点是非接触测量。其中，霍尔元件主要用于磁场测量中用作高斯计（特斯拉计）的检测探头，用于电流检测时作为电流传感器/变送器的一次元件，在直流无刷电机上用于检测转子位置并提供激励信号，集成开关型霍尔元件的转速/转数测量等。

强磁体薄膜磁阻器件作为位移传感器时广泛用于对磁尺的线性长距离位移测量，以及汽车领域的转动角度测量等。

霍尼韦尔 HMC5883L 是一种表面贴装的高集成模块，并带有数字接口的弱磁传感器芯片，应用于低成本罗盘和磁场检测领域。HMC5883L 包括最先进的高分辨率 HMC118X 系列磁阻传感器，并附带霍尼韦尔专利的集成电路（包括放大器、自动消磁驱动器、偏差校准、能使罗盘精度控制在 1°~2° 的 12 位模-数转换器）。

HMC5883L 采用霍尼韦尔各向异性磁阻（AMR）技术，这些各向异性传感器具有在轴向高灵敏度和线性高精度的特点。传感器带有的对于正交轴低敏感度的固相结构能用于测量地球磁场的方向和大小，其测量范围从几毫高斯到 8 高斯（Gs）。

霍尼韦尔 HMC5883L 磁阻传感器电路是三轴传感器并应用特殊辅助电路来测量磁场。通过施加供电电源，传感器可以将测量轴方向上的任何入射磁场转变成一种差分电压输出。磁阻传感器是由一个镍铁（坡莫合金）薄膜放置在硅片上，并构成一个带式电阻元件。在磁场存在的情况下，桥式电阻元件的变化将引起跨电桥输出电压的相应变化。这些磁阻元件两两对齐，形成一个共同的感应轴（如引脚图 5-43b 上的箭头所示），随着磁场在感应方向上不断增强，电压也会正向增长。因为输出只与沿轴方向上的磁阻元件成比例，其他磁阻电桥也放置在正交方向上，就能精密测量其他方向的磁场强度。

HMC5883L 的基本特性如下。

- 三轴磁阻传感器和 ASIC 都被封装在 3.0mm×3.0mm×0.9mm LCC 表面装配中。
- 12 位 ADC 与低干扰 AMR 传感器，能在 $\pm 8 \times 10^{-2}$T 的磁场中实现 5×10^{-5}T 分辨率。
- 内置自检功能。
- 低电压工作（2.16~3.6V）和超低功耗（100μA）。

- 内置驱动电路。
- I^2C 数字接口。
- 无引线封装结构。
- 磁场范围广（$\pm 8\times 10^{-2}$T）。
- 有相应软件及算法支持。
- 最大输出频率可达 160Hz。

图 5-43 为 HMC5883L 的外形结构与引脚功能示意图，图 5-44 为 HMC5883L 磁阻传感器配合单片机构成的磁角度测量电路原理图。

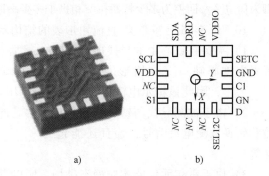

图 5-43　HMC5883L 外形结构与引脚功能

a）外形结构　b）引脚功能

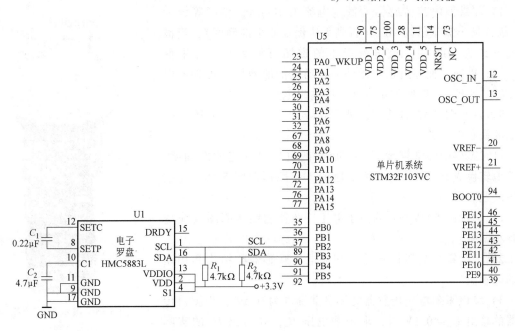

图 5-44　磁角度测量电路原理图

思考与练习

1. 什么是霍尔效应和霍尔元件？霍尔传感器有哪些主要参数？

2. 霍尔传感器适用于哪些场合？霍尔元件常用材料有哪些？各有什么特点？

3. 霍尔传感器有哪些类型？各有什么特点？

4. 线性型霍尔传感器常见有哪些典型应用方式？各有什么特点？

5. 开关型霍尔传感器常见有哪些典型应用方式？各有什么特点？

6. 磁敏电阻主要参数有哪些？在作自动控制时常见有哪些典型应用方式？各有什么特点？

7. 磁敏二极管是由哪几部分构成的？简述其工作原理。

8. 磁敏晶体管主要参数有哪些？在作自动控制时常见有哪些典型应用方式？各有什么特点？

9. 在图 5-5 中，当 UGN3020 感受的磁感应强度从零增大到多少特斯拉时输出翻转？此时第 3

脚为何电平？回差为多少特斯拉？相当于多少高斯（Gs）？这种特性在工业中有何实用价值？

10. 图 5-45 是霍尔交-直流钳形表的结构示意图，请分析填空。

1）夹持在铁心中的导线电流越大，根据右手定律，产生的磁感应强度 B 就越_____，紧夹在铁心缺口（在钳形表内部，图中未画出）中的霍尔元件产生的霍尔电动势也就越_____，因此该霍尔电流传感器的输出电压与被测导线中的电流呈_____关系。

2）由于被测导线与铁心、铁心与霍尔元件之间是绝缘的，所以霍尔电流传感器不但能传输和转换被测电流信号，而且还能起到_____作用，使后续电路不受强电的影响（例如击穿等）。

3）由于霍尔元件能响应静态磁场，所以霍尔交直流钳形表与交流电流互感器相比，关键的不同之处是能够_____。

4）如果该电流传感器的额定电流为 1000A，精度等级为 1.0 级，最小测量值为 90A（否则无法保证测量准确度），当被测电流约为 30A 时，该电流产生的磁场可能太小，可采取_____措施，使穿过霍尔元件的磁场成倍地增加（可参考电流互感器原理），以增加霍尔元件的输出电压。

5）观察图 5-45 的结构，被测导线是_____放入图 5-45 所示的铁心中间的。

11. 工程中经常需要将 0～500V 的电压以一定的准确度、线性地转换成 0～5V。请参考上题的工作原理及图 5-46，完成以下问题。

1）请画出 500V/5V 的霍尔电压传感器的结构简图（应尽量减小漏磁）。

2）说明霍尔电压传感器与交流电压互感器在结构和用途上的区别。

3）设该霍尔电压传感器的测量准确度为 0.5%，当测得传感器的输出 $U_o = 0.1$V 时，求被测电压 U_i，并写出 U_i 的实际范围。

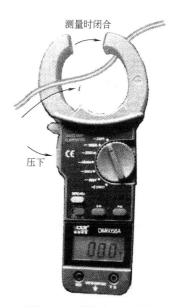

图 5-45　霍尔交-直流钳形表示意图

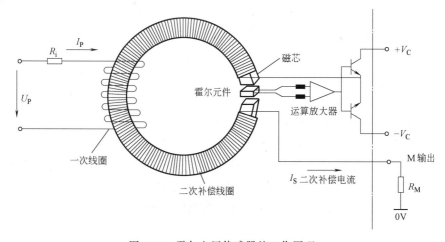

图 5-46　霍尔电压传感器的工作原理

12. 请设计一种霍尔液位控制器，要求：

1）当液位高于某一设定值时，水泵停止运转。

2）储液罐是密闭的，只允许在储液罐的玻璃连通器管腔和外壁上设置磁路和安装霍尔元件。

3）画出磁路和霍尔元件及水泵的设置图；画出控制电路原理框图；简要说明该检测、控制系统的工作过程。

13. 在街道十字路口的 4 处斑马线前 2~6m 处，各安装一只传感器，用以检测 4 个方向的汽车流量，以控制红绿灯的节奏，减少交通堵塞。现请分别采用方形大尺寸电涡流线圈及磁敏电阻两种方案，来检测是否有汽车行驶在 4 处斑马线之前的右侧马路上。具体要求为：

1）电涡流线圈的长、宽各为多少？

2）电涡流线圈及磁敏电阻中，哪一种应埋在地下？哪一个应吊挂在汽车的上方？

3）分别画出两种检测方案的传感器布置图及与汽车的关系。

4）试比较这两种方案的优缺点。

项目6　数字式位置检测

引导案例　位移传感器与数控机床

　　自动加工的数控机床广泛使用位移传感器，检测的位移量直接反馈至数控机床的"大脑"，从而可以控制数控机床自动加工的精度。

　　几十年来，世界各国都在致力于发展位移测量技术，寻找最理想的测量元件和信息处理技术。早在1874年，物理学家瑞利就发现了构成计量光栅基础的莫尔条纹，但直到20世纪50年代初，英国FERRANTI公司才成功地将计量光栅用于数控铣床。与此同时，美国FARRAND公司发明了感应同步器，20世纪60年代末，日本SONY公司发明了磁栅数显系统，20世纪90年代初，瑞士SYLVAC公司又推出了容栅数显系统。目前，直线位移分辨力最高可达0.1μm，角位移分辨力最高可达0.001″，法国HURON K2X-8 FIVE五轴数控加工中心 x、y、z 三个直线进给轴配备了海德汉LS 186光栅尺，分辨力为1~5μm；A、C轴为旋转轴，A轴配备了雷尼绍的RGH 22B圆光栅，C轴配备的是海德汉的RCN 226圆光栅，两个型号的圆光栅直径不同，分辨力可以达到0.004″。

　　位移传感器是用来测量位移、距离、位置、尺寸、角度和角位移等几何学量的一种传感器。根据传感器的信号输出形式，可以分为模拟式和数字式两大类。根据被测物体的运动形式，可分为线性位移传感器和角位移传感器。

任务6.1　光栅测位移

【任务教学要点】

知识点

- 光栅的类型、结构和工作原理。
- 莫尔条纹的光学放大原理。
- 莫尔条纹放大倍数的计算。

技能点

- 长光栅尺的安装。
- 光栅位移传感器数显系统的安装与维护。
- 常见故障的排除。

6.1.1　莫尔条纹

6.1.1 莫尔条纹

　　由大量等宽等间距的平行狭缝组成的光学器件称为光栅，如图6-1所示。用玻璃制成的光栅称为透射光栅，它是在透明玻璃上刻出大量等宽等间距的平行刻痕，每条刻痕处是不透光的，而两刻痕之间是透光的。光栅的刻痕密度一般为10线/cm、25线/cm、50线/cm、100线/cm。刻痕之间的距离为栅距 W。如果把两块栅距 W 相等的光栅面平行安装，且让它们的刻痕之间有较小的夹角 θ 时，这时光栅上会出现若干条明暗相间的条纹，这种条纹称莫尔条纹，如图 6-2 所示。莫尔条纹是光栅非重合部分光线透过而形成的亮带，它由一系列四棱形图案组成，如图 6-2 中 *d-d* 线区所示。*f-f* 线区则是由于光栅的遮光效应形成的。

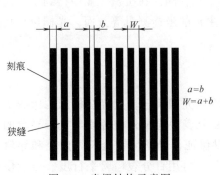

图 6-1　光栅结构示意图

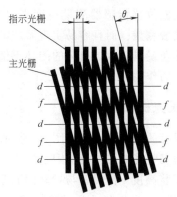

图 6-2　莫尔条纹

莫尔条纹有两个重要的特性：

1）当指示光栅不动，主光栅左右平移时，莫尔条纹将沿着指示栅线的方向上下移动，查看莫尔条纹的上下移动方向，即可确定主光栅左右移动的方向。

2）莫尔条纹有位移的放大作用。当主光栅沿与刻线垂直方向移动一个栅距 W 时，莫尔条纹移动一个条纹间距 B。当两个等距光栅的栅间夹角 θ 较小时，主光栅移动一个栅距 W，莫尔条纹移动 KW 距离，K 为莫尔条纹的放大系数，即

$$K = \frac{B}{W} \approx \frac{1}{\theta} \tag{6-1}$$

式（6-1）中条纹间距与栅距的关系为

$$B = \frac{W}{\theta} \tag{6-2}$$

例如，$W = 0.02\text{mm}$，$\theta = 0.1°$，则 $B = 11.4592\text{mm}$，$K = 573$，表明莫尔条纹的放大倍数相当大。这样，就可把难以观察到的光栅位移变成为清晰可见的莫尔条纹移动，从而实现高灵敏的位移测量。

6.1.2 光栅位移
传感器的结构
及工作原理

6.1.2　光栅位移传感器的结构及工作原理

光栅位移传感器的结构如图 6-3 所示。它主要由主光栅、指示光栅、光源和光电器件组成，其中主光栅和被测物体相连，它随被测物体的直线位移而产生移动。当主光栅产生位移时，莫尔条纹便随着产生位移，若用光电器件记录莫尔条纹通过某点的数目，便可知主光栅移动的距离，也就测得了被测物体的位移量。利用上述原理，通过多个光电器件对莫尔条纹信号的内插细分，便可检出比光栅距还小的位移

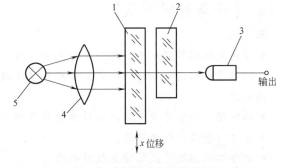

图 6-3　光栅位移传感器的结构
1—主光栅　2—指示光栅　3—光电器件　4—聚光镜　5—光源

量及被测物体的移动方向。

6.1.3　光栅位移传感器的应用

由于光栅位移传感器测量精度高（分辨力为 $0.1\mu m$）、动态测量范围广（$0\sim1000mm$），可进行无接触测量，而且容易实现系统的自动化和数字化，因而在机械工业中得到了广泛的应用，特别是在量具、数控机床的闭环反馈控制、工作主机的坐标测量等方面，光栅位移传感器都起着重要的作用。

6.1.4　长光栅尺的安装

长光栅尺的安装与调整如图6-4所示。安装时，将长光栅尺轻轻放置在机床的床身上，将两者之间的安装孔对准，旋上固定螺栓。每隔1m用百分表检验长光栅各段与机床导轨的平行度（包括安装高度 y 向以及与导轨的贴紧度 z 向），以保证长光栅尺在全长方向上和导轨之间有合适的间隙（约0.1mm），按顺序旋紧固定螺栓，最后再用百分表检验平行度。可以使用塑料或铝合金"电缆拖链"来保护读数头的电缆线。光栅在使用时必须注意防尘、防振。

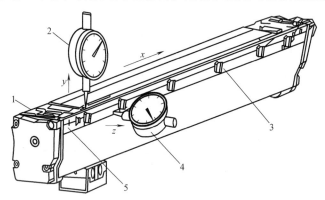

图6-4　长光栅尺的安装与调整
1—床身（安装面）　2、4—百分表　3—固定螺栓　5—长光栅尺

任务6.2　光电编码器测角位移

【任务教学要点】

知识点
- 增量式编码器的结构、原理与和测量转速、直线位移的方法。
- 绝对式编码器的结构、原理、编码和主要技术指标。

技能点
- 脉冲频率法和脉冲周期法测转速的计算以及两种方法适用范围的认知。
- 光电编码器的机械安装。
- 光电编码器的接线与常见故障排除。

编码器是将直线运动和转角运动转换为数字信号进行测量的一种传感器，它有光电式、电磁式和接触式等多种类型。光电编码器是用光电方法将转角位移转换为各种代码形式的数字脉冲传感器，表 6-1 是光电编码器按其构造和数字脉冲的性质进行的分类。其中增量式编码器需要一个计数系统，编码器的旋转编码盘通过敏感元件给出一系列脉冲，它在计数中对某个基数进行加或减，从而记录旋转的角位移量。绝对式编码器可以在任意位置给出一个固定的与位置相对应的数字码输出。如果需要测量角位移量，它也不一定需要计数器，只要把前后两次位置的数字码相减就可以得到要求测量的角位移量。

表 6-1　光电编码器的分类

构造类型	转动方式	直线-线性编码器	
		转动-转轴编码器	
	光束形式	透射式编码器	
		反射式编码器	
信号性质	增量式	辨别方向	可辨向的增量式编码器
			不可辨向的脉冲发生器
		零位信号	有零位信号的编码器
			无零位信号的编码器
	绝对式光电编码器		

　　许多机械设备的工作过程涉及长度和角度的测量和控制。位置测量主要是指直线位移和角位移的精密测量。数字式位置传感器按测量方式分为直接测量和间接测量两种类型；按测量原理分为增量式测量和绝对式测量两种类型。

　　常用光电编码器外形图如图 6-5 所示。

图 6-5　常用光电编码器外形图
a）轴式安装　b）套式安装　c）拉线式编码器

6.2.1　增量式编码器

　　增量式编码器码盘刻线均匀，呈放射状，其外形如图 6-6 所示。

　　增量式编码器的结构示意图如图 6-7 所示。在它的编码盘边缘等间隔地制出 n 个透光槽，发光二极管发出的光透过槽孔被光电二极管所接收，当码盘转过 $\frac{1}{n}$ 圈时，光电器件即发出一个计数脉冲，

6.2.1 增量式
编码器

计数器对脉冲的个数进行计数，从而判断编码盘旋转的相对角度。为了得到编码器转动的绝对位置，还须设置一个基准点，如图 6-7 中的"零位标记槽"。为了判断编码盘转动的方向，实际上设置了两套光电器件，如图中的 sin 信号接收器和 cos 信号接收器，通过比较两个信号相位的超前或滞后关系来辨向，与前述的光栅辨向相同。

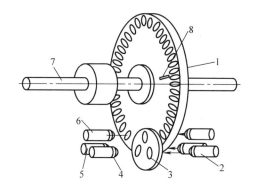

图 6-6 增量式编码器码盘

图 6-7 增量式编码器的结构示意图

1—均布透光槽的编码盘　2—光源　3—狭缝　4—sin 信号接收器
5—cos 信号接收器　6—零位读出光电器件　7—转轴　8—零位标记槽

增量式编码器除了可以测量角位移外，还可以通过测量光电脉冲的频率，转而用来测量转速。增量式编码器还能够测量直线位移，前提是通过机械传动装置将直线位移转换成角位移，当然传动误差也将介入到测量结果当中。最简单的方法是采用齿轮-齿条或滚珠螺母-丝杆机械系统，它测量直线位移的精度与机械式直线-旋转转换器的精度有关。

6.2.2 绝对式光电编码器

绝对式编码器外形图如图 6-8 所示。绝对式编码器码盘刻线表示绝对位置，刻线与增量式不同，非均匀，绝对式编码器码盘如图 6-9 所示。增量式和绝对式编码器码盘对比如图 6-10 所示。

6.2.2 绝对式光电编码器

图 6-8 绝对式编码器外形图

图 6-9 绝对式编码器码盘

图 6-10 增量式和绝对式编码器码盘对比

绝对式光电编码器的编码盘由透明及不透明区组成，这些透明及不透明区按一定编码构成，编码盘上码道的条数就是数码的位数。图 6-11a 为一个 4 位自然二进制编码器的编码盘，若涂黑部分为不透明区，输出为"1"，则空白部分为透明区，输出为"0"，它有 4 条码道，对应每一条码道有一个光电器件来接收透过编码盘的光线。当编码盘与被测物转轴一起转动时，若采用 n 位编码盘，则能分辨的角度为

$$\alpha = \frac{360°}{2^n} \tag{6-3}$$

二进制码虽然简单，但存在着使用上的问题，即由于图案转换点处位置不分明而引起的粗大误差。例如：在由 7 转换到 8 的位置时，光束要通过编码盘 0111 和 1000 的交界处（或称渡越区），因为编码盘的制造工艺和光敏元件安装的误差，有可能出现两种极端的读数值，即

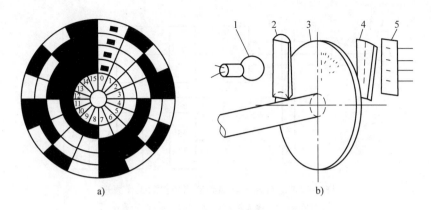

图 6-11 绝对式光电编码器的结构示意图

a) 4 位自然二进制编码盘 b) 光电编码盘的结构示意图

1—光源 2—透镜 3—编码盘 4—狭缝 5—光电器件

1111 和 0000，从而引起读数的粗大误差，这种误差是绝对不能允许的。

为了避免这种误差，可采用格雷码（Gray Code）图案的编码盘。表 6-2 给出了二进制码和格雷码的比较，由此表可以看出，格雷码具有代码从任何值转换到相邻值时字节各位数中仅有一位发生状态变化的特点。这种编码方法称作单位距离性编码（Unit Distatace Code），是实际应用中常采用的方法。

表 6-2 二进制码和格雷码的比较

D（十进制）	B（二进制）	R（格雷码）	D（十进制）	B（二进制）	R（格雷码）
0	0000	0000	8	1000	1100
1	0001	0001	9	1001	1101
2	0010	0011	10	1010	1111
3	0011	0010	11	1011	1110
4	0100	0110	12	1100	1010
5	0101	0111	13	1101	1011
6	0110	0101	14	1110	1001
7	0111	0100	15	1111	1000

绝对式光电编码器对应每一条码道有一个光电器件，当码道处于不同角度时，经光电转换的输出就呈现出不同的数码，如图 6-11b 所示。它的优点是没有触点磨损，因而允许转速高，最外层缝隙宽度可做得更小，所以精度也很高；其缺点是结构复杂，价格高，光源寿命短。国内已有 14 位编码器的定型产品。

图 6-12 为绝对式光电编码器测角仪的工作原理。在采用循环码的情况下，每一码道有一个光电器件，在采用二进制码或其他需要"纠错"（即防止产生粗大误差）的场合下，除最低位外，其他各个码道均需要双缝和两个光电器件。根据编码盘的转角位置，各光电器件输出不同大小的光电信号，这些信号经放大后送入鉴幅电路，以鉴别各个码道输出的光电信号是对应于"0"态还是"1"态。经过鉴幅后得到一组反映转角位置的编码，将它送入寄存器。在采用二进制、十进制、度分秒进制编码盘或采用组合编码盘时，有时为了防止产生粗大误差要采取"纠错"措施，"纠错"措施由纠错电路完成。有些还要经过代码变换，再经译码显示电路显示编码盘的转角位置。绝对式光电编码器的主要技术指标如下。

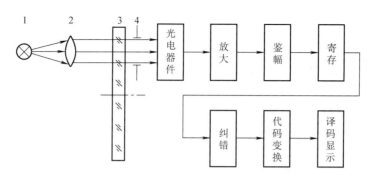

图 6-12　绝对式光电编码器测角仪的工作原理

1—光源　2—聚光镜　3—编码盘　4—狭缝光阑

1）分辨率：每转一周所能产生的脉冲数。由于刻线和偏心误差的限制，码盘的图案不能过细，线宽一般为 $20\sim30\mu m$。为进一步提高分辨率可采用电子细分的方法，现已经达到 100 倍细分的水平。

2）输出信号的电特性：表示输出信号的形式（代码形式、输出波形）和信号电平以及电源要求等参数。

3）频率特性：对高速转动的响应能力，取决于光电器件的响应和负载电阻以及转子的机械惯量。一般的响应频率为 $30\sim80kHz$，最高可达 100kHz。

4）使用特性：包括器件的几何尺寸和环境温度。采用光电器件温度差动补偿方法时，其温度范围可达 $-5\sim50℃$。外形尺寸为 $\phi30\sim\phi200mm$，随分辨率提高而加大。

6.2.3　光电脉冲编码器的应用

1. 位置测量

把输出的脉冲 f 和 g 分别输入到可逆计数器的正、反计数端进行计数，可检测到输出脉冲的数量，把这个数量乘以脉冲当量（转角/脉冲）就可测出编码盘转过的角度。为了能够得到绝对转角，在起始位置，需要对可逆计数器清零。

在进行直线距离测量时，通常把它装到伺服电动机轴上，伺服电动机又与滚珠丝杠相连，编码器安装在伺服电动机上，如图 6-13 所示，电动机尾端安装的装置即为编码器。当伺服电动机转动时，由滚珠丝杠带动工作台或刀具移动，这时编码器的转角对应直线移动部件的移动量，因此可根据伺服电动机和丝杠的传动比以及丝杠的导程来计算移动部件的位移。

光电编码器的典型应用产品还有轴环式数显表，它是一个将光电编码器与数字电路装在一起的数字式转角测量仪表，轴环式数显表外形图如图 6-14 所示。它适用于车床、铣床等中小型机床的进给量和位移量的显示。例如：将轴环式数显表安装在车床进给刻度轮的位置，就可直接读出进给尺寸，从而可以避免人为读数误差，提高加工精度。特别是在加工无法直接测量的内台阶孔和用来制作多头螺纹时的分头，更显得优越。它是用数显技术改造老式设备的一种简单易行的手段。

轴环式数显表由于设置有复零功能，可在任意进给、位移过程中设置机械零位，因此使用特别方便。

光电编码器另一个典型应用是安装在刀库上获得每把刀具的位置编码。数控加工中心为了缩短加工辅助时间，提高生产率，都安装有自动换刀装置——刀库。刀库的不同位置（1～14）

图 6-13 编码器安装在伺服电动机上

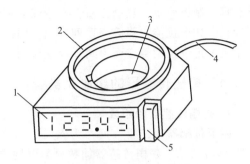

图 6-14 轴环式数显表外形图
1—数显面板 2—轴环 3—穿轴孔
4—电源线 5—复位机构

安装有不同类型的刀具，编码器安装在数控加工中心的刀库上，如图 6-15 所示。当数控系统发出换刀指令，将指令所要求的目标刀具安装至主轴，这时就需要通过编码器将处于换刀位置的刀具的位置编码检测得到发送给数控系统，数控系统以此信号来判断是否为指令所要求的目标刀具。"是"则启动刀具交换程序，"不是"则继续换位。

2. 转速测量

转速可由编码器发出的脉冲频率或周期来测量。利用脉冲频率测量是在给定的时间内对编码器发出的脉冲计数，然后由下式求出其转速（单位为 r/min）

$$n = \frac{N_1}{N} \frac{60}{t} \qquad (6-4)$$

式中，t 为测速采样时间；N_1 为 t 时间内测得的脉冲个数；N 为编码器每转的脉冲数。

编码器每转脉冲数与所用编码器型号有关，数控机床上常用 LF 型编码器，每转脉冲数由 20 ~ 5000 共 36 档，有些机床采用 1024p/r、2000p/r、2500p/r 或 3000p/r。

图 6-15 编码器安装在数控加工中心的刀库上

任务 6.3 磁栅测位移

【任务教学要点】

知识点

- 磁栅传感器的结构组成、类型和工作原理。
- 磁栅传感器的信号处理方式。

技能点

- 磁栅传感器鉴相处理、鉴幅处理的计算。
- 磁栅尺在数控机床上的选型应用。

磁栅传感器是近年来发展起来的新型检测元器件，与其他类型的检测元器件相比，磁栅传感器具有制作简单、复制方便、易于安装和调整、测量范围宽（从几十毫米到数十米）、不需要接长、抗干扰能力强等一系列优点，因而在大型机床的数字检测、自动化机床的自动控制及轧压机的定位控制等方面得到了广泛应用。

6.3.1 磁栅传感器的组成及类型

6.3.1　磁栅传感器的组成及类型

1. 磁栅传感器的组成

磁栅传感器由磁栅（简称为磁尺）、磁头和检测电路组成，磁栅传感器的工作原理示意图如图 6-16 所示。磁栅传感器加数显装置构成磁栅测量系统，外形如图 6-17 所示。磁尺用非导磁性材料做尺基，在尺基的上面镀一层均匀的磁性薄膜，然后录上一定波长的磁信号。磁信号的波长又称节距，用 W 表示。在 N 与 N、S 与 S 重叠部分磁感应强度最强，但两者极性相反。目前常用的磁信号节距为 0.05mm 和 0.20mm 两种。

磁头可分为动态磁头（又名速度响应式磁头）和静态磁头（又名磁通响应式磁头）两大类。动态磁头在磁头与磁尺间有相对运动时，才有信号输出，故不适用于速度不均匀、时走时停的机床。而静态磁头则是在磁头与磁栅间没有相对运动时也有信号输出。

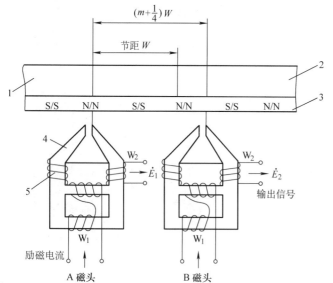

图 6-16　磁栅传感器的工作原理示意图
1—磁尺　2—尺基　3—磁性薄膜　4—铁心　5—磁头

图 6-17　磁栅传感器加数显装置构成磁栅测量系统外形图

2. 磁栅传感器的类型

磁栅分为长磁栅和圆磁栅两类，前者用于测量直线位移，后者用于测量角位移。长磁栅可分为尺形、带形和同轴形 3 种，长磁栅传感器的类型如图 6-18 所示。一般用尺形磁栅传感器，当安装面不好安装时，可采用带形磁栅传感器。同轴形磁栅传感器的结构特别小巧，可用于结构紧凑的场合。

6.3.2　磁栅传感器的工作原理

6.3.2 磁栅传感器的工作原理

1. 基本工作原理

下面以静态磁头为例来介绍磁栅传感器的基本工作原理。

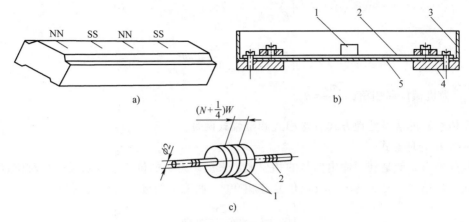

图 6-18　长磁栅传感器的类型

a）尺形磁栅传感器　b）带形磁栅传感器　c）同轴形磁栅传感器

1—磁头　2—磁栅　3—屏蔽罩　4—基座　5—软垫

　　静态磁头的结构如图 6-16 所示，它有两组绕组，一组为励磁绕组 W_1，另一组为输出绕组 W_2。当绕组 W_1 通入励磁电流时，磁通的一部分通过铁心，在绕组 W_2 中产生电动势信号。如果铁心空隙中同时受到磁栅剩余磁通的影响，那么由于磁栅剩余磁通极性的变化，W_2 中产生的电动势振幅就受到调制。

　　实际上，静态磁头中的绕组 W_1 起到磁路开关的作用。当励磁绕组 W_1 中不通电流时，磁路处于不饱和状态，磁栅上的磁力线通过磁头铁心而闭合。这时，磁路中的磁感应强度取决于磁头与磁栅的相对位置。如在绕组 W_1 中通入交变电流，当交变电流达到某一个幅值时，铁心饱和而使磁路"断开"，磁栅上的剩余磁通就不能在磁头铁心中通过。反之，当交变电流小于额定值时，可饱和铁心不饱和，磁路被"接通"，则磁栅上的剩余磁通就可以在磁头铁心中通过，随着励磁交变电流的变化，可饱和铁心这一磁路开关不断地"通"和"断"，进入磁头的剩余磁通就时有时无。这样，在磁头铁心的绕组 W_2 中就产生感应电动势，它主要与磁头在磁栅上所处的位置有关，而与磁头和磁栅之间的相对速度关系不大。

　　由于在励磁交变电流变化中，不管它在正半周或负半周，只要电流幅值超过某一额定值，它产生的正向或反向磁场均可使磁头的铁心饱和，这样在它变化的一个周期中，可使铁心饱和两次，磁头输出绕组中输出电压信号为非正弦周期函数，所以其基波分量角频率 ω 是输入频率的两倍。

　　磁头输出的电动势信号经检波，保留其基波成分，可表示为

$$E = E_{\mathrm{m}} \cos \frac{2\pi x}{W} \sin \omega t \tag{6-5}$$

式中，E_{m} 为感应电动势的幅值；W 为磁栅信号的节距；x 为机械位移量。

　　为了辨别方向，图 6-16 中采用两只相距 $\left(m+\dfrac{1}{4}\right)W$（$m$ 为整数）的磁头，为了保证距离的准确性通常两个磁头做成一体，两个磁头输出信号的载频相位差为 90°。输出信号经鉴相信号处理或鉴幅信号处理，并经细分、辨向、可逆计数后，显示器显示位移的大小和方向。

2. 信号处理方式

　　当图 6-16 中两只磁头励磁线圈加上同一励磁电流时，两磁头输出绕组的输出信号为

$$\begin{cases} E_1 = E_m \cos \dfrac{2\pi x}{W} \sin\omega t \\[3mm] E_2 = E_m \sin \dfrac{2\pi x}{W} \sin\omega t \end{cases} \tag{6-6}$$

式中，$\dfrac{2\pi x}{W}$ 为机械位移相角，$\dfrac{2\pi x}{W} = \theta_x$。

磁栅传感器的信号处理方式有鉴相式和鉴幅式两种。

（1）鉴相处理方式

鉴相处理方式就是利用输出信号的相位大小来反映磁头的位移量或磁尺的相对位置的信号处理方式。将第二个磁头的电压读出信号移相 90°，两磁头的输出信号则变为

$$\begin{cases} E_1{}' = E_m \cos \dfrac{2\pi x}{W} \sin\omega t \\[3mm] E_2{}' = E_m \sin \dfrac{2\pi x}{W} \cos\omega t \end{cases} \tag{6-7}$$

将两路输出用求和电路相加，则获得总输出为

$$E = E_m \sin\left(\omega t + \dfrac{2\pi x}{W}\right) \tag{6-8}$$

式（6-8）表明，感应电动势 E 的幅值恒定，其相位变化正比于位移量 x。该信号经带通滤波、整形、鉴相细分电路后产生脉冲信号，由可逆计数器计数，显示器显示相应的位移量。图 6-19 为鉴相型磁栅传感器的原理框图，其中鉴相细分是对调制信号的一种细分方法，其实现手段可参见有关书籍。

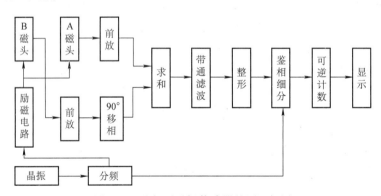

图 6-19　鉴相型磁栅传感器的原理框图

（2）鉴幅处理方式

鉴幅处理方式就是利用输出信号的幅值大小来反映磁头的位移量或磁尺的相对位置的信号处理方式。由式（6-6）可知，两个磁头输出信号是与磁头位置 x 成正余弦关系的信号。经检波器去掉高频载波后可得

$$\begin{cases} E_1{}'' = E_m \cos \dfrac{2\pi x}{W} \sin\omega t \\[3mm] E_2{}'' = E_m \sin \dfrac{2\pi x}{W} \sin\omega t \end{cases} \tag{6-9}$$

此相差 90°的两个关于位移 x 的正余弦信号与光栅传感器两个光电器件的输出信号是完全

相同的，所以它们的细分方法及辨向原理与光栅传感器也完全相同。图 6-20 为鉴幅型磁栅传感器的原理框图。

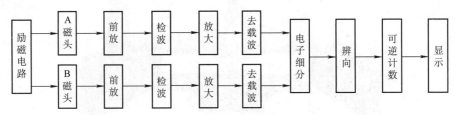

图 6-20　鉴幅型磁栅传感器的原理框图

6.3.3　磁栅传感器的应用

磁栅传感器有两方面的应用：①可以作为高精度测量长度和角度的测量仪器。由于可以采用激光定位录磁，而不需要采用感光、腐蚀等工艺，因而可以得到较高的精度，目前可以做到系统精度为 ±0.01mm/m，分辨率可达 1~5μm。②可以用于自动化控制系统中的检测元件（线位移）。例如它在三坐标测量机、程控数控机床及高精度重、中型机床控制系统中的测量装置中，均得到了广泛应用。

图 6-21 为上海机床研究所生产的 ZCB-101 鉴相型磁栅数显表的原理框图。目前，磁栅数显表采用微机来实现图 6-21 中的功能，使硬件的数量大大减少，而功能却优于普通数显表。上海机床研究所生产的 WCB 系列微机磁栅数显表与该所生产的 XCC 系列以及日本 Sony 公司各种系列的直线形磁尺兼容，可以组成直线位移数显装置。该表具有位移显示功能，直径/半径、公制/英制转换及显示功能，数据预置功能，断电记忆功能，超限报警功能，非线性误差修正功能，故障自检功能等。它能同时测量 x、y、z 三个方向的位移，并通过计算机软件程序对三个坐标轴的数据进行处理，分别显示三个坐标轴的位移数据。当用户的坐标轴数大于 1 时，其经济效益指标就明显优于普通数显表。

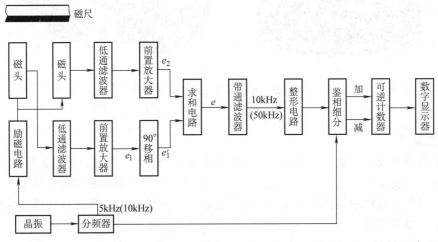

图 6-21　ZCB-101 鉴相型磁栅数显表的原理框图

图 6-22 所示为磁栅安装在磨床上检测水平位移。磁尺安装在固定不动的横臂床身上，磁头安装在运动的平台上，水平位移即能实时显示在数显装置上。磁栅相对于光栅，价格便宜，

但由于磁尺与磁头接触，使用寿命不如光栅，且易退磁。

图 6-22 磁栅安装在磨床上检测水平位移

6.4 同步技能训练

6.4.1 光栅位移传感器数显系统的安装与维护

1. 项目描述

光栅位移传感器数显系统包括光栅尺以及数显装置，如图 6-23 所示。本次实训所使用的光栅尺为长春光机所自主研发的 JC09 系列光栅尺，该系列光栅尺结构刚性好，抗振动能力强，标准信号接口，主要应用于移动导轨机构精密位移量的测量，可实现移动量的高精度显示和自动控制，已广泛应用于机床加工和仪器的精密测量，也可以用于旧机床（如车床、铣床、镗床和电火花切割机等）的改造，以提高加工精度和效率。

a)   b)

图 6-23 光栅位移传感器数显系统
a) 数显装置 b) JC09 系列光栅尺

2. 项目要求

按照工艺要求及技术规范，在机床 x 进给轴上加装光栅尺，光栅尺的相关精度达到技术要求，编写光栅尺的安装工艺，边安装边记录。图 6-24 所示为光栅尺安装示意图。

本项目通过光栅位移传感器数显系统的安装任务，熟悉光栅位移传感器数显系统的结构，掌握其安装、维护方法。

3. 项目方案设计

查阅光栅尺使用手册，仔细了解其安装工艺要求。查阅数显装置的使用手册，了解其工作电压，各接口相关功能等信息。生成光栅数显系统的安装工艺文件，光栅尺数显系统的安装步骤及工艺如表 6-3 所示。安装工艺文件经审核后，执行工艺文件，实施安装过程。

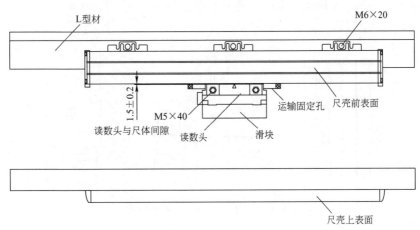

图 6-24　光栅尺安装示意图

表 6-3　光栅尺数显系统的安装步骤及工艺

产品型号			部件名称		共　　页	第　　页	
序号	装配内容及技术要求	装配工艺过程	工具与工装	实测精度	配分	得分	
1							
2							
⋮							

4．项目实施

（1）器材准备

JC09 系列光栅位移传感器，数显装置各一套，电工工具一套，万用表、绝缘电阻表各一块。

（2）观察 JC09 型光栅位移传感器数显系统

JC09 型闭式光栅位移传感器外形如图 6-23b 所示。它的光栅尺的栅距为 $20\mu m$。光源、光电转换器件和光栅尺封装在坚固的铝合金型材里。在铝合金型材的下部有柔软的密封胶条，可以防止铁屑、切屑和冷却剂等污染物进入尺体中。电气连接线经过缓冲电路进入传感头，通过抗干扰的电缆线送进光栅数显装置，显示位移的变化。

JC09 型闭式光栅位移传感器的传感头分为滑块和读数头两部分，如图 6-24 所示。滑块上固定有 5 个精确定位的微型滚动轴承，这些轴承沿导轨运动，保证运动中指示光栅与标尺光栅（也称为主光栅）之间保持准确的夹角和正确的间隙。读数头内装有前置放大和整形电路。读数头与滑块之间采用刚柔结合的连接方式，保证了很高的可靠性和灵活性。读数头有两个连接孔，标尺光栅体两端有安装孔，将其分别安装在两个相对运动的部件上，可实现标尺光栅与指示光栅相对运动的线性测量。

（3）JC09 型光栅位移传感器系统的安装

一般将主尺（标尺光栅）安装在机床的工作台（滑板）上，随机床走刀而动，读数头固定在床身上，尽可能使读数头安装在主尺的下方，安装方式的选择必须注意避开切屑、切削液及油液的溅落方向。光栅传感器常见安装形式如图 6-25 所示。本次实训的安装形式请遵照安装示意图 6-24 进行。

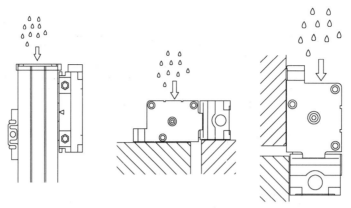

图 6-25　光栅传感器常见安装形式

如果由于安装位置限制必须采用读数头朝上的方式时，则必须增加辅助密封装置。另外，读数头应尽量安装在相对机床静止的部件上，此时输出导线不移动且易固定，而尺身则应安装在相对机床运动的部件（如滑板）上。

1）安装基面。安装光栅位移传感器时，不能直接将传感器安装在粗糙不平的机床身上，更不能安装在打底涂漆的机床床身上。光栅主尺及读数头应分别安装在机床相对运动的两个部件上。用千分表检查机床工作台的主尺安装面与导轨运动方向的平行度误差应不大于 0.2mm。平面度误差不大于 0.03mm，主尺安装面几何公差要求如图 6-26 所示。如果不能达到这个要求，则需设计光栅尺基座或设法调整。

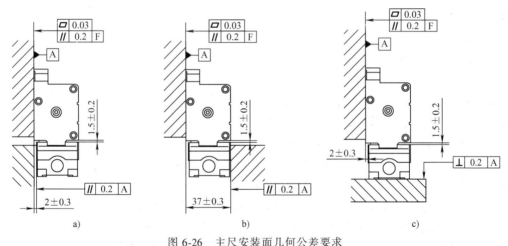

图 6-26　主尺安装面几何公差要求

a）安装方式一　b）安装方式二　c）安装方式三

2）主尺安装。将光栅主尺用 M4 螺钉拧在机床的工作台安装面上，先不要拧紧，把千分表固定在床身上，移动工作台（主尺与工作台同时移动），主尺尺体相对导轨运动方向的平行度要求（F 为机床导轨）如图 6-27 所示。

用千分表测量主尺尺体与机床导轨运动方向的平行度，调整主尺 M4 螺钉位置，当主尺的平行度在 0.2mm 以内时，把 M4 螺钉彻底拧紧。安装光栅主尺时，应注意如下几点。

① 如安装超过 1.5m 以上的光栅尺时，不能只安装两端，还要在整个主尺尺身中加上支撑。

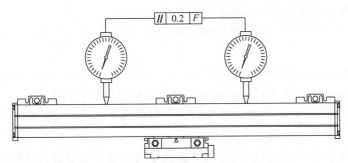

图 6-27 主尺尺体相对导轨运动方向的平行度要求（F 为机床导轨）

② 在有基座情况下安装好后，最好用一个卡子卡住尺身中点（或几点）。

③ 不能安装卡子时，最好用玻璃胶粘住光栅尺身，使基座与主尺固定好。

3）安装读数头。在保证读数头的基面达到安装要求后，才能安装读数头，其安装方法与主尺相似。安装时，调整读数头，使读数头与主尺的平行度保证在 0.1mm/1000mm 以内，并使读数头与主尺的间隙控制在 1.5mm，读数头与光栅尺尺身之间的间距要求如图 6-28 所示。

4）安装限位装置。光栅位移传感器全部安装完以后，一定要在机床导轨上安装限位装置，以免机床加工产品移动时读数头冲撞到主尺两端，损坏光栅尺。另外，在选购光栅位移传感器时，应尽量选用超出机床加工尺寸 100mm 左右的光栅尺，以留有余量。

5）数显装置的安装与接线。根据要求安装数显装置，对照电气图连接各部分线路并核查有无错漏，数显装置背面如图 6-29 所示，只需将光栅尺电缆连接至数显装置 9 针输入，再接上 220V 交流电源，就能够正常使用了，连接非常简单。

6）检查。光栅位移传感器安装完毕，电气线路检查无误后通电，移动工作台，观察数显装置计数是否正常。在机床上选取一个参考位置，来回移动工作点至该参考位置，数显装置读数应相同（或回零）。另外也可使用千分表（或百分表），将千分表与数显装置同时调至零（或记忆起始数据），往返多次后回到初始位置，观察数显装置与千分表的数据是否一致。

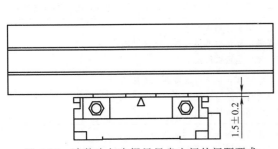

图 6-28 读数头与光栅尺尺身之间的间距要求

图 6-29 数显装置背面

光栅位移传感器应附加保护罩，保护罩的尺寸是按照将光栅位移传感器的外形截面，放大后再留出一定空间尺寸的原则确定的。保护罩通常采用橡皮密封，使其具备一定的防水、防油能力。

（4）光栅位移传感器的使用注意事项

1）插拔光栅位移传感器与数显装置的插头或插座时应关闭电源后进行。

2）尽可能外加保护罩，并及时清理溅落在尺身上的切屑和油液，严格防止任何异物进入光栅位移传感器壳体内部。

3）定期检查各安装连接螺钉是否松动。

4）为延长防尘密封条的寿命，可在密封条上均匀地涂一薄层硅油，注意勿溅落在玻璃光栅刻画面上。

5）为保证光栅位移传感器使用的可靠性，可每隔一定时间用乙醚和无水乙醇混合液（各50%）或无水乙醇清洗擦拭光栅尺面及指示光栅，保持光栅尺面的清洁。

6）光栅位移传感器严禁剧烈振动及棒打，以免破坏光栅尺，如光栅尺断裂，光栅位移传感器就会失效。

7）不要自行拆开光栅位移传感器，更不能任意改动主栅尺与副栅尺的相对间距，否则一方面可能破坏光栅位移传感器的精度；另一方面还可能造成主栅尺与副栅尺的相对摩擦，损坏铬层也就损坏了栅线，从而造成光栅尺报废。

8）应注意防止油及水污染光栅尺面，以免破坏光栅尺条纹分布，引起测量误差。

9）光栅位移传感器应尽量避免在有严重腐蚀性的环境中工作，以免腐蚀光栅铬层及光栅尺表面，破坏光栅尺质量。

（5）常见故障现象及判断方法

光栅位移传感器数显系统的常见故障现象及判断方法见表6-4。

表 6-4　光栅位移传感器数显系统的常见故障现象及判断方法

序　号	故　障　现　象	判　断　方　法
1	接通电源后数显装置无显示	①检查电源线是否断线,插头接触是否良好 ②数显装置电源的熔丝是否熔断 ③供电电压是否符合要求
2	数显装置不计数	①将传感器插头换至另一台数显装置,若传感器能正常工作,说明原数显装置故障 ②检查传感器电缆有无断线、破损
3	数显装置间断计数	①检查光栅尺安装是否正确,光栅尺所有固定螺钉是否松动,光栅尺是否被污染 ②插头与插座是否接触良好 ③光栅尺移动时是否与其他部件刮碰、摩擦 ④检查机床导轨运动的精度是否过低,造成光栅工作间隙变化
4	数显装置显示报警	①是否接了光栅传感器 ②光栅位移传感器是否移动速度过快 ③光栅尺是否被污染
5	光栅传感器移动后只有末位显示器闪烁	①A 相或 B 相是否有信号或不正常 ②是否有一路信号线不通 ③光电晶体管是否损坏
6	移动光栅位移传感器,只有一个方向计数,而另一个方向不计数(即单方向计数)	①光栅传感器 A、B 信号是否短路 ②光栅传感器 A、B 信号的相位差是否存在偏差 ③数显装置是否有故障
7	读数头移动时发出"吱吱"声或移动困难	①密封胶条是否有裂口 ②指示光栅是否脱落,标尺光栅严重接触摩擦 ③下滑梯滚珠是否脱落 ④上滑体是否严重变形
8	新光栅位移传感器安装后,其显示值不准	①安装基面是否符合要求 ②光栅尺尺体和读数头安装是否符合要求 ③是否发生严重碰撞使光栅的位置变化

6.4.2　数控机床主轴光电编码器的安装与调试

1. 项目描述

　　光电编码器是集光、机、电于一体的数字式传感器，可广泛地应用于高精度角位移的测量。编码器在数控机床中的应用主要有：①进给位移间接测量。编码器在数控机床中，可以用于工作台的直线位移检测。例如，在数控车床中，可以用两个编码器分别检测刀架在 x 轴方向和 z 轴方向的直线位移。②主轴转速和转角位置的检测。例如，在数控车床中，为了完成螺纹加工，必须有固定角度位置的起刀点和退刀点，以实现主轴旋转时与坐标轴进给的同步控制。进给位移检测的编码器直接安装在伺服电动机的后面，与伺服电动机已经一体，不需要单独安装。但主轴编码器与主轴电动机一般通过同步带或者联轴器连接，数控系统也需要设置相应的参数，本项目完成数控机床主轴编码器的安装与调试。

2. 项目要求

　　按照工艺要求及技术规范，在数控机床主轴上安装光电编码器，如图 6-30 所示为主轴编码器安装示意图，图中，4 即为光电编码器，与主轴 9 通过同步齿形带连接，也可通过弹性联轴器连接。

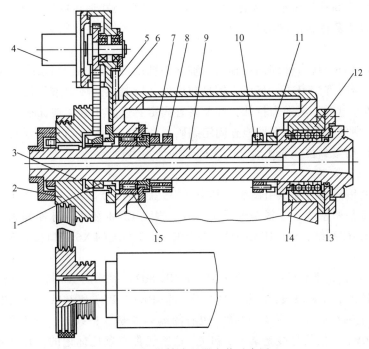

图 6-30　主轴编码器安装示意图

1—同步带轮　2—带轮　3、7、8、10、11—螺母　4—光电编码器　5—螺钉
6—支架　9—主轴　12—角接触球轴承　13—前端盖　14—前支撑套　15—圆柱滚子轴承

3. 项目方案设计

　　查阅主轴编码器安装使用手册，仔细了解其安装工艺要求。主轴编码器的安装步骤及工艺如表 6-5 所示。安装工艺文件经审核后，执行工艺文件，实施安装过程。本文以德国 P+F 集团所生产的 TVI40N 型光电编码器安装在 CK6140 车床主轴上为例。CK6140 车床数控系统的型号为 SIEMENS SINUMERIK 802C。

表 6-5 主轴编码器的安装步骤及工艺

产品型号		部件名称		共 页	第 页	
序号	装配内容及技术要求	装配工艺过程	工具与工装	实测精度	配分	得分

4. 项目实施

（1）编码器的检测

编码器在安装之前，首先需要进行进货检测。进货检验所需要的仪器设备如下：20M 双踪示波器一个。双路 30V/2A 直流稳压电源一个。自制简易旋转编码器测试台一个。

测试台要求：能安装各种编码器，并带动它从低速到高速平稳运行（可调速）。

检测方法和检测项目：按旋转编码器使用说明书要求接好电缆，调整好正确的工作电压，启动测试台运行，用示波器检测编码器的输出波形，查看输出波形是否符合产品标准的要求，主要的检查项目有相位差（90°），占空比（180°），高/低电平（H/L），零信号宽度（0.5~1T）。

（2）编码器机械安装

由于编码器属于高精度机电一体化的传感器，所以编码器轴与数控车床主轴端间连接必须采用弹性连接，以避免因被测轴的窜动、跳动而造成编码器轴系和码盘的损坏。安装时，应注意以下几个方面。

1）联轴器连接时，应保证编码器轴与主轴的同轴度<0.20mm，与轴线的偏角<1.5°。

2）安装编码器时严禁敲击、挤压、摔打和碰撞，以避免损坏轴系和码盘。

3）编码器信号电缆不能强力拉扯，并要妥善固定，以防止电缆被扯断。

4）编码器长期使用时，应定期检查固定编码器和螺钉是否松动（建议每季或半年一次），如有松动需要及时旋紧到位，否则将影响编码器的使用寿命。

（3）编码器电气安装

常用的光电式编码器有 8 根引出线，其中 6 根是脉冲信号（A、B 和 Z 相）输出线，差分信号输出，每相都是两根线，一根是电源线，另一根是 COM 端线。脉冲编码器的上述脉冲信号可以直接输给 CNC 系统，SIEMENS SINUMERIK 802C 系统的 X6 接口接收车床主轴编码器的脉冲信号。

如图 6-31 所示是主轴编码器 PG 和 SINUMERIK 802C 系统的 X6 接口相连的接线示意图。其中，主轴编码器 PG 有 8 根线，6 根信号线分别是 PA±、PB± 和 PZ±，两根电源线是 +5V 和 0V，数控系统向主轴编码器供应 5V 电源。也有的编码器是 5 根线的，其中两根电源线是 +5V（或者 +24V）和 0V，3 根信号线是 A、B 和 Z。这些线都有颜色标记的，查阅编码器随机的安装使用手册，对应接好就可以。

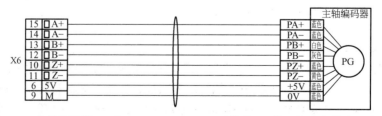

图 6-31 主轴编码器 PG 和 SINUMERIK 802C 系统的 X6 接口相连的接线示意图

电气安装时，请注意以下几点。

1）编码器信号电缆配线时应采用屏蔽电缆，建议尽可能采用双绞屏蔽电缆，线径应 $\geqslant 0.2\text{mm}^2$，布线时应避免与动力电缆长距离平行，并尽可能加大布线间隔。

2）接地线应尽可能粗些，一般应 $\geqslant 1.5\text{mm}^2$。

3）编码器信号电缆线不能相互搭接，也不能错接到直流或交流电源上，以免损坏输出电路。

4）与编码器连接的主轴电动机等设备都必须可靠接地，以避免产生感应高压和静电。

5）开机上电调试前，应仔细检查核对确认编码器型号与订货是否相符，安装是否到位，接线是否正确，然后再上电测试。

（4）SIEMENS SINUMERIK 802C 的主轴编码器参数设置

编码器机械安装、电气安装完成后，还需要设置必要的主轴编码器参数，这样数控系统才能正确使用编码器所输出的脉冲信号，将其转换成位置信号和速度信号用于机床的控制当中。

1）30200（NUM_ENCS）参数。该参数设置数控车床相应轴是否安装了编码器。显然，本项目应该设置 SP 的 30200 为 "1"。

2）30240（ENC_TYPE）参数。该参数设置编码器输出信号的形式，本项目所使用的编码器输出信号形式见随机资料，为差分信号，所以该参数设置为 "2"。

3）31020（ENC_RESOL）参数。该参数设置编码器分辨率，查阅随机资料或编码器铭牌，设置为 "1024"。

4）31070（DRIVE_ENC_RATIO_DENOM）、31080（DRIVE_ENC_RATIO_NUMERA）参数。31070 和 31080 设置编码器与被测转速的传动比，同步带连接或者联轴器连接，一般传动比为 1∶1，所以 31070 和 31080 都设置为 "1"。

（5）项目检查

参数设置完成后，CK6140 断电再上电，电气连接正常应该没有报警，否则 25000 报警，应该检查连接电缆。

1）转角位置检查。用手拨动车床主轴一圈，数控系统的屏幕显示的主轴转角位置应该在 0°～360°之间变化。

2）转速检查。手持转速表如图 6-32 所示，检测主轴的真实转速，手持转速表显示值与数控系统屏幕上通过

图 6-32　手持转速表

光电编码器检测的主轴转速相比较，以此判断编码器所测转速是否正确。

（6）常见故障现象及判断方法

1）光栅码盘损坏，编码器轴承系统损坏。

问题原因：许多编码器在安装或拆卸时，因为电动机尾轴端有毛刺、油漆、铁锈或键槽有偏移，所以不能顺利安装到位。现场往往采取挤压、敲打、拉拔等强行安装或拆卸的方法。这样安装或拆卸的编码器内部（如光栅码盘，轴承）可能已经损坏了，不能正常工作。即使暂时没有损坏也会严重影响编码器的使用寿命。

解决对策：安装前先用砂布或锉刀修去尾轴上的毛刺、油漆、铁锈，并修正可能偏斜的键销，然后用手将编码器轻轻推入尾轴，到位后，上紧固定螺钉。拆卸时先用松锈剂除锈，拆除螺钉，然后轻轻拉动转轴，将编码器取下。注意用手轻轻能推上或轻轻能取下的安装方法才是

正确的。

2）接错线或无法接线。

问题原因：许多主轴电动机在风罩上安有编码器接线盒和接线端子，但接完编码器线后却没有标明导线的定义，到现场后用户往往不知道如何接线，造成很大困扰。甚至因接错线而损坏设备。

解决对策：所有接线盒在接线完成后必须标明每根导线的含义，编码器厂商所提供的使用说明、接线图、质保卡等技术文件一定要传递给用户。

3）接插件损坏，电缆损坏。

问题原因：拆卸风罩时没有断开编码器电缆，冲击力拉坏了航空插和电缆。或者电缆线过长且没有固定，碰到冷却风扇被打坏。

解决对策：编码器的输出电缆必须至少有一点固定在电动机端盖上，保留长度必须合适（过长时可以截短或盘起来）。在拆卸风罩前应首先断开编码器、刹车、超速开关等附件的连接电缆，以免损坏这些附件。

6.4.3　数控机床磁栅的安装

随着现代制造业的迅速发展，对数控机床的定位精度、重复定位精度也日益提高，原来精密滚珠丝杠加编码器式的半闭环控制系统已无法满足用户的需求。半闭环控制系统无法控制机床传动机构所产生的传动误差、高速运转时传动机构所产生热变形误差以及加工过程中传动系统磨损而产生的误差，而这些误差已经严重影响到数控机床的加工精度及其稳定性。光栅尺及磁栅尺的运用可使数控机床对各线性坐标轴进行全闭环控制，减小上述误差，提高机床的精度以及精度可靠性，它们作为提高数控机床位置精度的关键部件受到用户的青睐。另外一些大型的数控机床由于其机械结构设计原因，也需要线性光栅尺及磁栅尺对数控机床各线性坐标轴进行位移数据反馈。

在现代机床中，一般都要求大流量冷却，而在大流量冲洗时，会有切削液飞溅到光栅尺上，光栅尺的工作环境也充满了潮湿、带有冷却喷雾的空气，在这种环境下光栅容易产生冷凝现象，扫描头上易结下一层薄膜。这样一来，就会导致光栅尺的光线投射不佳，再加上光栅容易留下水迹，严重影响光栅的测量，更严重的会使光栅尺损坏，使整机处于瘫痪状态。而磁栅尺具有防尘、防水、防振动和防油的优点，并且各项技术指标均能满足普通数控机床的加工精度及其稳定性的要求。下面简单介绍一下磁栅尺的性能和在数控机床中的应用案例。

1. 磁栅尺性能

1）数控机床配置线性磁栅尺主要目的是为了提高线性坐标轴的定位精度，所以磁栅尺的准确度等级是首先要考虑的，磁栅尺准确度等级有 ±0.01mm、±0.005mm、±0.003mm、±0.025mm，基本满足数控机床设计精度要求。而且磁栅尺的磁性载体的热膨胀系数与机床光栅尺安装基体的热膨胀系数基本一致。

另外磁栅尺最大移动速度可达 400m/min 以上，长度可达 200m 以上，完全满足大多数数控机床设计要求。

2）磁栅尺测量方式有增量式磁栅尺和绝对式磁栅尺，可满足数控机床的要求，增量式磁栅尺参考点有循环参考点和固定参考点两种方式，可以选择这两种参考点的任一种作为坐标轴找参考点位置；绝对式磁栅尺则可以选择任意一点作为坐标轴找参考点位置。

3）磁栅尺的输出信号分电流正弦波信号、电压正弦波信号、TTL 矩形波信号和 TTL 差动矩形波信号 4 种,可以与各种数控系统相匹配。

2. 磁栅尺在数控机床上安装

磁栅尺通常制成独立的结构,有各种长度可供选择。安装时,只要将磁栅尺固定在机床上合适的位置,在固定光滑的平面上,调整磁栅尺与平面的平行度,将磁栅尺读数头安装在机床上需要测量位移方向的工作台上,调整磁栅尺读数头与磁栅尺本体的平行度,满足要求后,机床在运行过程中的位置测量可以通过连接磁栅尺读数头和匹配的数显表来完成。

磁栅尺的线性位移传感器安装相对灵活,可以安装在机床的不同部位。通常,磁栅尺安装在机床的工作台(滑板)上,并随着工作台的进给而移动。读数头固定在机床上,并尽可能安装在磁栅尺的下方。安装方法的选择必须注意碎屑、切削液和油的飞溅方向。如果由于安装位置的限制,读数头必须向上安装,则必须添加辅助密封装置,此外,在正常情况下,读数头应尽可能安装在相对于机床的固定部件上,此时,输出线将不会移动,并且很容易固定,而磁栅尺本体应安装在相对于机床(例如滑板)的移动部件上。

磁栅尺的输出信号包括单端信号输出和差分信号输出两种类型,连接 PLC 时一般选择单端信号输出,连接数控机床时选择差分信号输出。两种输出信号类型引脚分配如图 6-33 所示。

单端信号输出接线图	
电缆颜色	信号
黑色	GND
红色	A
橙色	B
蓝色	Z
棕色	+UB

差分信号输出接线图	
电缆颜色	信号
黑色	GND
红色	A
黄色	A/
橙色	B
绿色	B/
蓝色	Z
紫色	Z/
棕色	+UB

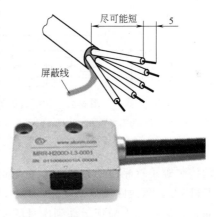

图 6-33 某型号磁栅尺两种输出信号类型引脚分配图

安装磁栅尺传感器时,传感器不能直接安装在粗糙不平的机床上,尤其是涂底漆的机床上。磁栅尺和读数头应分别安装在机床相对运动的两个部分上。用千分表检查机床工作台磁栅尺安装面与导轨运动方向之间的平行度。千分表固定在床身上,工作台移动。平行度公差为 0.1mm/1000mm。如果不能满足这一要求,需要安装磁栅尺底座。底座要求与磁栅尺本体长度相同,底座经过铣磨工序加工,保证平面平行度公差为 0.1mm/1000mm。

思考与练习

1. 作图分析光栅位移传感器莫尔条纹放大作用原理,并讨论数量关系。
2. 简述光电编码器的工作原理及用途。
3. 磁栅测量的信号处理有哪几种类型?工作原理是什么?
4. 有一直线光栅,每毫米刻线数为 100 线,主光栅与指示光栅的夹角 $\theta = 1.8°$,列式计算：

 1）栅距 $W=$ _____ mm；

 2）能分辨的最小位移为_____ mm；

 3）$\theta=$ _____ rad；

 4）莫尔条纹的宽度 $L=$ _____ mm。

5. 有一增量式光电编码器，其参数为 1024p/r，编码器与丝杠同轴连接，丝杠螺距 $t=$ 2mm，光电编码器与丝杠的连接如图 6-34 所示。当丝杠从图中所示的基准位置开始旋转，在 0.5s 时间里，光电编码器共产生了 51456 个脉冲。请列式计算：

 1）丝杠共转过_____圈，又_____度；

 2）丝杠的平均转速 n（r/min）为_____；

 3）螺母从图中所示的基准位置移动了_____ mm；

 4）螺母移动的平均速度 v 为_____ m/s；

 5）编码器能分辨的最小角度为_____。

6. 某单位计划进行设备的自动化改造，现计划采用数显装置将一台普通车床改造为自动车床（注意：非数控车床），专门用于车削螺纹。具体要求如下。

 1）能分别显示横向（最大为 500mm）和纵向（最大为 100mm）的进给位移量（精度必须达到 0.01mm）。

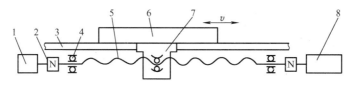

图 6-34　光电编码器与丝杠的连接

1—光电编码器　2—联轴器　3—导轨　4—轴承　5—滚珠丝杠

6—工作台　7—螺母（和工作台连在一起）　8—电动机

 2）能自动控制螺距（精度必须达到 0.01mm）。

 3）当加工到规定的螺纹圈数（精度优于 1°）时，能自动退刀，此时扬声器响（"滴"一声）。

 4）若横向走刀失控，当溜板运动到床身的左、右两端限位时，扬声器报警并立即使机床停止下来。

 5）有较强的抗振、抗电磁干扰、抗腐蚀等能力。

 6）有较强的性能/价格比。

请就以上几个要求给工程部写一份可行性报告。要求：

 1）分别从量程、使用环境、安装和经济适用性等方面考虑，说明拟采用的位移传感器，并比较各自的特点。

 2）论述实现的方法或对策，包括报警、退刀和限位保护等方法。

 3）画出传感器及数显装置在车床上的安装位置。

 4）报告必须符合应用文格式，文句通顺、简练，无错别字，题目翻译成英文。

项目 7 环境量检测

引导案例 天津港"8.12"特别重大火灾爆炸事故

2015 年 8 月 12 日 23 时 30 分许,天津滨海新区瑞海公司危险品仓库发生爆炸。事故造成包括消防人员、公安民警在内的 165 人遇难,8 人失踪,受伤人数近 800 人;由于爆炸中心临近进口汽车仓储地,数千辆进口新车因爆炸事故被焚毁。截至 2015 年 12 月 10 日,事故已核定的直接经济损失 68.66 亿元人民币。

事故发生后,中国气象局世界气象组织、国际原子能机构北京区域环境紧急响应中心以及天津市气象局迅速启动环境应急响应模式,对天津滨海新区爆炸事故发生时的天气状况(包括温度、湿度、风力及风向等)进行分析,对事故区域 3 处入海排水口全部实施封堵,同时对现场隔离区外的雨水口、污水口、污水处理厂、海河闸口进行不间断监测,监测参数包括天津港池及周边海域海水中的酸碱度、溶解氧、化学需氧量、油类、活性磷酸盐、硫化物、有机碳、多环芳烃、氰化物、挥发酚等,所用传感器大部分是化学传感器。

化学传感器用来检测特定的化合物,比如各种气体。这种传感器的工作原理其实非常简单,就像我们在日常生活中观察到的一样,很多物质对化学作用都很敏感。比如,很多金属长时间暴露在空气中都有被氧化的危险。金属表面显著的氧化层能改变材料的性能,例如金属的电阻,可以通过检测金属性材料被氧化后电阻的变化来检测氧气。

知识储备 湿度的表示法和声波

湿度是指物质中所含水蒸气的量,目前的湿度传感器多数用于测量气氛中的水蒸气含量。通常用绝对湿度、相对湿度和露点(或露点温度)来表示。常见湿度传感器如图 7-1 所示。

图 7-1 常见湿度传感器

1. 湿度的表示法

(1)绝对湿度

绝对湿度是指单位体积的气氛中水蒸气的质量,其表达式为

$$H_a = \frac{m_V}{V} \tag{7-1}$$

式中,m_V 为待测气氛中的水汽质量;V 为待测气氛的总体积。

(2)相对湿度

相对湿度为待测气氛中水汽分压与相同温度下水的饱和水汽压的比值的百分数。这是一个

无量纲量，常表示为%RH（RH 为相对湿度 Relative Humidity 的缩写），其表达式为

$$H_r = \left(\frac{p_V}{p_W}\right)_T \times 100\% RH \tag{7-2}$$

式中，p_V 为待测气氛的水汽分压；p_W 为待测气氛温度相同时水的饱和水汽压。

（3）露点

在一定大气压下，将含水蒸气的空气冷却，当降到某温度时，空气中的水蒸气达到饱和状态，开始从气态变成液态而凝结成露珠，这种现象称为结露，此时的温度称为露点或露点温度。如果这一特定温度低于 0℃，水汽将凝结成霜，此时称其为霜点。通常对两者不予区分，统称为露点，其单位为℃。

2. 声波

声波是声音的传播形式，发出声音的物体称为声源。声波是一种机械波，由声源振动产生，声波传播的空间就称为声场。人耳可以听到的声波的频率一般为 20Hz~20kHz。

各种声源发生的频率千差万别，使得声波丰富多彩。例如小鼓的声波是每秒钟振动 80~2000 次，即频率为 80~2000Hz；钢琴发声的频率是 27.5~4096Hz；大提琴的发声频率是 40~700Hz；小提琴的发声频率是 300~10000Hz；笛子的发声频率是 300~16000Hz；男低音发声的频率是 70~3200Hz；男高音的发声频率是 80~4500Hz；女高音的发声频率是 100~6500Hz；人们普通谈话的声波频率为 200~800Hz。

许多动物不仅可以发出和接收声波，而且能够发出和接收超声波，有的还可以感受次声波。

在声波的频率范围内，发声的频率决定着音调的高低：频率高，音调也高，声音纤细；反之，频率低，音调也低，声音雄浑。

任务 7.1　气敏传感器与烟雾传感器

 【任务教学要点】

任务7.1 气敏
传感器与烟
雾传感器

知识点

● 气敏传感器的原理与分类。

● 烟雾传感器原理与分类。

技能点

● 气敏传感器的检测。

● 气敏传感器的应用。

气敏传感器是一种把气体（多数为空气）中的特定成分检测出来，并将它转换为电信号的器件，以便提供有关待测气体的存在及浓度大小的信息。

气敏传感器最早用于可燃性气体及瓦斯泄露报警，用于防灾，保证生产安全，以后逐渐推广应用，用于有毒气体的检测、容器或管道的检漏、环境监测（防止公害）、锅炉及汽车的燃烧检测与控制（可以节省燃料，并且可以减少有害气体的排放）、工业过程的检测与自动控制（测量分析生产过程中某一种气体的含量或浓度）。近年来，在医疗、空气净化、家用燃气等方面，气敏传感器也得到普遍的应用。

表 7-1 为气敏传感器的主要检测对象及应用场所。

表 7-1 气敏传感器的主要检测对象及应用场所

分 类	检测对象气体	应用场合
易燃易爆气体	液化石油气、焦炉煤气、发生炉煤气、天然气 甲烷 氢气	家庭 煤矿 冶金、试验室
有毒气体	一氧化碳(不完全燃烧的煤气) 硫化氢、含硫的有机化合物 卤素、卤化物、氨气等	煤气灶等 石油工业、制药厂 冶炼厂、化肥厂
环境气体	氧气(缺氧) 水蒸气(调节湿度,防止结露) 大气污染(SO_x,NO_x,Cl_2 等)	地下工程、家庭 电子设备、汽车、温室 工业区
工业气体	燃烧过程气体控制,调节燃/空比 一氧化碳(防止不完全燃烧) 水蒸气(食品加工)	内燃机,锅炉 内燃机,冶炼厂 电子灶
其他灾害	烟雾,驾驶人呼出酒精	火灾预报,事故预报

气敏传感器的性能必须满足下列条件。

1) 能够检测易爆炸气体的允许浓度、有害气体的允许浓度和其他基准设定浓度,并能及时给出报警、显示与控制信号。

2) 对被测气体以外的共存气体或物质不敏感。

3) 长期稳定性、重复性好。

4) 动态特性好、响应迅速。

5) 使用、维护方便,价格便宜等。

气敏传感器种类较多,下面将做简单介绍。

常见气敏传感器如图 7-2 所示。

图 7-2 常见气敏传感器

7.1.1 气敏传感器的分类

1. 半导体型气敏传感器

半导体型气敏传感器是利用半导体气敏器件同气体接触,造成半导体性质变化,来检测气体的成分或浓度的气敏传感器。半导体型气敏传感器大体可分为电阻式和非电阻式两大类,如表 7-2 所示。电阻式半导体气敏传感器用氧化锡、氧化锌等金属氧化物材料制作敏感器件,利用其阻值的变化来检测气体的浓度。气敏器件有多孔质烧结体、厚膜以及目前正在研制的薄膜等几种非电阻式半导体传感器。

(1) 表面控制型电阻式气敏传感器

这类器件表面电阻的变化,取决于表面原来吸附气体与半导体材料之间的电子交换。通常器件与空气中的 O_2 和 NO_2 等气体作用,其内部 N 型半导体材料的传导电子减少,使表面电导率减少,从而使器件处于高阻状态。一旦器件与被测气体接触,就将电子释放出来,使敏感膜表面电导增加,使器件电阻减少。这种类型的传感器多数是以可燃性气体为检测对象,但如果吸附能力强，即使是非可燃性气体也能作为检测对象。其具有检测灵敏度高、响应速度快和实用价值大等优点。目前常用的材料为氧化锡和氧化锌等较难还原的氧化物，也有研究用有机半导体材料的。在这类传感器中一般均掺有少量贵金属（如 Pt 等）作为激活剂。这类器件目前已商品化的有 SnO_2、ZnO 等气敏传感器。

表 7-2　半导体型气敏传感器的分类

类型		主要的物理特性	传感器举例	工作温度	代表性被测气体
电阻式		表面控制型	氧化锡、氧化锌	室温 ~ 450℃	可燃性气体
		体控制型	$LaI_{-x}Sr_xCoO_3$、FeO 氧化钛、氧化钴、氧化镁、氧化锡	300 ~ 450℃ 700℃ 以上	酒精、可燃性气体、氧气
非电阻式		表面电位	氧化银	室温	乙醇
		二极管整流特性	铂/硫化镉、铂/氧化钛	室温 ~ 200℃	氢气、一氧化碳、酒精
		晶体管特性	铂栅 MOS 场效应晶体管	150℃	氢气、硫化氢

（2）体控制型电阻式气敏传感器

体控制型电阻式气敏传感器是利用体电阻的变化来检测气体的半导体器件。很多氧化物半导体由于化学计量比偏离，即组成原子数偏离整数比的情况，如 $Fe_{1-x}O$、$Cu_{2-x}O$ 等，或 SnO_{2-x}、ZnO_{1-x}、TiO_{2-x} 等。前者为缺金属型氧化物，后者为缺氧型氧化物，统称为非化学计量化合物，它们是由不同价态金属的氧化物构成的固溶体，其中 x 值由温度和气相氧分压决定。由于氧的进出使晶体中晶格缺陷（结构组成）发生变化，电导率随之发生变化。缺金属型氧化物为生成阳离子空位的 P 型半导体，氧分压越高，电导率越大。与此相反，缺氧型氧化物为生成晶格间隙阳离子或生成氧离子缺位的 N 型半导体，氧分压越高，电导率越小。

体控制型电阻气敏器件，因须与外界氧分压保持平衡，或受还原性气氛的还原作用，致使晶体中的结构缺陷发生变化，随之体电阻变化。这种变化也是可逆的，当待测气体脱离后气敏器件又恢复原状。这类传感器以 $\alpha\text{-}Fe_2O$、$\gamma\text{-}Fe_2O_3$、TiO_2 传感器为代表。其检测对象主要有液化石油气（主要是丙烷）、煤气（主要是 CO、H_2）和天然气（主要是甲烷）。

上述两种电阻式半导体型气敏传感器的优点是价格便宜、使用方便、对气体浓度变化响应快、灵敏度高。其缺点是稳定性差、老化快、对气体识别能力不强、特性的分散性大等。为了解决这些问题，目前正从提高识别能力、提高稳定性、开发新材料、改进工艺及器件结构等方面进行研究。

（3）非电阻式气敏传感器

非电阻式气敏传感器目前主要有二极管、FET 及电容型。二极管型气敏传感器是利用一些气体被金属与半导体的界面吸收，对半导体禁带宽度或金属的功函数的影响，而使二极管整流特性发生性质变化而制成的，如 Pd/Ti、Pd/ZnO 之类二极管可用于对 H_2 的检测。

FET 型气敏传感器是将 MOSFET 或 MISFET 中的金属栅采用 Pd 等金属膜，根据栅极阈值的变化来检测未知气体。初期的 FET 型气体传感器以测 H_2 为主，近年来已制成 H_2S、NH_3、CO、乙醇等 FET 型气敏传感器。最近又发展了 ZrO_2、LaF 固体电解质膜及锑酸质子导电体厚膜型的 FET 气敏传感器。

人们发现 $CaO\text{-}BaTiO_3$ 等复合氧化物随 CO_2 浓度变化其静电容量有很大变化。该元件当加热到 419℃ 时，可测定 CO_2 浓度范围（0.05% ~ 2%）。其优点是选择性好，很少受 CO、CH_4、H_2 等气体干扰，不受湿度干扰，有良好前景。

2. 固体电解质式气敏传感器

这类传感器内部不是依赖电子传导，而是靠阴离子或阳离子进行传导，因此，把利用这种传导性能好的材料制成的传感器称为固体电解质式传感器。

3. 接触燃烧式气敏传感器

一般将在空气中达到一定浓度、触及火种可引起燃烧的气体称为可燃性气体，如甲烷、乙炔、甲醇、乙醇、乙醚、一氧化碳及氢气等均为可燃性气体。

接触燃烧式气敏传感器是将白金等金属线圈埋设在氧化催化剂中构成的。使用时对金属线圈通以电流，使之保持在 $300 \sim 600 ℃$ 的高温状态，同时将元件接入电桥电路中的一个桥臂，调节桥路使其平衡。一旦有可燃性气体与传感器表面接触，燃烧热进一步使金属丝升温，造成器件阻值增大，从而破坏了电桥的平衡。其输出的不平衡电流或电压与可燃烧气体浓度成比例，检测出这种电流或电压就可测得可燃性气体的浓度。

接触燃烧式气敏传感器的优点是对气体选择性好，线性好，受温度、湿度影响小，响应快。其缺点是对低浓度可燃性气体灵敏度低，敏感元件受到催化剂侵害后其特性锐减，金属丝易断。

4. 电化学式气敏传感器

电化学式气敏传感器包括离子电极型、加伐尼电池型、定位电解型等种类。

（1）离子电极型气敏传感器

离子电极型气敏传感器由电解液、固定参照电极和 pH 电极组成，通过透气膜使被测气体和外界达到平衡，在电解液中达到如下化学平衡（以被测气体 CO_2 为例）：

$$CO_2 + H_2O = H^+ + HCO_3^- \tag{7-3}$$

根据质量作用法则，HCO_3^- 的浓度一定与在设定范围内的 H^+ 浓度和 CO_2 分压成比例，根据 pH 值就能知道 CO_2 的浓度。适当的组合电解液和电极，可以检测多种气体，如 NH_3、SO_2、NO_2（pH 电极）、HCN（Ag 电极）、卤素（卤化物电极）等传感器已实用化。

（2）加伐尼电池型气敏传感器

以氧传感器为例。这种传感器中，由隔离膜、铅电极（阳）、电解液及白金电极（阴）组成一个加伐尼电池，当被测气体通过聚四氟乙烯隔膜扩散到达负极表面时，即可发生还原反应，在白金电极上被还原成 OH^- 离子，阳极上铅被氧化成氢氧化铅，溶液中产生电流。这时流过外电路的电流和透过聚四氟乙烯膜的氧的速度成比例，阴极上氧分压几乎为零，氧透过的速度和外部的氧分压成比例。

（3）定位电解型气敏传感器

定位电解型气敏传感器又称控制电位电解法气敏传感器，它由工作电极、辅助电极、参比电极以及聚四氟乙烯制成的透气隔离膜组成。在工作电极与辅助电极、参比电极间充以电解液，传感器工作电极（敏感电极）的电位由恒电位器控制，使其与参比电极电位保持恒定，待测气体分子通过透气膜到达敏感电极表面时，在多孔型贵金属催化作用下，发生电化学反应（氧化反应），同时辅助电极上氧气发生还原反应。这种反应产生的电流大小受扩散过程的控制，而扩散过程与待测气体浓度有关，只要测量敏感电极上产生的扩散电流，就可以确定待测气体的浓度。在敏感电极与辅助电极之间加一定电压后，使气体发生电解，如果改变所加电压，氧化还原反应选择性地进行，就可以定量检测气体。

5. 集成型气敏传感器

集成型气敏传感器有两类：一类是把敏感部分、加热部分和控制部分集成在同一基底上，以提高器件的性能；另一类是把多个具有选择性的元件，用厚膜或薄膜的方法制在一个衬底上，用微机处理和信号识别的方法对被测气体进行选择性的测定，既可对气体进行识别又可提高检测灵敏度。

7.1.2 气敏传感器的选择

1. 可燃性气体泄露报警器

为防止常用气体燃料如煤气（H_2、CO 等）、天然气（CH_4 等）、液化石油气（C_3H_8、C_4H_{10} 等）及 CO 等气体泄漏引起中毒、燃烧或爆炸，应用可燃性气敏传感器配上适当电路制成报警器。目前在报警器上大都使用 SnO_2 气敏传感器。但在湿度较大的场合，如厨房等，宜使用 $\alpha\text{-}Fe_2O_3$ 气敏传感器为核心的报警器，因为此类传感器对湿度敏感性小，稳定性较好。

2. 在汽车中应用的气敏传感器

为了节约能源，防止环境污染和保持一个良好的车内环境，需要在汽车上配备各种气敏传感器。控制燃空比，需用氧传感器；控制污染，检测排放气体，需用 CO、NO_x、HCl 和 O_2 等传感器；内部空调，需用 CO、烟和湿度等传感器。在控制燃空比中使用的传感器最好选用固体电解质的稳定化的 ZrO_2 传感器。

3. 在工业中应用的气敏传感器

在 Fe 和 Cu 等矿物冶炼过程中常使用氧传感器，在半导体工业中需用多种气敏传感器，在食品工业中也常用氧传感器，如高炉用氧传感器。在铁矿精炼时，用的传感器必须满足 $600℃$ 以上的高温，耐热冲击性好，与熔融金属不发生反应，耐腐蚀，电阻小，因此常用稳定的 ZrO_2 氧传感器。

在半导体工业中常用的气体，其毒性大，需检测浓度极低（为 10^{-19} 级），需要能够检测极低浓度、可靠性好的传感器。如果从保存方便、经济角度考虑，电化学气敏传感器是有希望应用的。

在食品工业方面，在对水产物的鲜度进行科学评价时，常用气敏传感器。如在鱼筋肉中有的核酸会分解，消耗氧量可用电化学氧传感器测定，也可用氧电极测其鲜度。

4. 检测大气污染方面用的气敏传感器

对于污染环境需要检测的气体有 SO_2、H_2S、NO_x、CO 和 CO_2 等，因为需要定量测量，宜选用电化学气敏传感器。

5. 在家电方面用的气敏传感器

气敏传感器在家电中除用于可燃性气体泄漏报警及换气扇、抽油烟机的自动控制外，也用于微波炉和燃气炉等家用电器中。在微波炉中常选用 SnO_2 气敏传感器，气敏传感器测量出从食品中发出气体的浓度，可根据事先对不同食品的特性，选择负载电阻，实现烹调的自动控制。在燃气炉中常使用 ZrO_2 气敏传感器测量燃空比。

6. 在其他方面的应用

除上述以外，气敏传感器还被广泛用于医疗诊断、矿井安全等场合。目前各类传感器已有实用商品。半导体类传感器目前只能半定量化，所以被广泛用在控制系统中。这类传感器的缺点是对气体的识别能力不强、稳定性较差和寿命短。而电化学传感器可以定量检测气体的浓度，所以目前已较好地应用在对环境监测的设备中，但其弱点是使用寿命短。

7.1.3 烟雾传感器

烟雾是由比气体分子大得多的微粒悬浮在气体中形成的，和一般的气体成分的分析不同，必须利用微粒的特点检测。这类传感器多用于火灾报警器，是以烟雾的有无决定输出信号，所以不能定量地连续测量。

1. 散射式烟雾传感器

在发光管和光电器件之间设置遮光屏，无烟雾时接收不到光信号，有烟雾时借微粒的散射光使光电器件发出电信号，散射式烟雾传感器的原理如图 7-3 所示。这种传感器的灵敏度与烟雾种类无关。

2. 离子式烟雾传感器

用放射性同位素镅（Am241）放射出微量的 α 射线，使附近空气电离，当平行平板电极间有直流电压时，产生离子电流 I_K。有烟雾时，微粒将离子吸附，而且离子本身也吸收 α 射线，其结果是离子电流 I_K 减小。

若将一个密封有纯净空气的离子室作为参比元件，对两者的离子电流比较，就可以清除外界干扰，得到可靠的检测结果。此法的灵敏度与烟雾种类有关。离子式烟雾传感器的原理如图 7-4 所示。

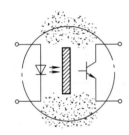

图 7-3   散射式烟雾传感器的原理

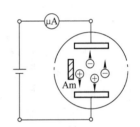

图 7-4   离子式烟雾传感器的原理

7.1.4   气敏传感器的检测和应用

1. 气敏传感器的检测

（1）测量静态阻值

将气敏传感器的加热极 F_1、F_2 串接在电路中，如图 7-5a 所示，再将万用表置于 $R \times 1k\Omega$ 档，红、黑表笔接气敏传感器的 A、B 极，然后闭合开关，让电流对气敏电阻加热，同时在刻度盘上查看阻值大小。

若气敏传感器正常，阻值应先变小，然后慢慢增大，在约几分钟后阻值稳定，此时的阻值称为静态电阻。

若阻值为 0，说明气敏传感器短路；若阻值为无穷大，说明气敏传感器开路。

若在测量过程中阻值始终不变，说明气敏传感器已失效。

（2）测量接触敏感气体时的阻值

按步骤（1）测量，待气敏传感器阻值稳定时，再将气敏传感器靠近燃气灶（打开燃气灶，将火吹灭），如图 7-5b 所示，然后在刻度盘上查看阻值大小。

若阻值变小，气敏传感器为 N 型；若阻值变大，气敏传感器为 P 型；若阻值始终不变，说明气敏传感器已失效。

2. 气敏传感器的应用

随着工业及科研中使用气体做原料、燃料的增多，日常生活中煤气、液化石油气作为家庭燃料的普及，对气体的检测与控制显得日益重要。目前已有的气敏传感器种类较多，但由于半导体

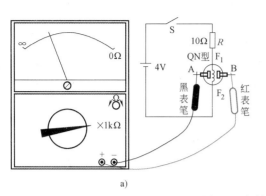 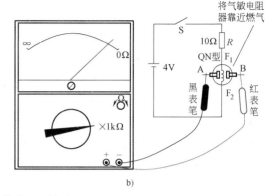

图7-5 气敏传感器的检测

气敏传感器的突出优点使其应用相对较广。

气敏传感器的线性一般较差，而气体检测的目的也多为报警与控制。在此以电阻式半导体气敏器件为例给出气体报警器与控制器的原理框图（见图7-6）以供参考。注意此类器件常设有加热丝（f_1、f_2）以加速被测气体的化学吸附和电离的过程，并烧去器件表面的污物（起清洁作用）。负载电阻R_L串联在传感器中，其两端加工作电压，在加热丝两端（f_1、f_2）加有加热电源。在洁净空气中，传感器的电阻较大，在负载上的输出电压R_L较小；当在待测气体中时，传感器的电阻变小，则R_L上的输出电压较大。图7-6a为报警器，超过规定浓度时，发出声光报警；图7-6b为控制器，由R调节设定浓度，超过设定浓度时，比较器翻转，输出控制信号，由驱动电路带动继电器或其他元件。

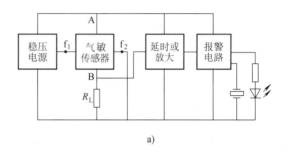

a)

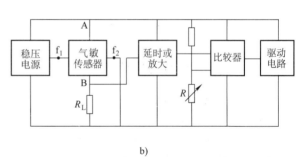

b)

图7-6 气体报警器与控制器的原理框图
a）报警器 b）控制器

（1）气体报警器

这种报警器可根据使用气体种类，安放在易检测气体泄漏的地方，这样就可随时监测气体是否泄漏，一旦泄漏气体达到危险浓度，便自动发出报警信号。

图7-7是一种简易的家用气体报警器电路。气敏传感器采用直热式气敏器件TGS109。当室内可燃气体增加时，由于气敏器件接触到可燃气体而其阻值降低，这样流经测试回路的电流增加，可直接驱动蜂鸣器报警。

设计报警器时，重要的是如何确定开始报警的浓度。一般情况下，对于丙烷、丁烷、甲烷等气体，都选定在爆炸下限的1/10。

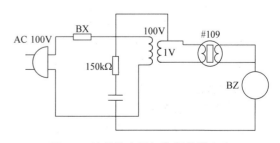

图7-7 简易的家用气体报警器电路

（2）自动空气净化换气扇

利用 SnO_2 气敏器件可以设计用于空气净化的自动换气扇。图 7-8 是自动换气扇的电路。当室内空气污浊时，烟雾或其他污染气体使气敏器件阻值下降，晶体管 VT 导通，继电器动作，接通风扇电源，可实现风扇自动启动，排放污浊气体，换进新鲜空气。当室内污浊气体浓度下降到希望的数值时，气敏器件阻值上升，VT 截止，继电器断开，风扇电源切断，风扇停止工作。

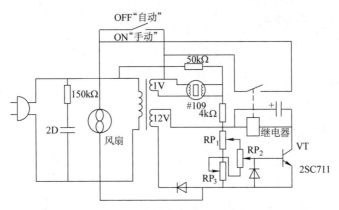

图 7-8　自动换气扇的电路

3. 家用燃气安全报警器

家用燃气安全报警器的电路由两部分组成：一部分是燃气报警器，在燃气浓度达到危险界限前发生警报；另一部分是开放式负离子发生器，其作用是自动产生空气负离子，使燃气中主要有害成分一氧化碳与空气负离子中的臭氧（O_3）反应，生成对人体无害的二氧化碳。家用燃气安全报警器的电路如图 7-9 所示。

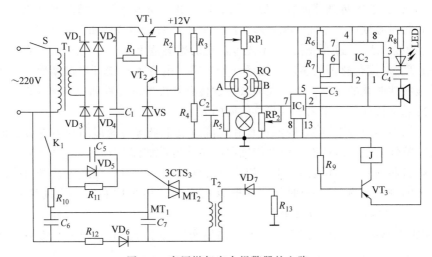

图 7-9　家用燃气安全报警器的电路

燃气报警电路，包括电源电路、气敏探测电路、电子开关电路和声光报警电路。开放式空气负离子发生器电路由 $R_{10} \sim R_{13}$、$C_5 \sim C_7$、$VD_5 \sim VD_7$、$3CTS_3$ 及 T_2 等组成。这种负离子发生器，由于元器件少，结构简单，通常无须特别调试即能正常工作。减小 R_{12} 的阻值，可以使负离子浓度增加。

任务 7.2　湿度与水分传感器

 【任务教学要点】

任务7.2 湿度传感器

知识点
- 湿度传感器的原理与分类。
- 含水量检测传感器原理。

技能点
- 湿度传感器的检测。
- 湿度传感器的应用。

7.2.1　湿度传感器基础

随着现代工农业技术的发展及生活条件的提高，湿度的检测与控制成为生产和生活中必不可少的手段。例如：大规模集成电路生产车间，当其相对湿度低于 30% 时，容易产生静电而影响生产；一些粉尘大的车间，当湿度小而产生静电时，容易产生爆炸；纺织厂为了减少棉纱断头，车间要保持相当高的湿度（60% ~ 75% RH）；一些仓库（如存放烟草、茶叶和中药材等）在湿度过大时，易发生变质或霉变现象。在农业上，先进的工厂式育苗、食用菌的培养与生产、水果及蔬菜的保鲜等都离不开湿度的检测与控制。

湿敏元件是指对环境湿度具有响应或将湿度转换成相应可测信号的元件。

湿度传感器由湿敏元件及转换电路组成，具有把环境湿度转变为电信号的能力。

湿度传感器的主要特性如下。

1）感湿特性：湿度传感器的特征量（如电阻、电容和频率等）随湿度变化的关系，常用感湿特征量和相对湿度的关系曲线来表示，湿度传感器的感湿特性如图 7-10 所示。

2）湿度量程：表示湿度传感器技术规范规定的感湿范围。全量程湿度为（0 ~ 100）% RH。

3）灵敏度：湿度传感器的感湿特征量（如电阻、电容等）随环境湿度变化的程度，也是该传感器感湿特性曲线的斜率。由于大多数湿度传感器的感湿特性曲线是非线性的，因此常用不同环境下的感湿特征量之比来表示其灵敏度的大小。

4）湿滞特性：湿度传感器在吸湿过程和脱湿过程中吸湿与脱湿曲线不重合，而是一个环形回线，这一特性就是湿滞特性，湿度传感器的湿滞特性如图 7-11 所示。

5）响应时间：在一定环境温度下，当相对湿度发生跃变时，湿度传感器的感湿特征量达到稳定变化量的规定比例所需的时间。一般以相应的起始湿度和终止湿度这一变化区间的 90% 的相对湿度变化所需的时间来计算。

6）感湿温度系数：当环境湿度恒定时，温度每变化 1℃ 所引起的湿度传感器感湿特征量的变化量。

7）老化特性：湿度传感器在一定温度、湿度气氛下存放一定时间后，其感湿特性将发生变化的特性。

湿度传感器种类繁多。按输出的电学量可分为电阻型、电容型和频率型等；按探测功能可分为绝对湿度型、相对湿度型和结露型等；按材料可分为陶瓷型、有机高分子型、半导体型和电解质型等。下面就材料不同分别加以介绍。

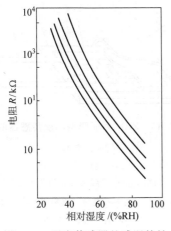

图 7-10 湿度传感器的感湿特性

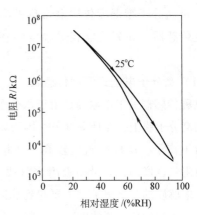

图 7-11 湿度传感器的湿滞特性

7.2.2 湿度传感器的分类

1. 陶瓷型湿度传感器

陶瓷型湿度传感器的感湿机理，目前尚无定论，国内外学者主要提出了质子型和电子型两类导电机理，但这两种机理有时并不能独立地解释一些传感器的感湿特性，在此不再深入探究。只需要知道这类传感器是利用其表面多孔性吸湿进行导电，从而改变元件的阻值。这种湿敏元件随外界湿度变化而使电阻值变化的特性便是用来制造湿度传感器的依据。陶瓷型湿度传感器较成熟的产品有 $MgCr_2O_4$-TiO_2 系、ZnO-Cr_2O_3 系、ZrO_2 系厚膜型、Al_2O_3 薄膜型及 TiO_2-V_2O_5 薄膜型等品种，以下逐一介绍其典型品种。

（1）$MgCr_2O_4$-TiO_2 系湿度传感器

$MgCr_2O_4$-TiO_2 系湿度传感器是一种典型的多孔陶瓷湿度测量器件。由于它具有灵敏度高、响应特性好、测湿范围宽和高温清洗后性能稳定等优点，目前已商品化，并得到广泛应用。$MgCr_2O_4$-TiO_2 系湿度传感器的结构示意图如图 7-12 所示。

$MgCr_2O_4$-TiO_2 系湿度传感器是以 $MgCr_2O_4$ 为基础材料，加入一定比例的 TiO_2（20% ~ 35% mol/L）制成的。感湿材料被压制成 4mm×4mm×0.5mm 的薄片，在 1300℃左右烧成，在感湿片两面涂布氧化钌（RuO_2）

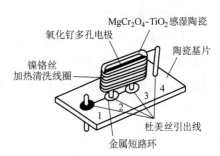

图 7-12 $MgCr_2O_4$-TiO_2 系湿度
传感器的结构示意图

多孔电极，并于 800℃下烧结。在感湿片外附设有加热清洗线圈，此清洗线圈主要是通过加热排除附着在感湿片上的有害气氛及油雾、灰尘，恢复对水汽的吸附能力。

（2）ZrO_2 系厚膜型湿度传感器

由于烧结法制成的体型陶瓷湿度传感器结构复杂，工艺上一致性差，特性分散，近来，国外开发了厚膜陶瓷型湿度传感器，这不仅降低了成本，也提高了传感器的一致性。

ZrO_2 系厚膜型湿度传感器的感湿层是用一种多孔 ZrO_2 系厚膜材料制成的，它可用碱金属调节阻值的大小并提高其长期稳定性。ZrO_2 系厚膜型湿度传感器的结构示意图如图 7-13所示。

2. 有机高分子型湿度传感器

有机高分子型湿度传感器常用的有高分子电阻式湿度传感器、高分子电容式湿度传感器和结露传感器。

（1）高分子电阻式湿度传感器

这种传感器的工作原理是由于水分子吸附在有极性基的高分子膜上，在低湿度下，因吸附量少，不能产生荷电离子，所以电阻值较高。当相对湿度增加时，吸附量也增加，大量的吸附水就成为导电通道，高分子电解质的正负离子对主要起到载流子作用，这就使高分子湿度传感器的电阻值下降。利用这种原理制成的传感器称为高分子电阻式湿度传感器。

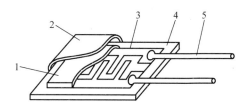

图 7-13　ZrO_2 系厚膜型湿度传感器的
结构示意图
1—电极引线
2—印制的 ZrO_2 感湿层（厚为几十微米）
3—瓷衬底　4—由多孔高分子膜制成的防尘过滤膜
5—用丝网印刷法印制的 Au 梳状电极

（2）高分子电容式湿度传感器

这种传感器是以高分子材料吸水后，元件的介电常数随环境相对湿度的改变而变化的原理制成的。元件的介电常数是水与高分子材料两种介电常数的总和。当含水量以水分子形式被吸附在高分子介质膜中时，由于高分子介质的介电常数（3~6）远远小于水的介电常数（81），所以介质中水的成分对总介电常数的影响比较大，使元件对湿度有较好的敏感性能。高分子电容式湿度传感器的结构示意图如图 7-14 所示。以高分子电容式湿度传感器为例，它是在绝缘衬底上制作一对平板金（Au）电极，然后在上面涂敷一层均匀的高分子感湿膜做电介质，在表层以镀膜的方法制作多孔浮置电极（Au 膜电极），形成串联电容。

（3）结露传感器

这种传感器利用了掺入炭粉的有机高分子材料吸湿后的膨润现象。在高湿度下，高分子材料的膨胀引起其中所含炭粉间距变化而产生电阻突变，利用这种现象可制成具有开关特性的湿度传感器。结露传感器的特性曲线如图 7-15 所示。

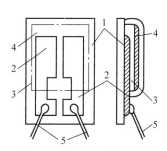

图 7-14　高分子电容式湿度传感器的结构示意图
1—微晶玻璃衬底　2—下电极　3—敏感膜
4—多孔浮置电极　5—引线

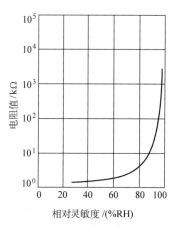

图 7-15　结露传感器的特性曲线

结露传感器是一种特殊的湿度传感器,它与一般湿度传感器的不同之处在于它对低湿度不敏感,仅对高湿度敏感。故结露传感器一般不用于测湿,而作为提供开关信号的结露信号器,用于自动控制或报警,如用于检测磁带录像机、照相机结露及汽车玻璃窗除露等。

3. 半导体型湿度传感器

半导体型湿度传感器品种也很多,现以硅 MOS 型 Al_2O_3 湿度传感器为例说明其结构与工艺。传统的 Al_2O_3 湿度传感器的缺点是气孔形状大小不一,分布不匀,所以一致性差,存在着湿滞大、易老化、性能漂移等缺点。硅 MOS 型 Al_2O_3 湿度传感器是在硅单晶上制成 MOS 晶体管,其栅极是用热氧化法生长成的厚度为 80nm 的 SiO_2 膜,在此 SiO_2 膜上用蒸发及阳极化方法制得多孔 Al_2O_3 膜,然后再蒸镀上多孔金(Au)膜而制成的。这种传感器具有响应速度快、化学稳定性好及耐高低温冲击等特点。MOS 型 Al_2O_3 湿度传感器的结构示意图如图 7-16 所示。

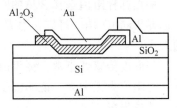

图 7-16　MOS 型 Al_2O_3 湿度传感器的结构示意图

7.2.3　含水量检测

通常将空气或其他气体中的水分含量称为湿度,将固体物质中的水分含量称为含水量。固体物质中所含水分的质量与总质量之比的百分数,就是含水量的值。固体中的含水量可用下列方法检测。

1. 称重法

将被测物质烘干前后的重量 G_H 和 G_D 测出,含水量便是

$$W = \frac{G_H - G_D}{G_H} \times 100\% \tag{7-4}$$

这种方法很简单,但烘干需要时间,检测的实时性差,而且有些产品不能采用烘干法。

2. 电导法

固体物质吸收水分后电阻变小,用测定电阻率或电导率的方法便可判断含水量。例如,用专门的电极安装在生产线上,可以在生产过程中得到含水量数据。但要注意,被测物质的表面水分可能与内部含水量不一致,电极应设计成测量纵深部位电阻的形式。

3. 电容法

水的介电常数远大于一般干燥固体物质,因此用电容法测含水量相当灵敏,造纸厂的纸张含水量便可用电容法测量。由于电容法是由极板间的电力线贯穿被测介质的,所以表面水分引起的误差较小。至于电容值的测定,可用交流电桥、谐振电路及伏安法等。

4. 红外吸收法

水分对波长为 $1.94\mu m$ 的红外射线吸收较强,并且可用几乎不被水分吸收的 $1.81\mu m$ 波长作为参比。由上述两种波长的滤光片对红外光进行轮流切换,根据被测物对这两种波长的能量吸收的比值便可判断含水量。

检测元件可用硫化铅光敏电阻,但应使光敏电阻处在 $10\sim15℃$ 的某一温度下,为此要用半导体制冷器维持恒温。这种方法也常用于造纸工业的连续生产线中。

5. 微波吸收法

水分对波长在 $1.36cm$ 附近的微波有显著的吸收现象,而植物纤维对此波段的吸收要比水小几十倍,利用这一原理可制成测木材、烟草、粮食、纸张等物质中含水量的仪表。微波法要

注意被测物料的密度和温度对检测的影响，这种方法的设备稍为复杂一些。

7.2.4　湿度传感器的检测和应用

1. 湿度传感器的检测

（1）在正常条件下测量阻值

根据标称阻值选择合适的欧姆档，如图 7-17a 所示，图中的湿度传感器标称阻值为 200Ω，故选择 $R\times10\Omega$ 档，将红、黑表笔分别接湿度传感器两个电极，然后在刻度盘上查看测得阻值的大小。

若湿度传感器正常，测得的阻值与标称阻值一致或接近；若阻值为 0，说明湿度传感器短路；若阻值为无穷大，说明湿度传感器开路；若阻值与标称阻值偏差过大，说明湿度传感器性能变差或损坏。

（2）改变湿度测量阻值

将红、黑表笔分别接湿度传感器两个电极，再把湿度传感器放在水蒸气上方（或者用嘴对湿度传感器哈气），如图 7-17b 所示，然后在刻度盘上查看测得阻值的大小。

若湿度传感器正常，测得的阻值与标称阻值比较应有变化；若阻值往大于标称阻值方向变化，说明湿度传感器为正温度系数。若阻值往小于标称阻值方向变化，说明湿度传感器为负温度系数；若阻值不变化，说明湿度传感器损坏。

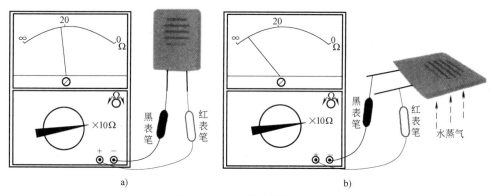

图 7-17　湿度传感器的检测

2. 湿度传感器的应用

自 1938 年美国的 F. W. Dummore 研制成功浸涂式氯化锂湿敏元件至今，已有几十种湿敏元件应运而生，但目前湿度传感技术的研究还远不如对温度等其他传感器技术研究得那么精确和完善。湿度较难检测的原因在于湿度信息的传递较复杂。湿度信息的传递必须靠其信息物质——水对湿敏元件直接接触来完成，因此，湿敏元件不能密封、隔离，必须直接暴露于待测的环境中。而水在自然环境中容易发生三态变化，当其液化或结冰时，往往使湿敏元件的高分子材料、电解质材料溶解，腐蚀或老化给测量带来不利。因此，目前湿敏元件在长期稳定性方面还存在一些问题，人们为了得到长期可靠的湿度传感器，有时宁可在测量精度、响应时间、湿度和温度特性、形状尺寸等方面做出一些牺牲。根据大工业自动化微机控制的需要，提出了湿度传感器微型化、集成化、廉价化的发展方向。

（1）汽车后玻璃自动去湿电路

汽车后玻璃自动去湿装置安装示意图及电路如图 7-18 所示。图中 R_L 为嵌入玻璃的加热电阻，R_H 为设置在后窗玻璃上的湿度传感器电阻。由 VT_1 和 VT_2 晶体管接成施密特触发电路，在 VT_1 的基极接有 R_1、R_2 和湿度传感器电阻 R_H 组成的偏置电路。在常温、常湿条件下，由于 R_H 阻值较大，VT_1 处于导通状态，VT_2 处于截止状态，继电器 KA 不工作，加热电阻无电流流过。当室内外温差较大，且湿度过大时，湿度传感器 R_H 的阻值减小，使 VT_1 处于截止状态，VT_2 翻转为导通状态，继电器 KA 吸合，其常开触点 KA_1 闭合，加热电阻开始加热，后窗玻璃上的潮气被驱散。

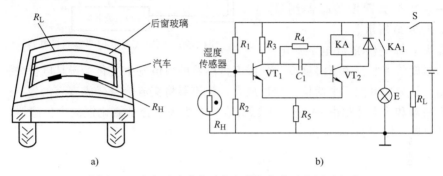

图 7-18　汽车后玻璃自动去湿装置安装示意图及电路

a) 安装示意图　b) 电路

（2）房间湿度控制器

房间湿度控制电路如图 7-19 所示。传感器的相对湿度值为 0~100% 所对应的输出信号为 0~100mV。将传感器输出信号分成三路分别接在 A_1 的反相输入端、A_2 的同相输入端和显示器的正输入端。A_1 和 A_2 为开环应用，作为电压比较器，只需将 RP_1 和 RP_2 调整到适当的位置，便构成上、下限控制电路，当相对湿度下降时，传感器输出电压值也随着下降；当降到设定数值时，A_1 的 1 脚电位将突然升高，使 VT_1 导通，同时，VL_1 发绿光，表示空气太干燥，KA_1 吸合，接通超声波加湿器。当相对湿度上升时，传感器输出电压值也随着上升，升到一定数值时，KA_1 释放。

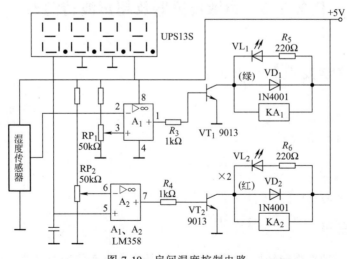

图 7-19　房间湿度控制电路

相对湿度值继续上升，如超过设定数值，A_2 的 7 脚电位将突然升高，使 VT_2 导通，同时

VL_2发红光，表示空气太潮湿，KA_2吸合，接通排气扇，排除空气中的潮气。相对湿度降到一定数值时，KA_2释放，排气扇停止工作。这样室内的相对湿度就可以控制在一定范围内。

（3）便携式湿度计

湿度传感器必须组成相应的电路才能进行湿度的测量与控制。电桥电路是电阻式湿度传感器的主要测量电路形式之一。电阻式湿度传感器测量电路框图如图7-20所示。

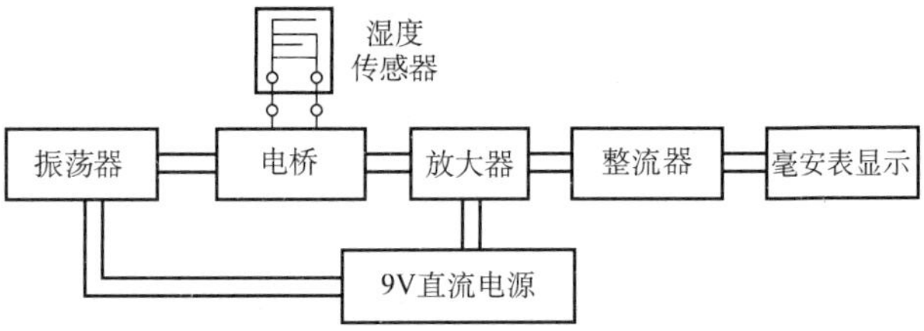

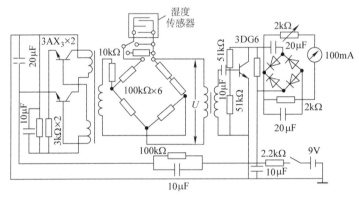

图7-20　电阻式湿度传感器测量电路框图

振荡器为电路提供交流电源。电桥的一臂为湿度传感器，由于湿度变化使湿度传感器的阻值发生变化，于是电桥失去平衡，产生信号输出。放大器可把不平衡信号加以放大，整流器将交流信号变成直流信号，由直流毫安表显示。振荡器和放大器都由9V直流电源供给。电桥法适合于氯化锂湿度传感器。便携式湿度计的具体电路如图7-21所示。

图7-21　便携式湿度计的具体电路

任务7.3　声敏传感器及超声波传感器

 【任务教学要点】

知识点

● 声敏传感器的原理与分类。

● 超声波传感器原理。

技能点

● 声敏传感器的检测。

● 超声波传感器的应用。

7.3.1　声敏传感器的原理与分类

7.3.1　声敏传感器

声敏传感器是一种将声能转换为电能或将电能转换为声音信号的器件。它主要是利用电磁感应、静电感应或压电效应等来完成声-电转换的，主要有传声器（即话筒）、扬声器、压电陶瓷片、蜂鸣器等。其中，扬声器和传声器是一种电-声转换的典型例子，后者可以将声音变成电信号, 前者则将电信号变成声音, 它们的转换功能常常是可逆的。扬声器也可以用来进行由声到电的转换而成为声敏传感器的代用品。

声-电转换器件具有非机械接触式换能器的特点, 这类传感器可以在一定距离之内作为声控元件而进行自动控制。

传声器又称为话筒或麦克风, 是一种较常用的声-电转换器件。

1. 传声器的类型

传声器的种类较多, 根据其分类的不同而有多种。

1) 根据结构形式不同可分为动圈式、晶体式、电容式、炭精式和铝带式等。

2) 根据工作原理不同可分为静电和电动两类: 静电传声器是以电场变化为原理的传声器, 常见的为电容式; 电动传声器是用电磁感应原理在磁场中运动的导体上获得输出电压的传声器, 常见的为动圈式。

2. 几种常用传声器简介

炭精式传声器作为声敏传感器, 虽然其频率特性差、非线性失真大、噪声大和输出不稳定, 但由于其灵敏度高、输出功率大, 最高输出电压可达 0.5V, 而且结构简单、体积小、价格低廉, 故在要求不高的自动控制电路中作为声电转换也是可行的。

动圈式传声器也称为电动式传声器, 应用也比较广泛。动圈式传声器的频率响应通常为 200～5000Hz, 可以输出 0.3～3mV 的音频电压。

驻极体传声器是电容式传声器的一种, 但它不必另外供电, 体积小、结构简单、价格便宜, 故现在的电容式传声器多为驻极体传声器。

驻极体传声器类似于一个平行圆板电容, 其内部结构如图 7-22a 所示, 其外形如图 7-22b 所示。该平行圆板电容下面的电极不能振动, 上面可随声压变化作相应振动的电极是表面敷金属膜的驻极体圆形薄片, 这种薄片已被极化, 表面带有电荷。这是驻极体传声器与一般电容式传声器的不同之处。一般电容式传声器靠外加电压进行极化, 而驻极体传声器则靠其本身所带的电荷自行极化。

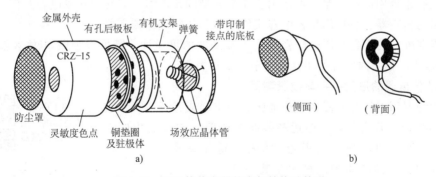

图 7-22 驻极体传声器的内部结构及外形

a) 内部结构 b) 外形

讲话时, 声音的强弱变化传到驻极体薄片上, 使振动电极和固定电极间的距离发生变化, 从而使其表面的电容也发生变化, 引起容抗变化。这样, 电路中的电流就随着声压的变化而变化, 将声信号转变为电信号。

驻极体传声器 3 个引脚的接法有两种: 源极输出与漏极输出。无论是源极输出还是漏极输出, 驻极体传声器必须提供直流电压才能工作, 因为它内部装有场效应晶体管。驻极体传声器的典型应用电路如图 7-23 所示。

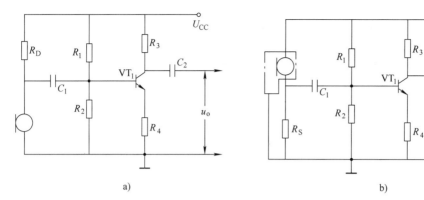

图 7-23　驻极体传声器的典型应用电路

a）漏极输出　b）源极输出

3. 传声器的电路符号

传声器在电路中用字母 B 或 BM（旧标准用 S 或 M、MIC 等）表示，传声器的图形符号如图 7-24 所示。

4. 传声器的主要参数

传声器的主要参数有灵敏度、输出阻抗、频率特性、信噪比和指向性等。

图 7-24　传声器的图形符号

a）通用新符号　b）动圈式　c）电容式　d）晶体式

5. 传声器的选用

传声器有高阻抗传声器和低阻抗传声器之分。选用时，应尽可能与音频放大器的输入阻抗相匹配，否则会影响传声器声电转换的质量。

传声器有单向型、双向型和全向型 3 种。对于普通作为声音拾取的传声器，例如作为声控的照明灯控制系统用的传声器，可选用普通全向型的传声器，如动圈或电容式传声器；用于声学测量用的传声器，可选用精密电容式传声器，如驻极体传声器。

除传声器外，扬声器与压电陶瓷片由于其功能的可逆性，既可作为电-声放音器件也可作为声-电传感器。相关内容可参阅其他章节或课外资料。

6. 声敏传感器的应用——声控探测器

声控探测器用来探测入侵者在防范区域内走动或进行盗窃和破坏活动（如撬锁、开启门窗、搬运和拆卸东西等）时所发出的声响，并以探测声音的声强作为报警的依据。这种探测系统比较简单，只需在防护区域内安装一定数量的声控头，把接收到的声音信号转换为电信号，并经电路处理后送到报警控制器，当声音的强度超过一定电平时，就可触发电路发出声、光等报警信号。声控报警器的基本组成如图 7-25 所示。

声控报警系统主要是由声控头和报警监听控制器两部分所组成。声控头置于监

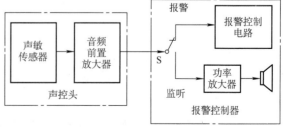

图 7-25　声控报警器的基本组成

控现场，控制器置于值班中心。

声控探测器的主要特点及安装使用要点。

1）声控探测器属于空间控制型探测器。

2）声控探测器与其他类型的探测器一样，一般也设置有报警灵敏度调节装置。

3）采用选频式声控报警电路可进一步解决在特定环境中使用声控报警器的误报问题。

7. 声敏传感器的检测

（1）动圈式传声器的检测

动圈式传声器外部接线端与内部线圈连接，根据线圈电阻大小可分为低阻抗传声器（几十至几百欧左右）和高阻抗传声器（几百至几千欧）。

在检测低阻抗传声器时，万用表选择 $R \times 10\Omega$ 档，检测高阻抗传声器时，可选择 $R \times 100\Omega$ 档或 $R \times 1\mathrm{k}\Omega$ 档，然后测量传声器两接线端之间的电阻。

若传声器正常，阻值应在几十至几千欧左右，同时传声器有轻微的"嚓嚓"声发出；若阻值为 0，说明传声器线圈短路；若阻值为无穷大，则为传声器线圈开路。

（2）驻极体传声器的检测

驻极体传声器检测包括电极检测、好坏检测和灵敏度检测。

1）电极检测。驻极体传声器外形和结构如图 7-26 所示。

 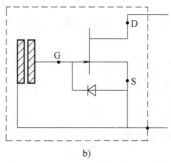

图 7-26　驻极体传声器外形和结构

a）外形　b）结构

从图 7-26 中可以看出，驻极体传声器有两个接线端，分别与内部场效应晶体管的 D、S 极连接，其中 S 极与 G 极之间接有一个二极管。在使用时，驻极体传声器的 S 极与电路的地连接，D 极除了接电源外，还是传声器信号输出端。

驻极体传声器电极判断可以用直观法，也可以用万用表检测。在用直观法观察时，会发现有一个电极与传声器的金属外壳连接，如图 7-26a 所示，该极为 S 极，另一个电极为 D 极。

在用万用表检测时，万用表选择 $R \times 100\Omega$ 或 $R \times 1\mathrm{k}\Omega$ 档，测量两电极之间的正、反向电阻，如图 7-27 所示，正常测得阻值一大一小，以阻值小的那次为准，如图 7-27a 所示，黑表笔接的为 S 极，红表笔接的为 D 极。

2）好坏检测。

在检测驻极体传声器好坏时，万用表选择 $R \times 100\Omega$ 或 $R \times 1\mathrm{k}\Omega$ 档，测量两电极之间的正、反向电阻，正常测得阻值一大一小。

若正、反向电阻均为无穷大，则传声器内部的场效应晶体管开路。

若正、反向电阻均为 0，则传声器内部的场效应晶体管短路。

若正、反向电阻相等，则传声器内部场效应晶体管 G、S 极之间的二极管开路。

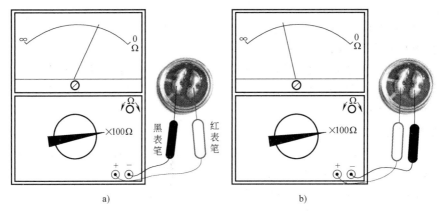

图 7-27 驻极体传声器的检测

a) 阻值小 b) 阻值大

3）灵敏度检测。

灵敏度检测可以判断传声器的声-电转换效果。在检测灵敏度时，万用表选择 $R\times100\Omega$ 或 $R\times1k\Omega$ 档，黑表笔接传声器的 D 极，红表笔接传声器的 S 极，然后对传声器正面吹气，如图 7-28 所示。

若传声器正常，表针应发生摆动，传声器灵敏度越高，表针摆动幅度越大。若表针不动，则话筒失效。

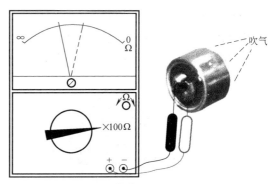

图 7-28 驻极体传声器灵敏度的检测

7.3.2 超声波传感器

1. 超声波传感器的物理基础

超声波是一种在弹性介质中的机械振荡，它的波形有纵波、横波和表面波 3 种。质点的振动方向与波的传播方向一致的波称为纵波。质点的振动方向与波的传播方向垂直的波称为横波。质点的振动介于纵波与横波之间，沿着表面传播，振幅随深度的增加而迅速衰减的波称为表面波。横波、表面波只能在固体中传播，纵波可在固体、液体及气体中传播。

超声波具有以下基本性质。

（1）传播速度

超声波的传播速度与介质的密度和弹性特性有关，也与环境条件有关。

对于液体，其传播速度 c 为

$$c = \sqrt{\frac{1}{\rho Bg}} \tag{7-5}$$

式中，ρ 为介质的密度；Bg 为绝对压缩系数。

在气体中，传播速度与气体种类、压力及温度有关，在空气中传播速度 c 为

$$c = 331.5 + 0.607t$$

式中，t 为环境温度。

对于固体，其传播速度 c 为

$$c = \sqrt{\frac{E}{\rho} \cdot \frac{1-\mu}{(1+\mu)(1-2\mu)}} \tag{7-6}$$

式中，E 为固体的弹性模量；μ 为泊松系数比。

（2）反射与折射现象

超声波在通过两种不同的介质时，产生反射和折射现象，超声波的反射与折射如图 7-29 所示，并有如下的关系：

$$\frac{\sin\alpha}{\sin\beta} = \frac{c_1}{c_2} \tag{7-7}$$

式中，c_1、c_2 为超声波在两种介质中的速度；α 为入射角；β 为折射角。

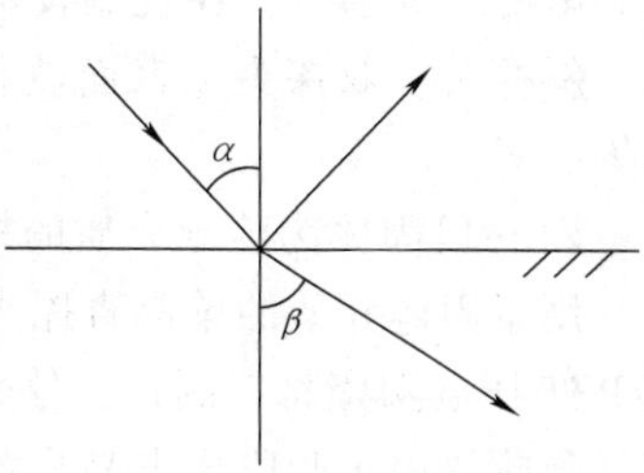

图 7-29　超声波的反射与折射

（3）传播中的衰减

随着超声波在介质中传播距离的增加，由于介质吸收能量而使超声波强度有所衰减。若超声波进入介质时的强度为 I_0，通过介质后的强度为 I，则它们之间的关系为

$$I = I_0 e^{-Ad} \tag{7-8}$$

式中，d 为介质的厚度；A 为介质对超声波能量的吸收系数。

介质中的能量吸收程度与超声波的频率及介质的密度有很大关系。气体的密度 ρ 越小，衰减越快，尤其在频率高时则衰减更快。因此，在空气中通常采用频率较低（几十 kHz）的超声波，而在固体、液体中则用频率较高的超声波。

超声波技术的应用情况如表 7-3 所示。

表 7-3　超声波技术的应用情况

	用　途	说　明
工业	金属材料及部分非金属材料探伤 测量板材厚度（金属与非金属） 超声振动切削加工（金属与非金属） 超声波清洗零件 超声波焊接 超声波流量计 超声波液位及料位检测及控制 浓度检测 硬度计 温度计 定向	各种制造业 板材、管材、可在线测量 钟表业精密仪表、轴承 半导体器件生产 化学、石油、制药、轻工等 污水处理 能制成便携式
通信	定向通信	
医疗	超声波诊断仪（显像技术） 超声波胎儿状态检查仪 超声波血流计、超声波洁牙器	断层图像
家用电器	遥控器 加湿器 防盗报警器 驱虫（鼠）器	控制电灯及家电
其他 （测距）	盲人防撞装置 汽车倒车测距报警器 装修工程测距（计算用料）	

2. 超声波换能器及耦合技术

超声波换能器有时也称为超声波探头。超声波换能器根据其工作原理有压电式、磁致伸缩式和电磁式等多种，在检测技术中主要采用压电式。超声波换能器由于其结构不同又分为直探头、斜探头、双探头、表面波探头、聚焦探头、水浸探头、空气传导探头以及其他专用探头等。

（1）以固体为传导介质的探头

用于固体介质的单晶直探头（俗称为直探头）的结构示意图如图 7-30a 所示。压电晶片采用 PZT 压电陶瓷材料制作，外壳用金属制作，保护膜用于防止压电晶片磨损，改善耦合条件，阻尼吸收块用于吸收压电晶片背面的超声脉冲能量，防止杂乱反射波的产生。

双晶直探头的结构示意图如图 7-30b 所示。它由两个单晶直探头组合而成，装配在同一壳体内，两个探头之间用一块吸声性强、绝缘性能好的薄片加以隔离，并在压电晶片下方增设延迟块，使超声波的发射和接收互不干扰。在双探头中，一只压电晶片担任发射超声脉冲的任务，而另一只担任接收超声脉冲的任务。双探头的结构虽然复杂一些，但信号发射和接收的控制电路却较为简单。

有时为了使超声波能倾斜入射到被测介质中，可选用斜探头，其结构示意图如图 7-30c 所示。压电晶片粘贴在与底面成一定角度的（如 30°、45°等）的有机玻璃斜楔块上，压电晶片的上方用吸声性强的阻尼块覆盖。当斜楔块与不同材料的被测介质（试件）接触时，超声波产生一定角度的折射，倾斜入射到试件中去，折射角可通过计算求得。

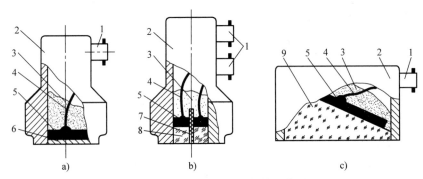

图 7-30　超声波换能器的结构示意图

a）单晶直探头　b）双晶直探头　c）斜探头

1—插头　2—外壳　3—阻尼吸收块　4—引线　5—压电晶片
6—保护膜　7—隔离层　8—延迟块　9—有机玻璃斜楔块

（2）耦合剂

在图 7-30 中，无论是直探头还是斜探头，一般不能将其放在被测介质（特别是粗糙金属）表面来回移动，以防磨损。更重要的是，由于超声波换能器与被测物体接触时，在工件表面不平整的情况下，探头与被测物体表面间必然存在一空气薄层。空气的密度很小，将引起三个界面间强烈的杂乱反射波，造成干扰，而且空气也将对超声波造成很大的衰减。为此，必须将接触面之间的空气排挤掉，使超声波能顺利地入射到被测介质中。在工业中，经常使用一种称为耦合剂的液体物质，使之充满在接触层中，起到传递超声波的作用。常用的耦合剂有水、机油、甘油、水玻璃、胶水及化学糨糊等。耦合剂的厚度应尽量薄些，以减小耦合损耗。

（3）以空气为传导介质的超声波发射器和接收器

此类发射器和接收器一般是分开设置的，两者的结构也略有不同。图 7-31 为空气传导用超声波发射器和接收器的结构示意图。发射器的压电片上粘贴了一只锥形共振盘，以提高发射效率和方向性。接收器的共振盘上还增加了一只阻抗匹配器，以提高接收效率。

3. 超声波传感器的应用

根据超声波的走向来看，超声波传感器的应用有两种基本类型，如图 7-32 所示。当超声波发射器与接收器分别置于被测物两侧时，这种类型称为透射型。透射型可用于遥控器、防盗报警器、接近开关等。当超声波发射器与接收器置于同侧时为反射型，反射型可用于接近开关、测距、测液位或料位、金属探伤以及测厚等。下面简要介绍超声波传感器在工业中的几种应用。

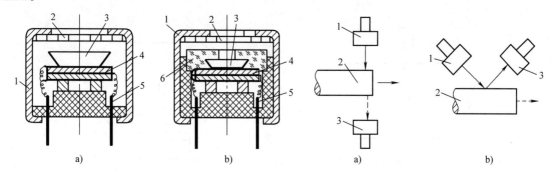

图 7-31　空气传导用超声波发射器和接收器的结构示意图　　图 7-32　超声波传感器应用的两种基本类型
a）超声波发射器　b）超声波接收器　　　　　　　　　　　a）透射型　b）反射型
1—外壳　2—金属丝网罩　3—锥形共振盘　　　　　　1—超声波发射器　2—被测物　3—超声波接收器
4—压电晶片　5—引线端子　6—阻抗匹配器

（1）超声波探伤

超声波探伤是无损探伤技术中的一种主要检测手段。它主要用于检测板材、管材、锻件和焊缝等材料中的缺陷（如裂纹、气孔、夹渣等），测定材料的厚度，检测材料的晶粒，配合断裂力学对材料使用寿命进行评价等。超声波探伤因具有检测灵敏度高、速度快和成本低等优点，因而得到人们普遍的重视，并在生产实践中得到广泛的应用。

超声波探伤方法多种多样，最常用的是脉冲反射法。而脉冲反射法根据波型不同又可分为纵波、横波、表面波探伤。

超声波波束中心线与缺陷截面积垂直时，探头灵敏度最高。表面波探伤主要是检测工件表面附近的缺陷存在与否，实际应用中，应根据不同的缺陷性质、取向，采用不同的探头进行探伤。有些工件的缺陷性质、取向事先不能确定，为了保证探伤质量，则应采用几种不同的探头进行多次探测。

图 7-33 为纵波探伤的示意图。工作时，探头放在被测工件上，并在工件上来回移动进行检测，探头发出的超声波，以一定速度向工件内部传播。如工件中没有缺陷，则超声波传到工件底部才发生反射，在荧光屏上只出现始脉冲 T 和底脉冲 B，如图 7-33a 所示。如工件中有缺陷，一部分声脉冲在缺陷处产生反射，另一部分继续传播到工件底面产生反射，在荧光屏上除出现始脉冲 T 和底脉冲 B 外，还出现缺陷脉冲 F，如图 7-33b 所示。荧光屏上的水平亮线为扫描线（时间基线），其长度与工件的厚度成正比（可调），通过缺陷脉冲在荧光屏上的位置可确定缺陷在工件中的位置，也可通过缺陷脉冲幅度的大小来判别缺陷当量的大小。如缺陷面积

大，则缺陷脉冲的幅度就大，通过移动探头还可确定缺陷的大致长度。

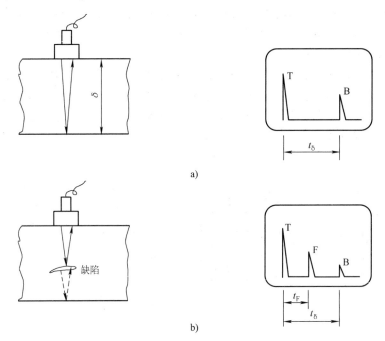

a)

b)

图 7-33　纵波探伤的示意图

a）无缺陷时超声波的反射及显示的波形　b）有缺陷时超声波的反射及显示的波形

（2）超声波流量计

超声波流量计的原理如图 7-34 所示，在被测管道上下游的一定距离上，分别安装两对超声波发射和接收探头（F_1，T_1）、（F_2，T_2），其中（F_1，T_1）的超声波是顺流传播的，而（F_2，T_2）的超声波是逆流传播的。根据这两束超声波在流体中传播速度的不同，采用测量

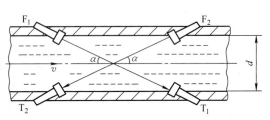

图 7-34　超声波流量计的原理

两接收探头上超声波传播的时间差、相位差或频率差等方法，可测量出流体的平均速度及流量。

频率差法与时间差、相位差法相比不受温度变化的影响，因而得到更广泛的应用。频率差法测流量的原理如图 7-35 所示。图 7-35a 是透射型安装，F_1、F_2 是完全相同的超声探头，安装在管壁外面，通过电子开关的控制，交替地作为超声波发射器和接收器使用。

首先由 F_1 发射出第一个超声脉冲，它通过管壁、流体及另一侧管壁被 F_2 接收，此信号经放大后再次触发 F_1 的驱动电路，使 F_1 发射第二个超声脉冲……设在一个时间间隔 t_1 内，F_1 共发射了 n_1 个脉冲，脉冲的重复频率 $f_1 = n_1/t_1$。

在紧接下去的另一个相同的时间间隔 t_2（$t_2 = t_1$）内，与上述过程相反，由 F_2 发射超声脉冲，而 F_1 作为接收器。同理，可以测得 F_2 的脉冲重复频率为 f_2。经推导，顺流发射频率 f_1 与逆流发射频率 f_2 的频率差 Δf 为

$$\Delta f = f_1 - f_2 \approx \frac{\sin 2\alpha}{D} v \tag{7-9}$$

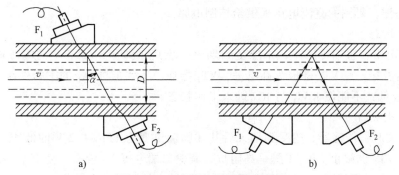

图 7-35 频率差法测流量的原理

a）透射型安装　　b）反射型安装

由式（7-9）可知，Δf 只与被测流速 v 成正比。通过测量频率差可得到流速 v，流速 v 进一步乘以管道截面积便可得到流量 q_V。

另外发射、接收探头也可如图 7-35b 所示，安装在管道的同一侧。

超声波流量计的最大特点是：探头可装在被测管道的外壁，实现非接触测量，既不干扰流场，又不受流场参数的影响。其输出与流量基本上呈线性关系，精度一般可达±1%，其价格不随管道直径的增大而增加，因此特别适合大口径管道和混有杂质或腐蚀性液体的测量。另外，液体流速还可采用超声多普勒法测量，在此就不再多作介绍了。

7.4　同步技能训练

7.4.1　火灾自动报警电路

1. 项目描述

图 7-36 是由三端稳压集成块 LM317 构成的火灾自动报警电路，适用于单位、机关或易燃处等进行火灾报警或控制。

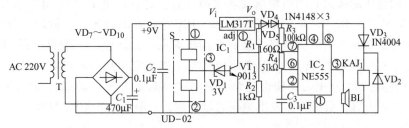

图 7-36　由三端稳压集成块 LM317 构成的火灾自动报警电路

2. 项目方案设计

图 7-36 所示电路由三端可调稳压集成块 IC_1（LM317T）、时基电路 IC_2（NE555）等组成。S 为 UD-02 型离子感烟传感器，有 3 个引脚，①脚与供电端相连，②脚为接地端，③脚为检测信号输出端；KAJ_1 为继电器，其常开触点可以用来外接自动灭火装置，也可用来切断室内交流供电以保证安全。

（1）供电电路

220V 交流电加到电源变压器 T 的一次，经变压后从其二次侧输出交流低压，该电压经桥式整流、C_1 滤波，得到的直流电压提供给控制电路。

（2）平时状态

在正常情况下，感烟传感器 S 未感受到烟火，故其③脚有 5~5.5 V 的电压输出，该电压导致 VD_1 齐纳击穿，使 VT_1 基极为高电平，VT_1 导通，等效于将 IC_1 的①脚接地，从而使其输出端电压 U_o 较低，不能使 KAJ_1 与 IC_2 进入工作状态。

（3）发生火灾时

当发生火灾时，传感器 S 感受到烟火后其③脚输出变为 1.1~1.2 V 的低压，致使 VD_1 截止，进而又使 VT_1 也截止，$IC_1$①脚呈高阻抗，其输出端电压 U_o 较高，使 IC_2、KAJ_1 均得电工作，扬声器 BL 发出报警声，KAJ_1 得电吸合，使其触点控制相关设备。

3. 项目实施

根据以上电路，画出电路的原理框图，并用箭头标明信号流程。有条件的可组装该电路，并进行实训，当有烟雾施加到 UD-02 型传感器上时，看继电器 KAJ 是否动作。写实训报告，对观察到的现象进行讨论和解释。

7.4.2　实用酒精检测报警器

1. 项目描述

近几年来，因驾驶人饮酒而引发的交通事故越来越多。本报警器采用 QM-NJ9 型酒精传感器探测空气中的酒精，采用该传感器有效克服了用二氧化锡气敏元件作为酒精检测容易受车内汽油味、香烟味等影响而造成检测报警器发生误动作的问题，从而提高了报警器的稳定性和抗干扰能力。当驾驶人饮酒上车后，该检测器接触到酒精气味后立即发出响亮而又连续不断的"酒后别开车"的语音报警声，并切断车辆的点火电路，强制车辆熄火。该报警器既可以安装在各种机动车上用来限制驾驶人酒后驾车，又可以安装成便携式，供交通人员在现场使用，检测驾驶人是否酒后驾驶，具有很高的实用性。

2. 项目方案设计

酒精检测报警控制器的电路如图 7-37 所示。当酒精气敏元件接触到酒精味后，B 极的电压升高，升高的电压随检测到的酒精浓度增大而升高，这就产生了"气-电"信号，当该信号电压达到 1.6V 时，使 IC_2 导通，语音报警电路 IC_3 得电发出报警声；同时，继电器 J 动作，其常闭触点断开，切断车辆点火电路，强制发动机熄火。在图中，三端稳压器 7805 将传感器的加热电压稳定在（5±0.2）V 上，保证该传感器工作稳定和具有高的灵敏度。IC_3 和 IC_4 组成语音声光报警器，IC_3 得电后即输出连续不断的"酒后别开车"的语音报警声，经 C_6 输入到 IC_4 进行功率放大后，由扬声器发出响亮的报警声，并驱动 LED 闪光报警。

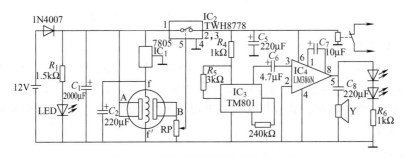

图 7-37　酒精检测报警控制器的电路

该电路的传感器采用 QM-NJ9 型酒精传感器，其参数如下。

适用范围：检测空气中散发的酒精。

加热电压：（5±0.2）V。

消耗功率：<0.75W。

响应时间：<10s；恢复时间≤60s。

环境条件：-20~50℃。

3. 项目实施

1）读懂电路图。

2）列写元器件清单：IC_1 采用 7805 三端稳压集成电路（为了提高传感器的稳定性）；IC_2 采用 TWH8778 大功率开关电路；IC_3 用 TM801 语音电路；IC_4 为 LM386N；扬声器采用 8Ω、1W 的扬声器；其他元器件无特殊要求。

3）测试酒精传感器：酒精传感器的测试电路如图 7-38 所示，测试前应接通电源，预热 5~10min，待其工作稳定后测一下 A、B 之间的电阻，看其在洁净空气中的阻值和含有酒精空气中的阻值差别是否明显，一般要求越大越好。

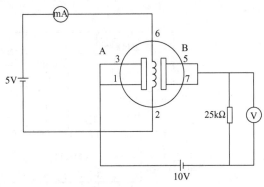

图 7-38　酒精传感器的测试电路

4）电路调试。

5）设计印制电路板，完成报警器的制作与调试。

7.4.3　超声波倒车防撞报警电路

1. 项目描述

利用超声波制作汽车防撞雷达可以帮助驾驶人及时了解车周围阻碍情况，防止汽车在转弯、倒车等情况下撞伤、划伤。倒车雷达（Car Reversing Aid Systems）的全称是倒车防撞雷达，也称泊车辅助装置，是汽车泊车安全辅助装置。

2. 项目方案设计

本电路采用的芯片 LM1812 是一种既能发送又能接收超声波的通用型超声波集成电路，该芯片具有互换性好、不用外接晶体管驱动、无须提供外接散热器、元器件内部具有保护电路、发送功率可达 12W 等特点。

LM1812 的原理图如图 7-39a 所示，其芯片内部包括脉冲调制振荡器、高增益接收器、脉冲调制器及噪声抑制器。

超声波倒车防撞报警电路（见图 7-39b）采用时基电路Ⅱ来控制 LM1812 的发送与接收。报警距离可用 5kΩ 的电位器来调节，一般可控制在 2~3m。

3. 项目实施

1）读懂电路原理图。

2）列写元器件清单。

3）完成电路调试。

4）设计印制电路板，完成报警器的制作与调试。

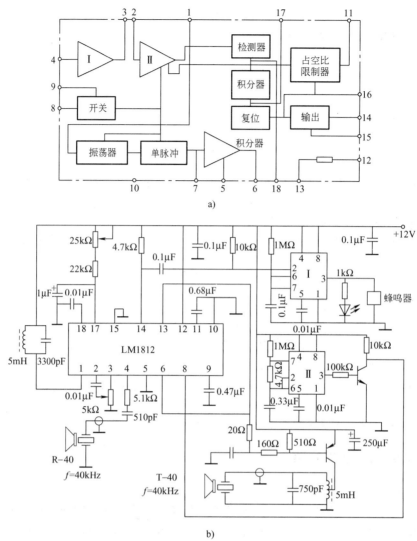

图 7-39　采用 LM1812 组成的倒车防撞报警电路

a) LM1812 的原理图　b) 超声波倒车防撞报警电路

拓展阅读　数字温湿度传感器 DHT11

1. DHT11 产品概述

　　DHT11 数字温湿度传感器是一款含有已校准数字信号输出的温湿度复合传感器。其精度为湿度 ±5%RH，温度 ±2℃，量程为湿度 20%~90%RH，温度 0~50℃。它应用专用的数字模块采集技术和温湿度传感技术，确保产品具有极高的可靠性与卓越的长期稳定性。传感器包括一个电阻式感湿元件和一个 NTC 测温元件，并与一个高性能 8 位单片机相连接。因此该产品具有品质卓越、响应快、抗干扰能力强、性价比高等优点。每个 DHT11 传感器都在精确的湿度校验室中进行校准。校准系数以程序的形式储存在 OTP 内存中，传感器内部在检测信号的处理过程中要调用这些校准系数。单线制串行接口使系统集成变得简易快捷。超小的体积、极低的功耗，信号传输距离可达 20m 以上，使其成为各类应用甚至苛刻的应用场合的最佳选择。DHT11 为 4 引脚单排封装，如图 7-40 所示。连接方便，特殊封装形式可根据用户需求而提供。

2. DHT11 接口说明

DHT11 引脚定义如表 7-4 所示。

表 7-4　DHT11 温湿度传感器引脚定义

引脚	名称	注　释
1	V_{DD}	DC 3~5.5V
2	DATA	串行数据,单总线
3	NC	空脚,请悬空
4	GND	接地,电源负极接口说明

建议连接线长度短于 20m 时用 5kΩ 上拉电阻,大于 20m 时根据实际情况使用合适的上拉电阻,其电路如图 7-41 所示。

图 7-40　DHT11 温湿度传感器实物图

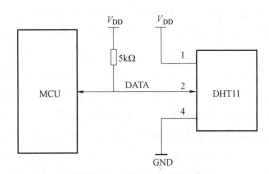

图 7-41　DHT11 应用电路

3. 电源引脚

DHT11 的供电电压为 3~5.5V。传感器上电后,要等待 1s 以越过不稳定状态,在此期间无须发送任何指令。

电源引脚(V_{DD},GND)之间可增加一个 100nF 的电容,用以去耦滤波。

4. 串行接口(单线双向)

DATA 用于微处理器与 DHT11 之间的通信和同步,采用单总线数据格式,一次通信时间为 4ms 左右,数据分小数部分和整数部分,目前小数部分用于以后扩展,现读出为零,操作流程如下。

一次完整的数据传输为 40 位,高位先出。

数据格式:8 位湿度整数数据+8 位湿度小数数据+8 位温度整数数据+8 位温度小数数据+8 位校验。

数据传送正确时,校验和数据等于 "8 位湿度整数数据+8 位湿度小数数据+8 位温度整数数据+8 位温度小数数据" 所得结果的末 8 位。

MCU 发送一次开始信号后,DHT11 从低功耗模式转换到高速模式,等待主机开始信号结束后,DHT11 发送响应信号,送出 40 位的数据,并触发一次信号采集,用户可选择读取部分数据。高速模式下,DHT11 接收到开始信号触发一次温湿度采集,如果没有接收到主机发送开始信号,DHT11 不会主动进行温湿度采集。采集数据后转换到低速模式。

5. 测量分辨率

测量分辨率分别为 8 位(温度)、8 位(湿度)。

思考与练习

1. 简要说明气敏传感器有哪些种类，并说明它们各自的特点。

2. 简要说明在不同场合分别应选用哪种气敏传感器较适宜。

3. 说明含水量检测与一般的湿度检测有何不同。

4. 烟雾检测与一般的气体检测有何区别？

5. 根据所学知识试画出自动吸排油烟机的电路原理框图，并分析其工作过程。

6. 目前湿度检测研究的主要方向是什么？

7. 有一驾驶人希望实现以下构想：下雨时能自动开启汽车风窗玻璃下方的雨刷。雨越大，雨刷来回摆得越快。请谈谈你的构思，并画出方案。

8. 简述超声波传感器测流量的基本原理。

9. 超声波探伤有何优点？还有哪些传感器可用于对工件进行无损探伤？

10. 如图 7-42 是一个浴室镜面水汽清除器电路，该浴室镜面水汽清除器主要由电热丝、结露传感器、控制电路等组成，其中电热丝和结露传感器安装在玻璃镜子的背面，用导线将它们与控制电路连接起来。图 7-42b 控制电路中 B 为 HDP-07 型结露传感器，用来检测浴室内空气的水汽。VT_1 和 VT_2 组成施密特电路，它根据结露传感器感知水汽后的阻值变化，实现两种稳定状态。当玻璃镜面周围的空气湿度变低时，结露传感器阻值变（　　　　），约为 2kΩ，此时 VT_1 的基极电位约为 0.5 V，VT_2 的集电极为（　　　　）电位，VT_3 和 VT_4（　　　　），双向晶闸管不导通。如果玻璃镜面周围的湿度增加，使结露传感器的阻值增大到 50 kΩ 时，VT_1（　　　　），VT_2（　　　　），其集电极电位变为（　　　　）电位，VT_3 和 VT_4 均（　　　　），触发晶闸管 VS（　　　　），电热丝 R_L（　　　　），使玻璃镜面加热。随着玻璃镜面温度逐步升高，镜面水汽被蒸发，从而使镜面恢复清晰。加热丝加热的同时指示灯 VD_2（　　　　）。调节（　　　　）的阻值，可使电热丝在确定的某一相对湿度条件下开始加热。

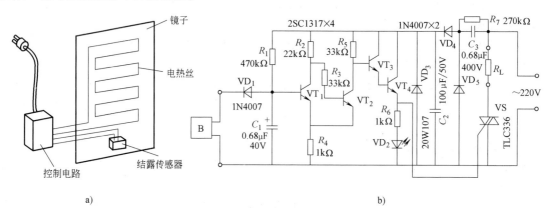

图 7-42　浴室镜面水汽清除器电路

a) 结构图　b) 控制电路图

项目 8　无线传感器网络

引导案例　山体滑坡的无线传感器监测网络

在我国南部某沿海城市存在大量山地地貌，且有大量建筑和道路都位于山区附近。该地区降雨量常年偏高，尤其在每年夏季的梅雨季节，会出现大量的降水。不稳定的山地地貌在受到雨水侵蚀后，容易发生山体滑坡，对居民生命财产安全构成巨大的威胁。

有关部门尝试部署过多套有线方式的监测网络以对山体滑坡进行监测和预警，但是由于监测区域往往为人迹罕至的山间，缺乏道路，野外布线、电源供给等都受到限制，使得有线系统部署起来非常困难。此外，有线方式往往采用就近部署数据采集器的方式采集数据，需要专人定时前往监测点下载数据，系统得不到实时数据，灵活性较差。

对此，某公司提出了基于无线传感器网络的山体滑坡监测全套无线解决方案。山体滑坡的监测主要依靠两种传感器：液位传感器和倾角传感器。在山体容易发生危险的区域，沿着山势走向竖直设置多个孔洞，每个孔洞都会在最下端部署一个液位传感器，在不同深度部署数个倾角传感器。由于山体滑坡现象主要是由雨水侵蚀产生的，因此地下水位深度是标识山体滑坡危险度的第一指标。该数据由部署在孔洞最下端的液位传感器采集并由无线网络发送。通过倾角传感器可以监测山体的运动状况，山体往往由多层土壤或岩石组成，不同层次间由于物理构成和侵蚀程度不同，其运动速度不同。发生这种现象时部署在不同深度的倾角传感器将会返回不同的倾角数据。在无线网络获取到各个倾角传感器的数据后，通过数据融合处理，专业人员就可以据此判断出山体滑坡的趋势和强度，并判断其威胁性大小。

任务 8.1　无线传感器网络基础

【任务教学要点】

知识点

- 无线传感器体系结构。
- 无线传感器网络协议结构。
- 无线传感器网络特点。
- 无线传感器网络应用。

任务8.1无线
传感器网络
基础

　　无线传感器网络（Wireless Sensor Network，WSN）是由部署在监测区域内大量的廉价的微型传感器节点组成，通过无线通信方式形成的一种多跳自组织的网络系统，其目的是协作感知、采集和处理网络覆盖范围内感知对象的信息，并发送给观察者或者用户。传感器、感知对象和观察者构成了传感器网络的三个要素。无线传感器网络综合了无线通信技术、传感器技术、嵌入式计算技术与分布式信息处理技术，可以使人们在任何时间、任何地点和任何环境条件下获取大量翔实而可靠的信息。因此，无线传感器网络具有十分广阔的应用前景。

8.1.1　无线传感器体系结构

1. 网络结构

无线传感器网络具有众多类型的传感器节点，可用来探测地震、电磁波、温度、湿度、噪声、光强度、压力、土壤成分等周边环境中多种多样的现象。无线传感器网络的任务是利用传感器节点来监测节点周围的环境，收集相关数据，然后通过无线收发装置采用多跳路由的方式将数据发送给汇聚节点，再通过汇聚节点将数据传送到用户端，从而达到对目标区域的监测。无线传感器网络扩展了人们的信息获取能力，将客观物理信息与逻辑上的传输网络融合在一起，改变了人类与自然界的交互方式。

无线传感器网络系统通常包括传感器节点（Sensor Node）、汇聚节点（Sink Node）和管理节点（Manager Node），如图 8-1 所示。有时汇聚节点也称为网关节点。

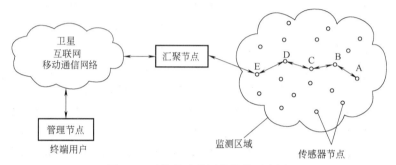

图 8-1　无线传感器网络结构示意图

大量传感器节点随机部署在监测区域内部或者附近，能够通过自组织方式构成网络。传感器节点监测的数据沿着其他传感器节点逐跳地进行传输，在传输过程中监测数据可能被多个节点处理，经过多跳后路由到汇聚节点，最后通过互联网或者卫星到达管理节点。用户通过管理节点对传感器网络进行配置和管理，发布监测任务以及收集监测数据。

传感器节点通常是一个微型嵌入式系统，其处理能力、存储能力和通信能力相对较弱，通过携带能量有限的电池供电。从网络功能上看，每个传感器节点兼顾传统网络节点的终端和路由器双重功能，除了进行本地信息收集和数据处理外，还要对其他节点转发来的数据进行存储、管理和融合等处理，同时与其他节点协作完成一些特殊任务。

汇聚节点的处理能力、存储能力和通信能力相对比较强，它连接传感器网络与外部网络，主要负责将普通传感器节点传送的数据分类汇总，并发布到外部网络；或者将管理节点的监测任务发布给传感器节点。

管理节点实际上是传感器网络使用者直接操纵的计算机终端或服务器，充当无线传感器网络服务器的角色，通过与管理基站的信息传递来监控整个网络的数据和状态。

2. 传感器节点结构

传感器节点由传感器模块、数据处理模块、无线通信模块、电池及电源管理模块 4 部分组成，如图 8-2 所示。

传感器模块负责监测区域内信息的采集和数据转换。一般来说，传感器模块有两种实现模式。一种是直接将传感器集成在节点上，这类设计方案主要针对体积较小、调理电路简单的传感器。节点上可以集成温度、湿度、加速度等传感器，并可根据应用要求完成多种传感功能。

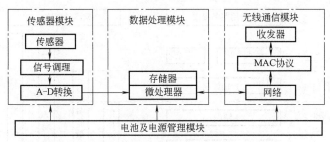

图 8-2　传感器节点结构框图

但集成型的传感器不易于系统的扩展，灵活性也不强。另一种是将传感器以插件的方式同节点连接，主要应用于规模较大的传感器模块，如 UbiCell 节点就是采用这样的结构。UbiCell 节点上的温度传感器、光照度传感器和湿度传感器分别采用的是 DS18B20、LX1970 和 HS1101，它们并不直接连接在节点上，而是集成在一个带有数码管的传感面板上，通过传感面板与节点之间的标准 I/O 接口实现传感数据传输。

目前使用较为广泛的传感器节点是 SmartDust、Mica 和 Telos 等。

SmartDust 是美国 DARPAMTO MEMS 支持的项目，其目的是研制体积微小，使用太阳电池，具有光通信能力的自治传感器节点。由于体积小，重量轻，该节点可以附着在其他物体上，甚至在大气中浮动。

Mica 节点由加州大学伯克利分校研制，Mica 系列节点包括 WeC、Renee、Mica、Mica2、Mica2dot 和 SPec 等。其中 WeC、Renee、Mica 这 3 款节点的无线通信模块都采用了 RFM 公司的 TR1000 芯片，而 Mica2 和 Mica2dot 这两款节点的无线通信模块都采用了 Chipcon 公司的 CC1000 芯片，处理器采用了 Atmel 公司的 Atmega128 芯片。Mica3 节点采用 Atmega128L 与 CC1020 相结合的结构，拥有强大的传感器板接口。Mica2 节点的无线通信电路采用的是 Chipcon 公司的 CC2420 芯片。

Telos 节点是美国国防部 DARPA 支持的 NEST 项目的一部分，该节点已经被 MoteV 公司产品化。节点采用 MSP430 和 CC2420 相结合的构架，采用 USB-COM 桥接口，直接通过 USB 接口供电、编程和控制，进一步简化了外部接口。

8.1.2　无线传感器网络协议结构

无线传感器网络协议结构由 3 部分组成：分层的网络通信协议模块、网络管理模块和应用支撑模块。分层的网络通信协议模块类似于 TCP/IP 协议体系结构；网络管理模块主要是对传感器节点自身的管理以及用户对传感器网络的管理；应用支撑模块用于在分层协议和网络管理模块的基础上，为传感器网络提供应用支撑技术。无线传感器网络协议结构如图 8-3 所示。

1. 分层的网络通信协议模块

与传统网络的协议体系一样，分层的网络通信协议模块包括物理层、数据链路层、网络层、传输层和应用层。

（1）物理层

物理层负责信号的调制和数据收发，主要包括信道的区分和选择，无线信号的监测、调制/解调，信号的发送和接收。所采用的传输介质主要有无线电、红外线和光波等。其中，无线电是主流传输媒体。

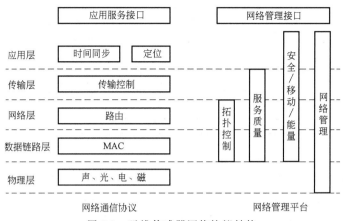

图 8-3 无线传感器网络协议结构

（2）数据链路层

数据链路层负责数据成帧、帧检测、介质访问和差错控制。介质访问协议保证可靠的点对点、点对多点通信，差错控制保证源节点发出的信息可以完整无误地到达目标节点。其主要任务是加强物理层传输原始比特的功能，使之对网络显示为一条无差错链路。该层又可细分为媒体访问控制（MAC）子层和逻辑链路控制（LLC）子层。

（3）网络层

网络层负责路由发现和维护，通常大多数节点无法直接与网关通信，需要通过中间节点以多跳路由的方式将数据传送至汇聚节点。

（4）传输层

传输层负责数据流的传输控制，主要通过汇聚节点采集传感器网络内的数据，并使用卫星、移动通信网络、互联网或者其他链路与外部网络通信，是保证通信服务质量的重要部分。

（5）应用层

应用层基于检测任务，包括节点部署、动态管理、信息处理等，因此需开发和使用不同的应用层软件。

2. 网络管理模块

网络管理模块主要包括能量管理、拓扑控制、网络管理、服务质量管理、安全管理、移动管理等。

1）能量管理。负责控制节点对能量的使用。在 DSN 中，电池能源是各个节点最宝贵的能源，为了延长网络存活时间，必须有效地利用能源。

2）拓扑控制。负责保持网络联通和数据有效传输。由于传感器节点被大量密集地部署于监控区域，为了节约能源，延长 DSN 的生存时间，部分节点将按照某种规则进入休眠状态。拓扑控制的目的就是在保持网络联通和数据有效传输的前提下，协调 DSN 中各个节点的状态转换。

3）网络管理。负责网络维护和诊断，并向用户提供网络管理服务接口，通常包含数据收集、数据处理、数据分析和故障处理等功能。需要根据 DSN 的能量受限、自组织、节点易损坏等特点设计新型的全分布式管理机制。QoS 支持网络安全机制：QoS 是指为应用程序提供足够的资源使它们以用户可以接受的性能指标工作。通信协议中的数据链路层、网络层和传输层都可以根据用户的需求提供 QoS 支持。DSN 多用于军事、商业领域，安全性是重要的研究内容。由于 DSN 中，传感器节点随机部署、网络拓扑的动态性以及信道的不稳定性，使传统的安全机制无法适用，因此需要设计新型的网络安全机制。

3. 应用支撑模块

应用支撑模块建立在分层网络通信协议模块和网络管理模块的基础上，它包括一系列给予检测任务的应用层软件，通过应用服务接口和网络管理接口来为终端用户提供具体的应用支持。

1）时间同步技术。由于晶体振荡器频率的差异及诸多物理因素的干扰，无线传感器网络各节点的时钟会出现时间偏差。而时钟同步对于无线传感器网络非常重要，如安全协议中的时间戳、数据融合中数据的时间标记、带有睡眠机制的 MAC 层协议等都需要不同程度的时间同步。

2）定位技术。WSN 采集的数据往往需要与位置信息相结合才有意义。由于 WSN 具有低功耗、自组织和通信距离有限等特点，传统的 GPS 等算法不再适合 WSN。WSN 中需要定位的节点称为未知节点，而已知自身位置并协助未知节点定位的节点称为锚节点（Anchor Node）。WSN 的定位就是未知节点通过定位技术获得自身位置信息的过程。在 WSN 定位中，通常使用三边测量法、三角测量法和极大似然估计法等算法计算节点位置。

3）应用服务接口。无线传感器网络的应用是多种多样的，针对不同的应用环境，有各种应用层的协议，如任务安排和数据分发协议、节点查询和数据分发协议等。

4）网络管理接口。主要是传感器管理协议，用来将数据传输到应用层。

8.1.3　无线传感器网络特点

与常见的无线网络如移动通信网、无线局域网、蓝牙网络、Ad Hoc 网络等相比，无线传感器网络具有以下特点。

1. 资源有限

节点由于受价格、体积和功耗的限制，其电能、计算能力、程序空间和内存空间比普通的计算机要弱很多。

2. 自组织网络

在传感器网络应用中，通常情况下传感器节点被放置在没有基础结构的地方。传感器节点的位置不能预先精确设定，节点之间的相互邻居关系预先也不知道，这就要求传感器节点具有自组织能力，能够自动进行配置和管理，通过拓扑控制机制和网络协议，自动形成转发监测数据的多跳无线网络系统。

3. 动态网络

传感器网络的拓扑结构可能由于下列因素而改变：①环境因素或电能耗尽造成传感器节点出现故障或失效。②环境条件变化可能造成无线通信链路带宽变化，甚至时断时通。③传感器网络的传感器、感知对象和观察者这 3 个要素都可能具有移动性。④新节点的加入。

这就要求传感器网络系统要能够适应这种变化，具有动态的系统可重构性。

4. 多跳路由

网络中节点通信距离有限，一般在百米范围内，节点只能与它的邻居直接通信。如果希望与其射频覆盖范围之外的节点进行通信，则需要通过中间节点进行路由。固定网络的多跳路由网关和路由器来实现，而无线传感器网络中的多跳路由则由普通网络节点完成，没有专门的路由设备。这样每个节点既是信息的发起者，也是信息的转发者。

5. 应用相关的网络

传感器网络用来感知客观世界，获取物理世界的信息。客观世界的物理量多种多样，不可穷尽。不同的传感器网络应用关心不同的物理量，因此对传感器的应用系统也有多种多样的要求。不同的应用背景对传感器网络的要求不同，其硬件平台、软件系统和网络协议必然会有很大的差别。所以传感器网络不能像 Internet 一样，有统一的通信协议平台。对于不同的传感器网络应用虽然存在一些共性的问题，但是在开发传感器网络应用中，更关心传感器网络的差异。只有让系统更贴近应用，才能做出最高效的目标系统。

6. 以数据为中心的网络

传感器网络中的节点采用节点编号标识，节点编号是否需要具备全网唯一性取决于网络通信协议的设计。由于传感器节点随机部署，构成的传感器网络与节点编号之间的关系是完全动态的，表现为节点编号与节点位置没有必然的联系。用户使用传感器网络查询事件时，直接将所关心的事件通告给网络，而不是通告给某个确定编号的节点。网络在获得指定事件的信息后汇报给用户。这种以数据本身作为查询或传输线索的思想更接近于自然语言交流的习惯。

7. 节点数量众多

为了对一个区域执行监测任务，往往会有成千上万的传感器节点被空投到该区域。传感器节点分布非常密集，利用节点之间的高度连接性来保证系统的容错性和抗毁性。

8.1.4 无线传感器网络应用

无线传感器网络能够获取客观物理信息，具有十分广阔的应用前景，目前已在军事国防、工农业生产、环境监测保护、安全监测、智能交通、医疗护理、教育教学以及家居生活中获得广泛的应用。

1. 军事国防

由于无线传感器网络具有密集性、快速部署、自组织和容错等特点，非常适合用于恶劣的战场环境中，进行侦察敌情、监控兵力、判断生物化学攻击等，受到各国军方的重视。"灵巧传感器网络"（Smart Sensor Web）作为一个美国陆军军事战术工具可向战场指挥员提供一个从大型传感器矩阵中得来的动态更新数据库，能及时提供实时或近实时的战场信息，包括通过有人和无人驾驶的地面车辆、无人驾驶飞机、空中、海上及卫星中得到的高分辨率数字地图、三维地形特征、多重频谱图形等信息，生成有关作战环境的全景图，从而为交战网络提供诸如开火、装甲车的行动以及爆炸等触发传感器的真实事件的实时信息，大大提高对战场态势的感知能力。

2. 工农业生产

在一些危险的工业环境，例如矿井、钢材冶炼、核电等场合，可以利用无线传感器网络进行过程监控，实施过程监测；也可以让水利大坝、桥梁以及超高超大楼宇等建筑和设施感知并汇报自身状态信息，以确保其安全运行。例如，大坝需要对水库水位、坝体渗流、坝基渗流、应变和温度等参数进行测量，通过对监测数据的分析获知大坝的健康状态。美国最大的工程建筑公司贝克特营建集团公司采用无线传感器网络监测伦敦地铁系统。科学家利用 200 多个 Mica2 节点组成的 WSN 成功监测和评估了旧金山金门大桥在各种自然条件下的安全状况。

在机械故障诊断方面，Intel 公司曾在芯片制造设备上安装过 200 个传感器节点，用来监控设备的振动情况，并在测量结果超出规定时提供监测报告，效果非常显著。

在农业领域，无线传感器网络可以用于监视农作物灌溉情况、土壤空气变化、病虫害、畜牧和家禽的环境状况以及大面积的地表检测等，前景无限广阔。北京市大兴区菊花生产基地使用无线传感器网络，采集日光温室和土壤的温湿度参数，并通过控制模块实现温湿度的控制，实现了温室生产智能控制和管理，提高了菊花生产的管理水平，使得生产成本下降了25%。Digital Sun 公司发展的自动洒水系统 S. Sense Wireless Sensor 受到国际上多家媒体的报道。它使用无线传感器感应土壤的水分，并在必要时与接收器通信，控制灌溉系统的阀门打开/关闭，从而达到自动、节水灌溉的目的。

3. 环境监测保护

无线传感器网络对工业生产过程和排放，以及大气、土壤、水等外部环境进行实时的监测，在环境保护领域主要用于森林防火、污染监控、生物种群研究等。例如，加州大学伯克利分校计算机系 Intel 实验室和大西洋学院联合开展了一个利用无线传感器网络监控海岛生态环境的项目，研究人员将该统布置在海燕栖息地，通过无线自组网实现了对敏感野生动物的无干扰远程研究；挪威利用无线传感器网络对冰河进行观测以了解地球气候的变化。

4. 医疗护理

无线传感器网络在医疗研究、护理领域可以用于医院药品控制、老年人健康状况和远程医疗等领域。罗彻斯特大学的科学家使用无线传感器创建了一个智能医疗房间，使用"微尘"来测量居住者的血压、脉搏、呼吸、睡觉姿势以及每天 24 小时的活动状况。英特尔公司推出了基于无线传感器网络的家庭护理技术，医生可以随时了解被监测人的情况，并进行及时处理。

5. 其他应用

无线传感器网络可应用到智能交通系统，采集全路段的车辆和路面信息通过无线传感器网络传输，大幅度地降低现有交通监控网络的成本。在家居和家电中嵌入传感节点，能感知居室不同位置的温度、湿度、光照、空气成分等信息，可实现家电之间的交互和远程控制。

德国某研究机构正在利用无线传感器网络技术为足球裁判研制一套辅助系统，以降低足球比赛中越位和进球的误判率。

在商务方面，无线传感器网络可用于物流和供应链的管理，监测物资的保存状态和数量。在仓库的每项存货中安置传感器节点，管理员可以方便地查询到存货的位置和数量。

无线传感器网络有着十分广泛的应用前景，可以预见，微型、智能、廉价、高效的无线传感器网络必将融入人们的生活，使人们感受到一个无处不在的、智能的网络世界。

任务 8.2 无线传感器网络的关键技术

 【任务教学要点】

知识点

无线传感器网络的几种关键技术。

1. 时间同步技术

无线传感器网络连接着计算机系统和物理世界，对物理世界的观测必须建立在统一的时间标度上。时间同步是完成实时信息采集的基本要求，也是提高定位精度的基础。在集中式系统中，任何模块或进程均可以从全局时钟获取时间，或者基于同一时钟源的节拍而工作，因此时间同步比较容易实现。在分布式系统中，特别是对于具有高度随机性和环境差异性的无线传感器网络系统而言，由于物理上的独立性和分散性，系统无法使用同一个有直接关联的时钟源，而是各个节点使用其本地时钟。由于硬件的差异以及运行环境因素的影响，即使各个节点的时钟在使用前经过统一的校准，后期使用中仍有可能发生不同步现象。所以，越来越多的研究试图去解决时间同步的问题，提出了如参考广播同步（RBS）、时间同步协议（TPSN）等同步机制，但都还存在一定的缺陷。

2. 定位技术

无线传感器网络的节点是可以随机部署的，这既是无线传感器网络的优点，但同时也带来了如何确定位置的问题，因为不知道被测位置或对象的数据是没有实际意义的。因此，传感器节点以及目标的定位技术是无线传感器网络研究的一个重要方向。无线传感器网络定位是指自组织的网络通过一些特定的方法和算法确定节点或目标的位置信息。节点定位可以采用 GPS 技术来确定节点的位置，但很显然基于成本和功耗等方面的原因，不可能在每个节点都配置 GPS 模块。因此，一般采取手动部署少量的配置有 GPS 模块的参考节点来进行基本定位，其他节点根据网络拓扑和无线定位技术来间接确定位置。目标定位则是通过网络中节点之间的配合完成对网络区域中特定目标的定位。定位算法有很多种，根据不同的标准可以将定位算法分为基于测距的定位、与测距无关的定位、绝对定位和相对定位等。

基于测距的定位是通过节点间测量的距离或角度信息，使用定位算法计算节点的位置。与测距无关的定位是根据网络的连通性、延时等进行定位。基于测距的定位技术精度高，但有时需要增加额外的硬件和能量开销，主要算法有 TOA、TDOA 等。与测距无关的定位技术精度较差，但克服了测距定位的缺点，适合对精度要求不高的场合，常见的算法有质心算法、SPA 算法等。

3. 拓扑控制技术

良好的网络拓扑结构能够提高路由协议和 MAC 协议的效率，可为数据融合、时间同步和目标定位等奠定基础，有利于节省节点能量消耗、延长网络的生存周期。传感器网络拓扑控制目前主要的研究热点是在满足网络覆盖度和连通度的前提下，通过功率控制和主干节点选择，剔除节点之间不必要的无线通信链路，形成一个优化的网络拓扑结构。

拓扑控制可以分为节点功率控制、层次型拓扑结构控制和节点睡眠调度 3 类。节点功率控制调节网络中每个节点的发射功率，在满足网络连通度和覆盖率的前提下，减小节点的发送功率，均衡节点单跳可达的邻居数目。层次型拓扑结构控制利用分簇机制选择一些节点作为簇头节点，由簇头节点形成一个处理并转发数据的子网，在子网内簇头节点调度非簇头节点介入睡眠状态以节省能量。节点睡眠调度则是控制传感器节点在工作状态和睡眠状态之间转换。目前，在节点功率控制方面，有 COMPOW 和 LMN/LMA 等算法；在层次型拓扑结构控制方面，有 TopDisc 算法等。

4. 数据融合技术

数据融合或优化是指节点或系统根据信息的类型、采集时间、地点和重要程度等信息标度，通过聚类技术将收集到的数据进行的本地压缩和处理，这一方面可以排除信息冗余，减少传输的数据量，从而节省传感器网络的能量；另一方面可以通过推理技术实现本地的智能决策。此外，由于传感器网络节点的失效，传感器网络也需要数据融合技术对多份数据进行综合，以提高信息的准确度。

5. 安全技术

无线传感器网络由于部署的覆盖范围具有一定的空间广度，其所处环境以及是否有人为干扰甚至入侵都处于不可控制的状态，所以除了具有一般无线网络可能面临的信息泄露、拒绝服务攻击等威胁外，还面临节点可能被攻击者直接获取，从而获取其中的重要信息甚至进而控制网络的威胁。因此无线传感器网络在设计之初就必须充分考虑可能面临的各种安全问题，但也要把握好为了安全而增加的额外软硬件支出的平衡。

6. 能量控制技术

对于无线传感器网络而言，传感器节点往往都采用电池供电。在一些应用中，由于节点数量多、工作环境比较恶劣或者偏僻，电池往往也是一次性部署，更换电池不具可行性。因此，高效利用传感器节点中电池的能量，采取优化的管理控制技术尽量延长电池的消耗时间，其实就是在延长无线传感器网络的生存时间。对于能量的管理控制技术主要体现在两方面：一是尽可能地降低各种元器件的功耗；二是研究合适的使用策略，让节点或通信链路只在必要的时间处于工作状态，其余时间处于睡眠或部分睡眠状态，从而节省能量。

任务 8.3 应 用 实 例

8.3.1 基于 ZigBee 的节水灌溉系统

农业灌溉是我国的用水大户，其用水量约占全国总用水量的 70%。据统计，因干旱，我国粮食每年平均受灾面积达两千万公顷，损失粮食约占全国因灾减产粮食的 50%。长期以来，由于技术管理水平落后，导致灌溉用水浪费十分严重，农业灌溉用水的利用率仅为 40%。要做到节水灌溉的自动化控制，就必须检测土壤的温湿度变化，根据土壤墒情和农作物用水规律来实施精准灌溉。但人工定时测量墒情要耗费大量人力，采用有线监控系统，则需要较高的布线成本，且给农田耕作带来不便。因此需开发基于无线传感器网络的节水灌溉系统。

ZigBee 是一种低复杂度、低功耗、低数据率、低成本、高可信度、大网络容量的双向无线通信技术，所以该系统利用 ZigBee 技术的无线传感网络与 GPRS 网络相组合的体系结构，基于 CC2530 芯片设计无线节点，从而避免了布线不便、灵活性较差的缺点，能实现节水灌溉的自动化控制，有助于改善农业灌溉用水的利用率低和灌溉系统自动化水平低的现状。

1. 系统体系结构

该系统以单片机为控制核心，由无线传感器节点、无线路由节点、无线网关、监控中心 4 部分组成。通过 ZigBee 自组网，监控中心、无线网关之间通过 GPRS 进行墒情及控制信息的传递，能实时监测土壤温湿度变化，根据土壤墒情和作物用水规律实施精准灌溉。

每个传感器节点通过温湿度传感器，自动采集墒情信息，并结合预设的湿度上下限进行分析，判断是否需要灌溉及何时停止。每个节点通过太阳电池供电，电池电压被随时监控，一旦电压过低，节点会发出报警信号，节点即进入休眠状态直至电量充足。无线网关连接 ZigBee 无线网络与 GPRS 网络，是基于无线传感器网络的节水灌溉系统的核心部分，负责无线传感器节点的管理。传感器节点与路由节点自主形成一个多跳的网络。温湿度传感器分布在监测区域内，将采集到的数据发送给就近的无线路由节点，路由节点根据路由算法选择最佳路由，建立相应的路由列表，列表中包括自身的信息和邻居网关的信息。通过网关把数据传给远程监控中心，便于用户监控管理。

图 8-4 所示为基于无线传感器网络的节水灌溉控制系统的组成框图。

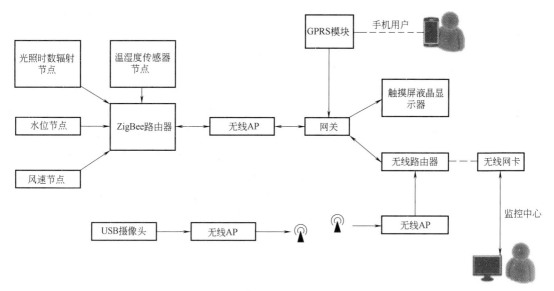

图 8-4 节水灌溉控制系统的组成框图

2. 传感器节点模块

土壤水分是限制作物生长的关键性因素，土壤墒情信息的准确采集是进行农田的节水灌溉、最优控制的基础和保证，对于节水技术有效实施具有关键性的作用。本系统传感器节点硬件结构图如图 8-5 所示。

系统采用 TDR3A 型土壤温湿度传感器，该传感器集温度和湿度测量于一体，具有密封、防水、精度高等特点，是测量土壤温湿度的理想仪器。温度量程为-40~80℃，精度为 0.2 级；湿度的量程是 0~100% RH，在 0~50% RH 内精度为 2% RH，温湿度传感器输出信号是 4~20mA 的标准电流环，在主控制器电路上先进行 I-U 转换，然后进行 A-D 转换为数字信号后通过射频天线发射出去。

3. 无线通信模块

系统采用 ZigBee 全球通用的 2.4GHz 工作频带，传输速率为 250KB/s。无线传感节点、无线路由节点、无线网关的通信模块均采用 CC2530 芯片，在结构上也有一定的一致性。网关负责无线传感网络的控制和管理，实现信息的融合处理，连接传感器网络与 GPRS 网络，实现两种通信协议的转换，同时发布监测终端的任务，并把收集到的数据通过 GPRS 网络传到远程监控中心。无线网关硬件结构图如图 8-6 所示。

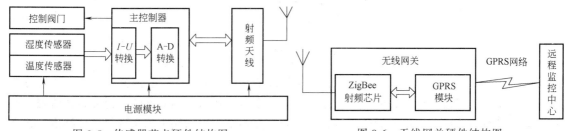

图 8-5 传感器节点硬件结构图   图 8-6 无线网关硬件结构图

4. 软件设计

本节水灌溉控制系统中，主程序分别封装在网关和上位机软件内部，上位机软件的优先级别比网关的优先级别高，在执行灌溉控制决策时要按照优先级别高低顺序进行执行。灌溉主控制程序模块流程图如图 8-7 所示，程序被调用开始执行后，收集传感器数据，然后将数据进行分析处理判断是否需要执行灌溉，如果田间需要灌溉，即按照决策优先级顺序发出开启灌溉阀门指令，启动灌水。如果田间不需要灌溉，即按照决策优先级顺序发出关闭阀门指令，停止灌水，继续收集传感器数据。

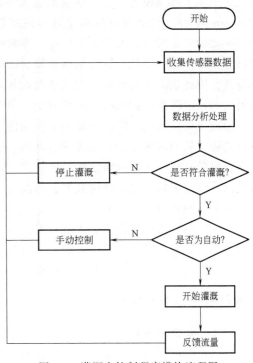

图 8-7　灌溉主控制程序模块流程图

8.3.2　远程医疗监护系统

随着生活和工作节奏的加快，近几年，冠心病和心源性猝死等心血管疾病的发病率明显上升。如果能使医生及时了解患者的身体特征参数，使患者在医院或家庭中得到更好的医疗保健，同时又可以减少患者家属及社会的负担。因此，开发构建远程医疗监护系统势在必行。

远程医疗主要应用在临床会诊、检查、诊断、监护、指导治疗、医学研究、交流、医学教育和手术观摩等方面。远程医疗监护系统作为远程医疗系统中的部分，是将采集的被监护者的生理参数以及影像等资料通过通信网络实时传送到社区监护中心，用于动态跟踪病态发展，以保障及时诊断、治疗。随着当今社会老年人口的剧增，医疗资源中监护的作用更加突出。

远程医疗监护系统的体系结构图如图 8-8 所示。

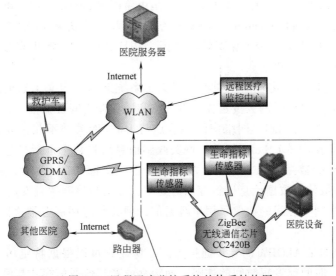

图 8-8　远程医疗监护系统的体系结构图

系统由监护基站设备和 ZigBee 传感器节点构成一个微型监护网络。传感器节点上使用中央控制器对需要监测的生命指标传感器进行控制并采集数据，通过 ZigBee 无线通信方式将数据发送至监护基站设备，并由该基站装置将数据传输至所连接的 PC 或者其他网络设备上，通过 Internet 网络可以将数据传输至远程医疗监护中心，由专业医护人员对数据进行统计观察，提供必要的咨询服务，实现远程医疗。在救护车中的医护人员还可通过 GPRS 实现将急救患者的信息实时传送，以利于医院抢救室及时做好准备工作。医疗传感器节点可以根据不同的需要而设置，因此该系统具有极大的灵活性和扩展性。同时，将该系统接入 Internet 网络，可以形成更大的社区医疗监护网络、医院网络乃至整个城市和全国的医疗监护网络。

由此可见，无线传感器网络由多个功能相同或不同的无线传感器节点组成，对设备或环境进行监控，从而形成一个无线传感器网络，通过网关接入互联网系统，采用一种基于星形结构的混合星形无线传感器网络结构系统模型。传感器节点在网络中负责数据采集和数据中转节点的数据采集，采集户内的环境数据，如温度、湿度等，由通信路由协议直接或间接地将数据传输给远方的网关节点。

上述传感器网络综合了嵌入式技术、传感器技术、短程无线通信技术，有着广泛的应用。该系统不需要对现场结构进行改动，不需要原先任何固定网络的支持，能够快速布置、方便调整，并且具有很好的可维护性和拓展性。

拓展阅读　LoRa 技术

1. LoRa 技术简介

低功耗广域网（Low-power Wide-Area Network，LPWAN）即为是专门为低功耗、远距离、大链接而设计的一种物联网技术。在物联网接入技术中按照传输距离可分为两类，一类是近距离低功耗的，代表性的比如蓝牙、WiFi、ZigBee；另一类是远距离大功耗的，代表性的比如现在我们普遍使用的 4G 网络。在 LPWAN 出现之前，远距离和低功耗二者不能同时兼得只能选其一。伴随着 LPWAN 的问世，远距离和低功耗同时兼得的问题得到了解决，该技术不仅实现了远距离、低功耗的传输，还节省了中继器的成本。

LPWAN 技术中最具代表性的当属 LoRa，它是由美国 Semtech 公司提出的一种基于线性调频扩频技术（Chirp Spread Spectrum，CSS）的远距离、低功耗传输方案。LoRa 可以在433MHz、868MHz、915MHz 等全球免费频段运行，并且其供电完全可采用大容量锂电池等设备供电，供电时间可长达数年之久。

LoRa 网络协议只适用于物理层，它不仅定义了系统架构还定义了通信协议，其系统架构采用星形网络，在通信协议中网关负责在终端节点和服务器之间传输信息，将终端节点所获取到的数据信息进行中继。在 LoRa 网络中终端节点与 LoRa 网关并不相关联，一个终端节点获取到的数据信息可能发往多个 LoRa 网关，网关收到信息后将数据进行打包发送到服务器，服务器可以过滤掉重复的数据信息，根据接收的信号强度指标（Received Signal Strength Indication，RSSI）选择出最佳的数据信息进行存储与处理，并记录该网关且发送 ACK 确认包，在这之中终端节点与多个网关之间的通信采用单跳通信，网关与应用服务器之间采用 TCP/IP 协议进行通信。

由于 LoRa 采用的是 ALOHA 的异步通信方式，所以它可以根据特定场景的需求在完成特定任务后而去选择长时间或者短时间的休眠，而蜂窝或者其他通信模式却没有这一特性他们必须定期通过联网来完成数据的传输，这样会加重电量的消耗。所以如果在某一场景中需要低延时、频繁的通信并且更注重通信质量 NB-IoT 不失为更好的选择，如果某一场景需要更低的使用成本、更低的系统功耗和较低的通信频率 LoRa 不失为更好的选择。

2. LoRa 无线模块介绍

E22-400T22S 是全新一代的 LoRa 无线模块，是基于 Semtech 公司 SX1268 射频芯片的无线串口模块（UART），具有多种传输方式，工作在 410.125～493.125MHz 频段（默认 433.125MHz），LoRa 扩频技术，TTL 电平输出，兼容 3.3V 与 5V 的 I/O 口电压。其外形如图 8-9 所示。

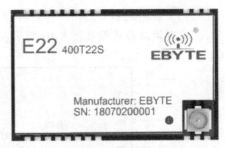

图 8-9　E22-400T22S 外形图

E22-400T22S 采用全新一代 LoRa 扩频技术，与传统 SX1278 方案相比，SX1268 方案传输距离更远，速度更快，功耗更低，体积更小；支持空中唤醒、无线配置、载波监听、自动中继、通信密钥等功能，支持分包长度设定，可提供定制开发服务。

（1）特点功能

* 基于 SX1268 开发全新 LoRa 扩频调制技术，带来更远的通信距离，抗干扰能力更强。
* 支持自动中继组网，多级中继适用于超远距离通信，同一区域运行多个网络同时运行。
* 支持用户自行设定通信密钥，且无法被读取，极大提高了用户数据的保密性。
* 支持 LBT 功能，在发送前监听信道环境噪声，可极大的提高模块在恶劣环境下的通信成功率。
* 支持 RSSI 信号强度指示功能，用于评估信号质量、改善通信网络、测距。
* 支持无线参数配置，通过无线发送指令数据包，远程配置或读取无线模块参数。
* 支持空中唤醒，即超低功耗功能，适用于电池供电的应用方案。
* 支持定点传输、广播传输、信道监听。
* 支持深度休眠，该模式下整机功耗约 2μA。
* 支持全球免许可 ISM 433MHz 频段，支持 470MHz 抄表频段。
* 理想条件下，通信距离可达 5km。
* 参数掉电保存，重新上电后模块会按照设置好的参数进行工作。
* 高效看门狗设计，一旦发生异常，模块将自动重启，且能继续按照先前的参数设置继续工作。
* 支持 0.3k～62.5kbit/s 的数据传输速率。
* 支持 2.3～5.5V 供电，大于 5V 供电均可保证最佳性能。
* 工业级标准设计，支持-40～85℃下长时间使用。
* 双天线可选（IPEX/邮票孔），便于用户二次开发，利于集成。

（2）应用场景

LoRa 无线模块的应用主要包括以下场景。

* 家庭安防报警及远程无钥匙进入。
* 智能家居以及工业传感器等。
* 无线报警安全系统。
* 楼宇自动化解决方案。
* 无线工业级遥控器。
* 医疗保健产品。
* 高级抄表架构（AMI）。
* 汽车行业应用。

（3）推荐连线

该模块推荐连线如图 8-10 所示。模块与单片机简要连接说明如表 8-1 所示。

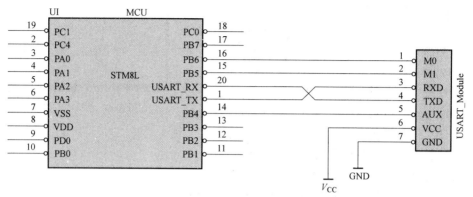

图 8-10　模块推荐连线图

表 8-1　模块与单片机简要连接说明

序号	简要连接说明（图 8-10 中以 STM8L 单片机为例）
1	无线串口模块为 TTL 电平，请与 TTL 电平的 MCU 连接
2	某些 5V 单片机，可能需要在模块的 TXD 和 AUX 引脚加 4～10kΩ 上拉电阻

（4）工作模式

模块有 4 种工作模式，由引脚 M1、M0 设置，详细情况如表 8-2 所示。

表 8-2　模块的 4 种工作模式

模式（0～3）	M1	M0	模式介绍	备注
0 传输模式	0	0	串口打开，无线打开，透明传输	支持特殊指令空中配置
1 WOR 模式	0	1	可以定义为 WOR 发送方和 WOR 接收方	支持空中唤醒
2 配置模式	1	0	用户可通过串口对寄存器进行访问，从而控制模块工作状态	
3 深度休眠	1	1	模块进入休眠	

思考与练习

1. 什么是无线传感器网络？
2. 无线传感器网络体系结构包括哪些部分？各部分的功能分别是什么？
3. 无线传感器网络的有哪些关键技术？
4. 举例说明无线传感器网络的应用。
5. 说明无线传感器网络的特点。

附录 常用传感器的性能及选择

表 A 常用传感器的性能及选择

传感器类型	典型示值范围	特点及对环境的要求	应用场合与领域
金属热电阻	$-200 \sim 960℃$	精度高,不需冷端补偿;对测量桥路及电源稳定性要求较高	测温、温度控制
热敏电阻	$-50 \sim 150℃$	灵敏度高,体积小,价廉;线性差,一致性差,测温范围较小	测温、温度控制及与温度有关的非电量测量
热电偶	$-200 \sim 1800℃$	属自发电型传感器,精度高,测量电路较简单;冷端温度补偿电路较复杂	测温、温度控制
PN结集成温度传感器	$-50 \sim 150℃$	体积小,集成度高,精度高,线性好,输出信号大,测量电路简单;测温范围较小	测温、温度控制
热成像	距离1000m以内、波长 $3 \sim 16\mu m$ 的红外辐射	可在常温下依靠目标自身发射的红外辐射工作,能得到目标的热像;分辨率较低	探测发热体、分析热像上的各点温度
电位器	500mm 以下或 360°以下	结构简单,输出信号大,测量电路简单;易磨损,摩擦力大,需要较大的驱动力或力矩,动态响应差,应置于无腐蚀性气体的环境中	直线、角位移及张力测量
应变片	$2000\mu m/m$ 以下	体积小,价廉,精度高,频率特性较好;输出信号小,测量电路复杂,易损坏,需定时校验	力、应力、应变、扭矩、质量、振动、加速度及压力测量
自感、互感	100mm 以下	分辨力高,输出电压较高;体积大,动态响应较差,需要较大的激励功率,分辨力与线性区有关,易受环境振动影响,需考虑温度补偿	小位移、液体及气体的压力测量及工件尺寸的测量
电涡流	50mm 以下	非接触式测量,体积小,灵敏度高,安装使用方便,频响好,应用领域宽广;测量结果标定复杂,分辨力与线性区有关,需远离不属被测物的金属物,需考虑温度补偿	小位移、振幅、转速、表面温度、表面状态及无损探伤、接近开关
电容	50mm 以下 360° 以下	需要的激励源功率小,体积小,动态响应好,能在恶劣条件下工作;测量电路复杂,对湿度影响较敏感,需要良好屏蔽	小位移、气体及液体压力、流量测量、厚度、含水量、湿度、液位测量、接近开关
压电	$10^6 N$ 以下	属于自发电型传感器,体积小,高频响应好,测量电路简单;不能用于静态测量,受潮后易产生漏电	动态力、振动频谱分析、加速度测量
磁致伸缩	λ 值达 10^{-3}	功率密度高,转换效率高、驱动电压低;只能工作于低频区	声呐、液位、位移、力、加速度测量
光电晶体管	视应用情况而定	非接触式测量,动态响应好,应用范围广;易受外界杂光干扰,需要防光罩	照度、温度、转速、位移、振动、透明度、颜色测量、接近开关,光幕,或其他领域的应用
光纤	视应用情况而定	非接触、可远距离传输,应用范围广,可测微小变化,绝缘电阻高,耐高压;测量光路及电路复杂,易受外界干扰,测量结果标定复杂	超高电压、大电流、磁场、位移、振动、力、应力、长度、液位、温度

（续）

传感器类型	典型示值范围	特点及对环境的要求	应用场合与领域
CCD 图像	波长 0.4~1μm 的光辐射	非接触,高分辨率,集成度高,价格昂贵,须防尘、防振	长度、面积、形状测量、图形及文字识别、摄取彩色图像
霍尔	10~2000Gs	非接触,体积小,线性好,动态响应好,测量电路简单,应用范围广;易受外界磁场影响、温漂较大	磁感应强度、角度、位移、振动、转速测量
磁阻	0.1~100Gs	非接触,体积小,灵敏度高;不能分辨磁场方向,线性较差,温漂大,需要差动补偿	电子罗盘、高斯计、磁力探矿、漏磁探测、伪币检测、转速测量
超声波	视应用情况而定	非接触式测量,动态响应好,应用范围广;测量电路复杂,定向性稍差,测量结果标定复杂	无损探伤、距离、速度、位移、流量、流速、厚度、液位、物位测量,其他特殊领域应用
角编码器	10000r/min 以下,角位移无上限	测量结果数字化,精度较高,受温度影响小,成本较低	角位移、转速测量,经直线-旋转变换装置也可测量直线位移
光栅	20m 以下	测量结果数字化,精度高,受温度影响小;价格昂贵,不耐冲击;易受油污及灰尘影响,须用遮光、防尘罩防护	大位移、静动态测量,多用于自动化机床
磁栅	30m 以下	测量结果数字化,精度高,受温度影响小;磁录方便,价格比光栅低;精度比光栅低,易受外界磁场影响,需要屏蔽,应防止磁头磨损	大位移、静动态测量,多用于自动化机床
容栅	1m 以下	测量结果数字化,体积小,受温度影响小,可用电池供电,价格比磁栅低;精度比磁栅低,易受外界电场影响,需要屏蔽	静动态测量,多用于数显量具

参 考 文 献

[1] 苑会娟. 传感器原理及应用[M]. 北京：机械工业出版社，2017.

[2] 梁长垠. 传感器应用技术[M]. 北京：高等教育出版社，2018.

[3] 潘雪涛，温秀兰. 现代传感技术与应用[M]. 北京：机械工业出版社，2019.

[4] 梁森，等. 传感器与检测技术项目教程[M]. 北京：机械工业出版社，2015.

[5] 范茂军. 传感器技术：信息化武器装备的神经元[M]. 北京：国防工业出版社，2008.

[6] 许姗. 传感器技术及应用[M]. 北京：清华大学出版社，2017.

[7] 刘映群，曾海峰. 传感器技术及应用[M]. 北京：中国铁道出版社，2016.

[8] 刘娇月，杨聚庆. 传感器技术及应用项目教程[M]. 北京：机械工业出版社，2016.

[9] 徐军，冯辉. 传感器技术基础与应用实训[M]. 北京：电子工业出版社，2010.

[10] 蔡杏山. 双色图解电子元器件从入门到精通[M]. 北京：化学工业出版社，2017.

[11] 前瞻产业研究院. 2019年全球传感器行业市场现状及发展前景分析　预测2024年市场规模将突破3000亿[J]. 变频器世界，2019（12）.

[12] 崔岢，周新志，白兴都. 基于TDC7200的超声测温系统设计[J]. 仪表技术与传感器. 2019（8）.

[13] 何成奎. MEMS传感器研究现状与发展趋势[J]. 农业开发与装备 2020（8）.

[14] 李帅. 微型超声波导测温仪设计[D]. 广州：中山大学. 2018.

[15] 蔡伟. 精密超声波温度测量仪的研究[D]. 重庆：重庆理工大学. 2012.

[16] 杨健. 无线传感器网络容错关键技术研究[D]. 南京：南京邮电大学，2017.

[17] 顾飞龙. 基于LoRa的智能农业灌溉系统的应用研究与设计[D]. 合肥：安徽大学，2020.